# La Formation de l'esprit Scientifique

# 科学精神的形成

[法] 加斯东·巴什拉 著

钱培鑫 译

东方出版中心

图书在版编目（CIP）数据

科学精神的形成 /（法）加斯东・巴什拉著；钱培鑫译.
—上海：东方出版中心，2022.8（2024.7 重印）
ISBN 978-7-5473-2033-4

Ⅰ. ①科… Ⅱ. ①加… ②钱… Ⅲ. ①科学精神—研究
Ⅳ. ①G316

中国版本图书馆CIP数据核字（2022）第141364号

科学精神的形成

著　　者　[法] 加斯东・巴什拉
译　　者　钱培鑫
责任编辑　陈哲泓
装帧设计　陈绿竞

出版发行　东方出版中心有限公司
地　　址　上海市仙霞路345号
邮政编码　200336
电　　话　021-62417400
印 刷 者　上海万卷印刷股份有限公司

开　　本　890mm × 1240mm　1/32
印　　张　11
字　　数　193千字
版　　次　2022年8月第1版
印　　次　2024年7月第2次印刷
定　　价　55.00元

# 目录

i 绪　论

001 第一章　认识论障碍的概念

014 第二章　最初障碍：原初经验

063 第三章　一般认识作为科学认识的障碍

088 第四章　一个言词障碍的例子：海绵。论寻常形象的过度拓展

102 第五章　单一的和实用的认识是科学认识的一种障碍

121 第六章　实体论的障碍

168 第七章　对唯实论者的精神分析

193 第八章　泛灵论障碍

220 第九章　消化的神话

238 第十章　力比多与客观认识

277 第十一章　量化认识的障碍

315 第十二章　科学的客观性与精神分析

# 绪　论

当科学精神以几何化的方式呈现时，也就是说，当它划分了现象，并将经验上的决定性事件作有序的排列时，它就首先被清楚地、无可争辩地看到了。人们实际上就是以这种方法，在科学精神声称的将数学与经验、法则与事实协调起来的中间地带，获得了介于具体与抽象的*形象化数量*。这种似乎一再被完成的几何化任务——不管是在笛卡尔[①]主义的成功、牛顿[②]机械论的成就以及菲涅耳[③]的光学理论之后——总会暴露出一种不足。在绝大多数领域，人们或迟或早不得不承认，以*空间性质的肤浅现实*为基础的几何化的初始呈现，涉及更为隐蔽的关联，涉及与直接的表面度量关系不那么明显相关的拓扑学法则，总

---

① ［译注］笛卡尔（René Descartes, 1596—1650）：法国哲学家、自然科学家、解析几何的奠基人，提出“我思故我在”，主要著作有《几何学》《方法论》《哲学原理》。

② ［译注］牛顿（Sir Isaac Newton, 1643—1727）：英国物理学家、数学家和天文学家，提出万有引力定律、力学三大定律、白光由色光组成的理论并开创微积分学，著有《自然科学的数学原理》《光学》等。

③ ［译注］菲涅耳（Augustin Jean Fresnel, 1788—1827）：法国物理学家、现代光学先驱、波动光学的奠基人之一。

之，牵涉到比通常的几何表现关系更为深刻的本质关系。人们渐渐感到，需要在空间之下、需要在既支撑空间又支撑现象的本质关系的层面上工作。于是，科学精神被引导到形而上成分多于现实成分的“建构”，被引向“形态空间”，感觉空间在那儿只不过是一个苍白的例证而已。因此，数学在当代物理中的作用超越了单纯的几何描述的范畴。数学主义不再是描写性的，而具有建构性。涉及现实的科学不再满足于现象学上的如何，它寻求数学上的为何。

所以，既然具体已经接受几何信息，既然抽象已经对具体进行了正确的分析，我们为什么不同意把抽象化视为科学精神的正常和富有成果的方法呢？其实只要回顾科学精神的演变过程，人们很快就能看到一股从多少是可见的几何化趋向完全抽象的动力。人们一旦发现一条几何法则，就完成一种非常惊人、生动、温和的精神变换，如同一种新生；创造的愿望让位于好奇心。既然现象的最初几何表现实质上属于分门别类的整理，这种整理为我们揭示了进行灵活、成功抽象的前景，这种抽象必定使我们把现象学当作一种纯粹的秩序理论进行理性的整理。然而，混乱不能被称为未知秩序，我们的概念与物体的简单相符——就像意识中的直接材料那样——也不能被称为有序。当经验是由理性建议或建构时，秩序是真理，无序是谬误。因此，抽象秩序是一种得到证明的秩序，不受柏格森[1]现成秩序的批评。

在这本书里面，我们打算展示抽象科学精神的宏伟命运。为此，我们必须证明抽象思想不是科学内疚的同义词，尽管庸俗的指责似乎是这样影射的。我们必须证明抽象清理了精神，使精神轻装上阵，给精神增添了活力。我们将提出这些证据，特别研究正确的抽象所遇到的困难，突出起初草案的不足、早期图示的笨重，还要强调本质的抽象连贯具有推理性特征，它不可能一蹴而就。为了更好地说明抽象化的多样性，我们有时候会毫不犹豫地使用论战的口吻，强调所谓具体的真实经验或者自然的直接经验所构成的障碍。

为了更好地描述从以准确著称的感受到受理性反驳的启发而诞生的抽象这个过程，我们将研究科学演变的众多分支。鉴于在不同的问题上，科学的解决方案永远处在不同的成熟阶段，我们不会做一系列的整体描绘；我们不怕分散论点，因为我们的目的是尽可能确切地贴近事实。然而为了整体上的明了，假如有人强迫我们为科学思想的不同时代贴上大致的历史标签，我们将把它分为三大时期：

第一时期为前科学状态，涵盖古代以及复兴的 16 世纪、17 世纪，甚至包括 18 世纪。

---

① ［译注］亨利·柏格森（Henri Bergson, 1859—1941）：法国哲学家，生命哲学和现代非理性主义的主要代表，获 1927 年诺贝尔文学奖。

第二时期为*科学状态*，酝酿于 18 世纪末，发展于整个 19 世纪和 20 世纪初。

第三，我们将*新科学精神*的纪元非常精确地定位在 1905 年，爱因斯坦[①] 的相对论改变了人们原先认为亘古不变的最基本观念。从那时候起，理性提出无数异议，它分解、重新组合了基本概念，尝试最大胆的抽象。在 25 年间，各种思想竞相问世，每一个都足以照亮一个世纪，这是惊人的精神成熟的标志。这便是路易·德布罗意[②] 的量子力学、波动力学，海森堡[③] 的矩阵物理学，狄拉克[④] 的力学、抽象力学，不久也许会出现对实验的一切可能性做出排列的抽象物理学。

但是我们不会把我们的特殊观点局限在这个三阶段论中，因为我们想显示心理演变的特征，而三阶段论不允许我们足够精确地描绘心理演变的细节。我们再次看到，当人们从外部、从有待读者阅读的书本去衡量在科学知识中

---

① ［译注］爱因斯坦（Albert Einstein, 1879—1955）：美籍德裔理论物理学家，创立狭义相对论和广义相对论，提出光子概念，创立光电效应定律，获 1921 年诺贝尔物理学奖。

② ［译注］路易·德布罗意（Louis de Broglie, 1892—1987）：法国物理学家，首先提出微观粒子具有波动性即“物质波”理论，为建立量子力学提供了理论物理学基础，获 1929 年诺贝尔物理学奖。

③ ［译注］海森堡（Werner Heisenberg, 1901—1976）：德国物理学家，创立量子力学，提出测不准原理及矩阵理论，获 1932 年诺贝尔物理学奖。

④ ［译注］狄拉克（Paul Adrien Maurice Dirac, 1902—1984）：英国理论物理学家、量子力学创始人之一，首创量子力学的变换论和辐射的量子论，获 1933 年诺贝尔物理学奖。

起作用的精神力量时，它们要比人们想象的更模糊、更勉强、更迟疑。一本书从印成文字到被人阅读，从被阅读到被理解、消化、铭记，相差的距离是多么遥远！聪明人的头脑里也有暗区，有黑暗继续存在的洞穴。新人身上带着前人的遗迹。19 世纪依然默默地借助我们而活着；很可惜，它还可能重现。我们不像梅耶松[①]那样，把这件事视为人类理性恒久、凝固的证据，而是把它看成知识的懵懂、文明人的吝啬，他不停地反刍同样的成果、同样的文化，如同为黄金所害的吝啬鬼一样。我们实际上想揭示断言命题向必然命题、记忆向理性的过度内渗。我们将强调这个事实，即在思想活动的任何时候，只要未能确保重新建构了自己的全部知识，就不能炫耀科学精神。唯有理性轴线才能使这些重构成为可能，其余都是等而下之的旨在帮助记忆的技法。博学的耐心与科学的耐心完全是两码事。

既然科学知识必须随时重建，我们的认识论演绎也因此在特殊问题上展开，不考虑保持历史顺序，这是有百利而无一弊的。假如我们希望给人留下这种印象，即在所有的问题上，对于所有的现象而言，必须首先从形象到几何形状，然后从几何形状到抽象形状，假如我们希望沿着科

① ［译注］梅耶松（Emile Meyerson, 1859—1933）：法国哲学家。他介于演绎主义和实证主义之间，认为科学认识的目的在于解释各种现象，解释它们的实际起因，将复杂的现象归于统一。著有《同一性与现实》《论科学中的解释》《思想的发展》等。

学思想的正常心理道路继续走下去的话，那么我们应增加大量的实例，不该犹豫。因此，我们几乎总是从形象，通常是很赏心悦目的形象，从最初的现象出发；我们将看到适当的几何形象如何取代这些形象、遇到哪些困难。这种几何化非常艰难、非常缓慢，以至于几何化经过很长时间，终于以决定性胜利的形象出现，它就构成 19 世纪那样的坚实的科学精神：这也没有什么令人意外的，因为成果来之不易，人们就格外珍视。可是我们将不得不证明，这种几何化是一种过渡阶段。

但是只有允许我们现在超脱一切历史关联来谈论科学精神的*三种状态*法则，这种在特殊问题层面上展开、将问题和经验分解的演绎才会清晰明了。因此，科学精神在各自形成的过程中必然经过以下三个状态，远比孔德[①]的形式更加精确和特殊。

1）*具体状态*：在这种状态下，精神从现象的最初形象中得到很多乐趣，它依赖赞美自然的哲学文献，同时令人费解地歌颂世界的统一性和丰富多彩的多样性。

2）*具体—抽象状态*：精神将几何图示与自然经验相结合，依赖推崇单纯的哲学。精神仍然处在矛盾状态中：抽象越是通过敏感的直觉再现，精神对自己的抽象就越有

① ［译注］孔德（Auguste Comte, 1798—1857）：法国哲学家，实证主义和社会学创始人，主要著作有《实证哲学教程》《实证政治体系》等。

把握。

3）抽象状态：精神使用故意摆脱真实的空间直觉、故意脱离直接经验的信息，甚至公然与永远不纯、永远畸形的直接现实分庭抗礼。

最后，为了结束对科学精神三阶段的特征描述，我们将关心各种不同的兴趣，它们从某种角度构成了科学精神的情感基础。确切地说，我们提议在客观文化中进行精神分析，这种分析必须调动兴趣。在这一点上，我们应该夸张一些，至少希望给人一种印象，即通过智力文化的情感特征，我们隐约看到了一个坚实的、可资信赖的因素，而这个因素还没有得到足够的研究。无论在教育的哪个阶段，激发尤其是维持对非功利研究的必要兴趣，难道不都是教师的首要职责吗？但是这种兴趣也有自己的历史，我们理应尝试突出它在科学耐心的整个过程中的作用，哪怕冒着被人指责为轻率激动的风险。没有这种兴趣，这种耐心将是一种痛苦。有了这种兴趣，这种耐心将成为精神生活。对科学耐心作精神分析等于回到科学精神的三种状态，也就是某种以兴趣为特征的三种心态的法则。

幼稚或者世俗心态，受天真的好奇心驱使，看到最微不足道的实验现象都觉得诧异，学习物理是为了消遣，为了有机会摆出严肃的姿态，收集做收藏家的机会，即使在思想的乐趣中，这种心灵也是被动的。

教授心态，为自己的教条倍感自豪，恪守自己最初的抽象，一成不变，终身依赖年轻时获得的学术成就，年年侈谈他的知识，把自己的论证强加于人，兴趣都在自如地支持权威的演绎推论之上，像笛卡尔教育他的仆人那样，或者像大学学衔考试合格者教育市民百姓那样。[①]

最后是忍不住要抽象和提取精粹的心态，那是痛苦的科学意识，陷入始终带着缺陷的归纳兴趣，从事危险的思想游戏，没有稳定的实验支持；时刻受到理性驳斥的干扰，不断质疑从事抽象的特殊权利，但是又确信抽象是一种责任，是唯一的科学责任，是对世界思想最终的纯粹占有！

我们能够把如此相左的兴趣聚集到一块吗？但是不管怎么说，科学哲学的任务很明确：对兴趣做精神分析，摧毁一切功利主义——不管它伪装得多么巧妙，自诩多么高尚，把精神从现实引向人为、从自然引向人性、从具象引向抽象。纵观历史，科学精神从来没有像今天这样需要捍卫、需要光大，即杜·贝莱[②]撰写《捍卫与光大法兰西语言》意义上的光大。但是这种光大不能仅限于升华种类繁多的共同心愿。它必须规范一致，必须旗帜鲜明，使在发现真实的过程中振奋精神的欢乐变得自觉和积极起来。它必须用真理充实头脑。热爱科学应该是一种自生的心理活

① 参见威尔斯（H.-G.Wells）：《光天化日下的阴谋》（*La Conspiration au grand jour*），译著，巴黎：Aubier 出版社，1929 年，第 85、86、87 页。

② ［译注］杜·贝莱（Joachim du Bellay, 1522—1560）：法国诗人，七星诗社代表人物，该社宣言《捍卫与光大法兰西语言》的作者。

力。在由客观知识精神分析形成的纯粹状态下，科学是智性的美学。

现在来说一下本书的基调。总的来说，我们的任务是回顾反对偏见的斗争，因此论战理由经常占据首要位置。区分构建理由和论战理由，远比人们想象的困难，因为理性的批评经验确实与经验的理论组织融为一体：理性的一切反驳都是做实验的借口。人们常说，一个经不起任何反驳的科学假设是近乎无用的假设。同样，一种平庸、真实、毫无争议、不纠正任何错误的经验又有何用呢？于是，科学的经验就是与通常经验唱反调的经验。此外，通常的直接经验总是保留某种同义反复的特征，它们在词语和定义的范围内展开；它恰恰缺乏这种纠正错误的眼光，我们觉得这种眼光构成了科学思想的特征。通常的经验不是真正合成的，充其量是由并列的观察构成的，以往的认识论令人惊讶地在观察和实验之间建立起持续的联系，因为实验必须排除通常的观察条件。既然通常的实验没有合成，那就请相信我们，它不可能得到实际的核实。它停留在事实阶段，无法提出法则。为了科学地证明真实，应该从不同角度加以核实。思考一种实验就是协调起初的多元化。

尽管我们反对具有"具体"精神的人们的雄心壮志——他们自以为立刻理解了材料，但是我们并不一概责备个别的直觉。最好的例证就在我们所举的事实的真相能够立刻与科学相融合的例子中。可是我们认为，在一个时期的全部认识中，认识论专家必须强调富有成果的思想，在这一点上他不同于史学家。对他来说，除了证明自身存在，思想还必须具有精神的命运。因此，一切不属于一个普通系统组成部分的真理、一切哪怕是正确的，但是其认定与普通实验的方法没有关联的经验、一切从错误的核查角度宣布的观察，不管后者是多么真实和肯定，我们也将毫不犹豫地把它们归为谬误，或者视为精神无效，两者几乎是一回事。这种批评方法要求具备对已知和未知都保持同样谨慎的观望态度，始终警惕自己熟悉的知识，不那么尊重书本上的真理。因此人们就不难理解，一位研究科学思想演变的哲学家，对坏的作家、好的作家、自然科学家和数学家都要涉及，很难不给人怀疑一切的印象，但他采用的怀疑口吻并不太合乎他本人的信念，因为他坚信人类思想在不断进步。

# 第一章

## 认识论障碍的概念

### 1

人们在寻找科学发展的心理条件时，很快就得出这个信念：*必须从障碍的角度提出科学认识的问题*。问题不在于考虑外部的障碍，比如现象的复杂性和短暂性，也不在于指责人类在感觉和精神方面的弱点：而是认识行为本身——深入地认识——迫于某种功能性的必须，出现了缓慢和紊乱。我们正是在此指出停滞甚至倒退的原因，在此发现造成惰性的原因，我们把这种惰性称为认识论障碍。认识现实是一道总是从暗处射出来的光芒。它永远不是直接的和完满的。展示现实总是循环的过程。现实从来不是“人们可能认为的东西”，而始终是人们本来应该想到的东西。经验主义思想是在理性仪器调整完毕之后才变得清晰的。回首过去的谬误，人们发现，真理其实是由真正的精神忏悔构成的。事实上，人们摧毁错误的认识，克服精神本身妨碍精神化的东西，推翻先前认识才能获得正确的认识。

从零出发去建立、增加财富的想法只能来自将已知的事实直接变成财富的简单并列的文化。但是面对神秘的现实，灵魂无法靠一道命令就变得聪明起来，无法一下子铲除通用的知识。面对现实，人们自以为明了的东西与人们理应了解的东西发生冲撞。与科学文化接触时，精神从来不是年轻的。它甚至很年迈，因为它与自己的偏见同龄。进入科学，就是在精神上年轻起来，就是接受一种否定过去的突变。

从它需要完满和从它的原则上说，科学绝对与意见对立。假如它在某一个特殊点上认可意见，那一定是出于构成意见以外的其他原因，因此按理说，意见总是错的。意见的思想是很糟糕的；它不思考：它将需求转化为知识。由于它从用途指定对象物，它便把自己认识它们的路堵死了。人们不能把任何东西建立在意见之上，应该首先摧毁意见。这是需要克服的第一个障碍。假如在某些特殊方面纠正它，把它像某种暂行道德标准那样维持在暂时普通知识的水平上，这是不够的。科学精神禁止我们对自己不懂的问题、对自己无法清楚提出的问题形成意见。首先要会提问题。不管别人怎么说，在科学生活中，问题不会自行提出来。这种问题感才是真正的科学精神的标志。对于科学精神来说，一切认识都是对一个问题的解答。假如没有问题，就不会有科学认识。没有不证自明的东西，没有给定的东西，一切都是建构出来的。

科学努力获得的认识本身也会衰退。抽象的、直接的问题倦怠了，只留下具体的答案。这时候，精神活动发生逆转，停滞不前。认识论障碍嵌入到未受质问的认识之中。久而久之，以往有益和健康的智性习惯可能会妨碍研究活动。柏格森正确地指出："我们的精神有一种不可遏制的倾向，即把它最常使用的概念看成是最清晰的。"[①] 于是，这个概念获得了内在的过度清晰。它在使用过程中非法地升值了，自在价值与价值流通发生了对立。这是造成精神惰性的一个因素。有时候，占主导地位的概念把精神全部吸引过去。20 年前，一位言辞不太恭敬的认识论专家曾经说过，伟人们的前半生对科学有益，后半生对科学有害。某些思想家身上的构造本能非常顽强，因此人们不应该对这个玩笑感到惊讶。但是构造本能最终让位于保守本能。精神到了一定的时期，就偏爱那些肯定而不是反驳它的知识的东西，它喜欢答案甚于喜欢问题。于是保守本能占据上风，精神就停止扩展了。

如上所示，我们毫不犹豫地用本能来凸显某些认识论障碍的正常抵御。我们会在以后的篇章中努力证实这个观点。但是，从现在起就必须意识到，经验的认识——也就

① 柏格森：《思想与运动》（*La Pensée et le Mouvant*），巴黎：Alcan 出版社，1934 年，第 231 页。

是我们在本书研究的唯一对象——以它全部的感性特征影响感性的人。当经验认识向理性转化的时候，人们从来不能打包票，断定原初的感性价值不会成为构建理性的系数。人们显然可以承认，一个过分熟悉的科学概念承载过重的具体的心理负荷，它集结太多的类比、形象、隐喻，逐渐丧失它的抽象载体，丧失它的抽象尖端。如果认为知识会自动为认识服务，认为文化传播得越广就越容易理解，认为被过早的成功、简单的大学竞赛所认可的智慧可以像物质财富那样积累，那就等于陷入了徒劳的乐观。就算聪明人摆脱了文学修养、品味判断中司空见惯的智力自恋，人们也可以断言，聪明人的脑袋可惜是闭塞的。他是学校的产物。

其实，思想扩展的关键时刻意味着彻底重组知识体系。聪明的头脑需要重塑。换一种头脑，以决定性的功能与先前的形成对立。科学创造所需要的精神变革使人成为一种突变体，更准确地说，成为需要突变、为不变而痛苦的种类。从精神角度而言，人需要有需要。假如人们想仔细考察一种理论——譬如理解相对论或者波动力学——所导致的心理变化，人们也许就不觉得这些心理变化的表现是夸张的，尤其考虑到反对相对论的理论实际上有多么坚固。在本书的最后一章提供了大量精神演变的例证之后，我们再谈这些问题。

人们也常重复说：科学渴望统一，科学倾向于使外表各异的现象趋同，科学在它的原则和方法上寻求简洁或者经济性。假如科学热衷于此的话，这种统一很快就能找到。科学进步则恰恰相反，最清晰的步骤是在抛弃鼓吹肤浅统一的哲学因素之后获得的，譬如创世主行动的统一、大自然计划的统一、逻辑统一。这些在18世纪的前科学思想中仍然起作用的统一因素，今天再也没人提及了。假如当代学者打算合并宇宙学和神学，肯定会让人觉得太狂妄。

即使在科学研究的细节上，面对一个确定的实验，面对一个可以照实记录的、一个确实单一完整的实验，科学精神也从来不会捉襟见肘，它将改变实验条件，简而言之，它会离开对同一个的端详而去寻找另一个，辩证地看待实验。化学就是这样增加、充实了它的同类系列，最后脱离自然去实现由创新思想暗示的、多少是假设出来的化学元素。在所有严格的科学领域都是如此，一种不安的思想对表面上或多或少的统一保持警惕，不停地要求获得更多细节，其实就是要求更多机会作鉴别。明确、修正、变化，这就是富有活力的思想类型，它们躲避确信、统一，因为它们在同质的体系中遇到的障碍多于动力。概括地说，一个胸怀科学精神的人也许渴望获得知识，不过是为了立刻更好地提出问题。

## 2

认识论障碍的概念可以从科学思想发展史和教育实践

的角度进行研究。不管从其中哪个角度出发，这种研究都不太容易。从它的原则出发，历史其实是敌视任何规范评判的。可是，假如人们想判断一种思想的效率，就必须采取某种规范的眼光。人们在科学思想史上所遇到的一切，远远不能服务于科学思想的演变。某些认识——甚至是正确的认识——过早地阻碍了有益的研究。因此，认识论专家必须筛选历史学家收集的材料。他应该从理性的角度，甚至必须从演变后的理性的角度评判这些材料，因为只有在今天，我们才能够完整地评判精神史上的错误。此外，即使在实验科学领域，也只有理性的阐述才能恰如其分地确定事实。危险和成功在实验理性的轴线上、在理性化方面同时存在。只有理性在推动研究，因为唯有它建议在（直接的、似是而非的）共同经验之外进行（间接的、有成果的）科学实验。因此，认识论专家应该关注理性化和建构方面的努力。由此可见认识论专家和科学史专家的职业区别。科学史专家应该把概念当作事实。认识论专家应该把事实当作概念，把它们纳入一个思想体系之中。对于史学家来说，一个被某个时代错误解释的事实仍然是一个事实。而认识论专家则认为它是一个*障碍*，是一种反思想。

在深入发掘*认识论障碍*这个概念的过程中，科学思想史将获得充分的精神价值。科学史家重视客观，经常不厌其详地收录文献，但不会去测量诠释同一篇文献时的心理变化。在同一个时代，同一个词代表的概念会千差万别！

我们之所以产生误解，是因为同一个词不但指称而且解释。指称是一致的，而解释却不同。譬如电话包含的概念，对于用户、话务员、工程师以及研究电话电流微分方程的数学家来说完全不同。因此，认识论专家应该努力从实际心理综合的角度把握科学的概念，即从演变的心理综合角度，为每个概念制定阶梯，指出一个概念是如何产生另一个概念、如何与之相联系的。在这种情况下，他可能有机会体验到认识论的效率。科学思想立即被战胜困难、克服障碍的形象出现。

教育界对教育障碍这个概念同样也感到陌生。我常常惊讶地发现，有些教师尤其是理科教师不明白“学生也许理解有问题”。很少有人去钻研造成错误、无知、草率的心理。杰拉尔-瓦雷（Gérard-Varet）先生的著作没有得到任何回应。[①] 理科教师觉得智力发展就像教一篇课文那样，只要再重复一遍，就能优哉游哉地充实知识；只要逐点重复，就能让学生明白示范讲解的内容。可是他们没有想过这个情况，即青少年是带着已经形成的经验知识走进物理课堂的，所以问题的关键不在于获得一种实验知识，而是要改变实验知识，要铲除已经在日常生活中积累起来的障碍。只举一个例子吧：浮动物体的平衡是众所周知的现象，这

① 杰拉尔-瓦雷（Gérard-Varet）：《无知与草率，客观心理学论文》（*Essai de Psychologie objective. L'Ignorance et l'Irréflexion*），巴黎：Alcan 出版社，1898 年。

种直觉其实充满错误。人们或多或少地认为浮体——更确切地说游动的物体——具有运动能力。假如我们试着往水里按木块，木块会反弹回来。把反弹的原因归给水，这并不是一件容易的事。因此，假如没有批评原始直观的不纯情结，不对它重新组织的话，想要人们理解简洁得令人惊讶的阿基米德定律就相当困难。不对原初错误进行这种精神分析，人们就永远理解不了浮动物体和完全沉没的物体其实服从相同的法则。

因此，正如我们下面会解释的那样，培养任何科学文化都必须从净化智力和情感入手。之后的任务最为艰巨，那就是使科学文化时刻处在整装待发的状态，用开放、活跃的知识取代封闭、静止的知识，辩证地对待所有的实验变量，最后使理性获得演变的理由。

此外，这些观点可以推而广之：它们在科学教育领域比较明显，不过也适应任何涉及教育的领域。在我既长又杂的职业生涯中，我没有看见一位教师改变过教学方法。教师没有失败感，因为他觉得自己是主人。传授意味着发号施令，因此任凭本能行事。冯·马纳科夫和姆尔格先生（von Monakow et Mourgue）也恰恰发现改变教学方法是一件困难的事情，他们指出本能在教师身上所起的重要作用。[①]

① 冯·马纳科夫和姆尔格：《神经学和精神病理学研究的生物学导论》（*Introduction biologique à l'étude de la neurologie et de la psychopathologie*），巴黎：Alcan 出版社，1928 年，第 89 页。

"对某些犯教育错误的人来说，任何改进的建议都无济于事，因为这些所谓的错误是本能行为的表现。"准确地说，冯·马纳科夫和姆尔格先生指的是"患有精神疾病的个人"，可是教师与学生的心理关系是一种容易产生病变的关系。教育者和受教育者隶属于特殊的精神分析范围。不管怎么说，假如我们想揭示精神能量组成因素的全部特征，准备作科学进步所不可或缺的认知—情感调节的话，那就不应该忽视审查心理特点的低级形态。更确切地说，找出认识论障碍，就是为对理性作精神分析打下初步基础。

## 3

但是只有在我们研究了很特殊的认识论障碍及其很确定的困难之后，这些总体看法的意义才会更好地显示出来。以下是我们这次研究准备遵循的步骤：

初始经验——说得更精确一些就是原初观察——历来构成科学文化的第一个障碍。事实上，原初观察伴随着许多形象；原初观察生动别致、具体、自然、容易，只要描写和赞叹就行了。于是人们觉得理解了原初观察。我们的调查将从描写这种障碍的特征入手，我们将指出观察与实验之间存在的是断裂而不是连续。

在描写了个别、多彩的观察的魅力之后，我们立即指出将原初表象推而广之是一件危险的事，因为正如达朗贝尔[①]精辟地指出过的那样，人们将原初看法推广后就什么都看不见了。我们将看到，科学精神从诞生之日起就受到两种障碍的制约，而这两种障碍从某个方面说是对立的。因此，我们将有机会在充满跌宕、紧张，最终完全解体的摇摆中理解先验论思想。但是这种解体为有益的运动创造了条件。连认识论专家本人都成了对立的评价的摆弄对象，人们可以用下列反驳意见来归纳这种情况：思想有必要离开直接的经验论。经验论思想就采纳一种体系。可第一种体系是错误的，不过它至少起了让思想离开感性知识的作用；第一个体系将思想调动起来。在一个体系中构成的精神此时可以返回实验，带着某种稀奇古怪但是咄咄逼人、不断提问的思想，带着某种在某些年轻实验者身上十分明显的形而上的诙谐，他们充满自信，准备按照自己的理论去观察现实。人们就这样从观察到理论，从睁大充满惊愕的眼睛到闭上眼睛。

此外，还有一点值得指出：科学文化的障碍通常总是成对出现的，乃至于可以把它称作错误双极性心理法则。一旦某个困难变得严重起来，把它翻个身，肯定会遇到另一个相反的困难。错误的辩证如此有规律，不可能是从客

① ［译注］达朗贝尔（Jean Le Rond d'Alembert, 1717—1783）：法国数学家、启蒙思想家、哲学家，提出力学中的达朗贝尔原理，对偏微方程做出贡献，主要著作有《哲学原理》《力学原理》。

观世界自然产生的。照我们的看法，这种规律性来自科学思想面对科学之城时所持的论战态度。像在科学活动中一样，我们必须创新，必须接触某种新观点的现象。可是我们应该为我们的行为辩护：于是我们想着自己的现象，批评别人的现象。我们逐渐把我们的反驳意见变成对象物，把我们的批评变为法则。我们从反对他人知识的角度拼命地变换我们的现象。当然，这种低级的标新立异主要出现在年轻的学科中，它只能加剧相反的障碍。

通过考察具体精神和系统精神，并对我们的问题加以限定之后，我们将论及一些比较特殊的障碍。这样一来，我们这本书的头绪势必复杂起来，免不了有些重复，这也是认识论障碍本身的混杂性和多态性决定的。再说，理清错误的主次轻重、照提纲来描写混乱的思想也不是一件容易的事。因此，我们将把令人恐惧的博物馆和盘托出，让读者在理解我们的观点之后，自行决定是否跳过冗长的例子。我们将先后考察用自然的统一性和自然现象的用途作解释的危险。我们将另辟一章来论述语言障碍，即由语言解释产生的错误解释，这种奇怪的颠倒声称用分析概念来发展思想，而不是把个别概念融入理性的概括之中。

语言障碍相当自然地促使我们去考察最难克服的障碍之一，因为一门肤浅的哲学在支持它。那就是实体论，它用物质来单调地解释属性。于是我们必须证明，对于物理学家来说——我们不想揣测它对于哲学家的价值，唯实论是一种不结果子的形而上学，因为它阻碍研究而不是引发研究。

本书第一部分的结尾将考察一个非常特殊的障碍，我们能极其准确地予以界定，因此可以尽可能清晰地说明认识论障碍的概念。我们将用全称来称呼它：*自然科学中的泛灵论障碍*。19 世纪的科学几乎完全克服了这个障碍，但是它在 17 至 18 世纪非常明显，以至于在我们看来，它成为前科学精神的特征之一，因此我们给自己制订一条严格规定，即绝对按照 17 至 18 世纪的物理学家的观点来说明其特点。这种限制也许使得演绎变得更加缜密，因为人们可以看见一种障碍在当时的力量，尽管它将被克服。此外，这种泛灵论障碍与人类学家们长期研究的泛灵论思维的关系非常遥远。我们将对这一章作广泛的扩充，因为人们可能以为那只是一种个别而且不起眼的特征。

在构思都非常巧妙的实体概念和生命概念的作用下，不计其数的价值观进入了*自然*科学，损害了真正的科学思想的价值。因此，我们将做些特殊的精神分析，让科学精神摒弃这些假的价值。

分析完经验知识理应克服的障碍之后，我们将在倒数第二章指出赋予几何与数学形式的困难，以及建立一个可能导致科学发现的数学物理的困难。在那一章，我们将依然汇集从蹩脚的体系、从不幸的几何化中找来的例子。人们将看到*假严谨*是如何禁锢思想的，一个初始体系有时是如何阻碍人们理解另一个新体系的。而且我们仅限于谈一些基础的看法，以使我们的书保持浅显易懂的特征。此外，为了完成我们在这方面的任务，我们本来应该以同样的批评眼光去研究数学思想的形成。我们把这个任务留给另一本书去完成。我们认为这样的分工是可行的，因为数学精神努力理解物理现象，其发展不同于科学精神的发展。实际上，数学史的规律性堪称奇迹，它经历停滞时期，但是没有错误时期。因此，本书提出的论断，没有一条是针对数学知识的，而只涉及对客观世界的认识。

本书最后一章就是研究对客体的认识。我们将对它作广泛的研究，指出任何可能玷污其纯洁性、降低其教育价值的因素。我们觉得这样才是在促进科学的道德化，因为我们深信，一个遵循自然法则的人已经在顺应一个伟大的命运了。

# 第二章

## 最初障碍：原初经验

### 1

科学精神形成过程中的最初障碍，就是原初经验，就是处在批评之前和批评之上的经验，而批评本身必定是科学精神的组成部分。由于批评没有明确地起作用，原初经验在任何场合都不能成为可靠的依据。我们将列举出无数的例子，证明原初经验的脆弱性，不过我们希望立刻明确反对这种肤浅的，以多少有些公开、有些美化的感觉论为基础的哲学，它声称直接地从一个明确的、清晰的、可靠的、恒定的、始终向一贯开放的心灵呈现的事实中获得教益。

以下是我们准备支持的哲学观点：科学精神必须在反自然、反我们身上和身外的本性冲动和指令中，在反自然的驱使、反色彩斑斓和多样的事实中形成。科学精神应在自我改造中形成。只有在纯化自然物质、整理混乱的自然现象的基础上，科学精神才能够从自然中获得教益。假如心理学变得像物理学那样富有推理性；假如它意识到，不论在自身还是在身外，我们只有抵抗自然才能认识自然，那么心理学本身就有科学性。我们认为，心理学唯一合法的直觉是对抑制的直觉。不过这儿不是阐述这种本质上反动的心理学的地方。我们只想指出，我们在此阐述的科学精神心理学属于一类可以推广的心理学。

想一下子就理解这种观点的含义是相当困难的，因为如今的科学基础教育悄悄地在自然和观察者之间放了一本相当正确、作了相当多的修改的书。经过半个世纪以来耐心的互相抄袭，物理学课本给一个孩子提供了非常社会化的、极其僵化的知识，通过稳定得令人惊讶的大学考试大纲，这些知识居然被看成是自然的，可它并不是自然的，不再是自然的。那不再是来自街头、田野的科学，而是一种在糟糕的实验室炮制出来的科学，但是依然打着实验室的招牌。有时候是城市电网提供电流，带来了反物理的各种现象，贝特洛[①]从中看到了新时代的标志；[②]因此，如今的实验和书籍与原初观察已经部分地脱

① [译注] 贝特洛（Marcelin Berthelot, 1827—1907）：法国有机化学家、物理化学家、科学史学家、政治家，曾经担任公共教育部部长和外交部部长。他用高温合成有机化合物，推翻了“生机论”概念，曾对醇、羧酸、烃的合成和化学反应等作过重要研究。

② 《科学50年》，第77页。

节了。

而 18 世纪前科学时期的情况则不同。那时候，一本科学著作可好可坏。它不受官方教育的监督，即使受到监督，那常常也是由脑子最糊涂、最附庸风雅的人士组成的外省科学院做出的。那种书从自然出发，兴趣在于日常生活。那是一种普及性的书，传授普通的知识，没有什么精神追求，这种追求有时候使我们的科普书具有很高的格调。作者和读者的思想在同一个层次上。科学文化似乎被各种各样大量的二流书籍压垮了，它们的数量远远超过有价值的书。而在我们这个时代，科普著作反而成了相对稀罕的书，这形成了强烈的反差。

您若翻开一本现代的科学教科书，会看到它总是结合某个总体的理论来介绍科学。科学的有机特征在此也十分明显，很难跳过章节。头几页翻过之后，人们就不许常识开口说话，也不再听取读者的提问。读者朋友的称呼心甘情愿地被严肃的警告所取代：学生，请注意！教科书自己提问题。教科书在发号施令。

而您如果打开 18 世纪的一本科学著作，会发觉它根植于日常生活之中。作者与他的读者攀谈，就像在沙龙客厅里作报告似的。他迎合自然的兴趣和关注。譬如说，你们想寻找打雷的原因吗？作者先从害怕打雷说起，设法告诉读者用不着害怕，觉得有必要把古老的常识再给他重复一遍：雷声大作的时候，危险已经过去了，因为只有闪电会把人劈死。因此，蓬斯莱神甫在著作[1]首页的“致读者”中写道：“介绍雷电的时候，我始终考虑尽可能地缓解这种天文现象给社会各界无数男女老少所造成的可怕印象。他们惊恐不安地度过白天，在极度恐惧中熬过长夜，这种情形，我看得难道还少吗？”蓬斯莱神甫用了整整一章的篇幅——而且是该书最长的一章（第133—155页）——来思考雷电造成的恐惧。他区分四种恐惧，作了详细分析。普通读者有可能在书中找到对他有用的诊断意见。这种诊断是有用的，因为自然的敌视从某种角度上来说显得比较直接。目前我们焦虑的主要原因来自人类。人类可能受到的最大痛苦来自今天的人类自身。为了理解一个半世纪之间精神的差异，我们不妨问问自己以下这一选自歌德《少年维特之烦恼》的片段是否还符合某种心理现实：“舞会还没完，天边已经电光闪闪，隆隆的雷声盖过了音乐声。我们早就看见了闪电，可我一直解释说，只不过天要转凉罢了。这当儿三个姑娘逃出了队列，她们的舞伴尾随其后，秩序便顿时大乱，伴奏也只好停止了……我想是出于这些原因，难怪好些姑娘一下子脸上都变了色。最聪明的那个坐在屋角里，背冲窗户，手捂耳朵。另一个跪在她跟前，脑袋埋在她怀里。第三个挤进她俩中间，搂着自己的女友，泪流满

① 蓬斯莱神甫（Abbé Poncelet）：《雷电形成中的自然和生物的繁殖》（*La Nature dans la formation du Tonnerre et la reproduction des Etres vivants*），巴黎：Le Mercieret Saillant 出版社，1769 年。

面。有几个要求回家；另一些则更加不知所措，连抵御年轻骑士们的心思都没有了，只知道战战兢兢地祈祷上帝，小伙子们似乎乘机放肆起来，全忙着用嘴去美丽的受难者唇边代替上帝接受祷告……”我觉得把这样的故事写进现代小说都似乎已经不可能了，堆砌那么多幼稚行为显得不真实。在我们所处的时代，人们已经克服了对雷电的恐惧，这种恐惧只有在我们孤独的情况下才起些作用。它不能搅乱一个社会，因为从社会角度来看，雷电理论完全理性化了；个别人的疯癫成了羞于见人的例外。人们会嘲笑歌德笔下的女主人关百叶窗、拉上窗幔来保护舞会的这种做法。

读者的社会地位有时会给前科学时期的书带来一种特殊语调。针对上流人士的天文学应该包含绅士老爷的玩笑。克洛德·高米耶（Claude Comiers）是一位非常有耐心的大学者，他那本论彗星的著作在那时经常被人引用，他开头写道：“既然宫廷里为彗星的性别争得不可开交，一位法国元帅为了结束流派之争，宣布说需要掀起这颗星的尾巴，然后决定该叫它雌的还是雄的……”[①] 现代作家肯定不会提

① 克洛德·高米耶：《彗星的性质和预测：数学、物理、化学和历史著作，收集以往的预卜以及大望远镜的制作》（*La Nature et présage des Comètes. Ouvrage mathématique, physique, chimique et historique, enrichi des prophéties des derniers siècles, et de la fabrique des grandes lunettes*），里昂，1665 年，第 7—74 页。

到法国元帅的看法。他也不会无休止地继续开彗星尾巴或者胡须的玩笑:“因为尾巴，按照成语的说法，总是最难对付的，所以彗星的尾巴总是解释不清楚，就像我们解不开乱麻那样。”

在 18 世纪，科学著作的献辞总比文学书更极尽阿谀奉承之能事，总之，会让漠视政治权威的现代科学精神感到不舒服。我们举一个例子，那是难以想象的献辞。德·拉·尚布尔[①]先生写了一本论消化的书，他在给黎世留的献辞中写道:“大人，不管怎么说，我这方面（胃科）的知识应该全部归功于您，那是确凿无疑的。”紧接着就是证据:“倘若我没有目睹您为法国所做的一切，我绝不会想到在我们身体中有这种精神，它能软化硬物，调和苦味，融合不同的物体，最后把活力和力量传递到各个部分，如此精确地分发他们所需的东西。”因此，胃脏被比作黎世留，成为人体中的首相。

作者与读者，好奇者与学者经常交流看法。譬如 1787 年发表了一系列通信，题目是“治疗梅毒和脱皮性皮疹中对蜥蜴肉体和体液特性的实验”。一位蛰居蓬塔利耶[②]的旅行者看见不少来自路易斯安那州的黑人“吃小蜥蜴”治愈了梅毒。他主张这种疗法。每天吃三个蜥蜴的疗效非常神

① [译注] 德·拉·尚布尔（Marin Cureau de la Chambre, 1594—1669）: 法国御医，科学院院士。

② [译注] 蓬塔利耶（Pontarlier）: 位于法国东部杜河省境内的小城。

奇，这消息传到了维克·达聚尔[①]那儿。维克·达聚尔在几封信中感谢了他的通信人。

在18世纪，一部科学著作包含渊博的知识，结果对著作的内在有机性形成障碍。仅举一个例子就能证明当时常见的这种情况。德·马利维兹[②]伯爵和古西埃[③]在《世界自然地理》那本名著（巴黎，1780年）中谈论火，他们认为有必要考察分析46种不同理论，然后才提出一条正确的、也就是他们的理论，他们因此而著称于世。因此，减少博学成分理所当然地被视为杰出的现代科学著作的特征，它能测出不同科学时代的心理差异。17世纪和18世纪的作者们大量援引普林尼[④]，而我们对他们的援引就少多了。普林尼与培根[⑤]的距离比培根与当代学者的距离来得更近。科学精神的演进是几何性而不是算术性的。

---

① ［译注］维克·达聚尔（Phélix Vicq-d'Azyr, 1748—1794）：法国18世纪著名的解剖学教授、法国医学协会秘书长、王后首席医生。

② ［译注］德·马利维兹（Etienne-Claude de Marivetz, 1728—1794）：法国天文学家、物理学家。

③ ［译注］古西埃（Louis-Jacques Goussier, 1722—1799）：自学成才的版画家、数学教授，狄德罗主编的《百科全书》中最精美的插图均出自他的画笔。除了《世界自然地理》之外，他还与德·马利维兹合作撰写了《法国地理自然、经济、水运以及陆路网络》。

④ ［译注］普林尼（Pline, 23—79）：古罗马作家，现仅存百科全书式著作《自然史志》三十七卷。

⑤ ［译注］培根（Francis Bacon, 1561—1626）：英国哲学家、英国唯物主义和实验科学的创始人，反对经院哲学，提出“知识就是力量”，主要著作有《论科学的价值和发展》《新工具》。

现代科学在它正规的教育中排除对深奥学问的任何参照，甚至很不情愿给科学思想史留下一席之地。像大学图书馆之类的社会机构，它们不加批评地接纳一些没有什么价值的文学或历史书籍，而把高深的或者实用性的科学书籍挡在门外。我曾经在第戎[①]图书馆找烹饪方面的书籍，结果一无所获。而在18世纪，许多酿酒、香水、烹饪技巧方面的书籍得到公共图书馆的精心保存。

当代的科学城堡整齐划一、护卫严密，因此疯子或者精神错乱者写的著作找不到出版商。而150年前的情况就不同。我手头有一本书，名叫《现代显微镜，用新的化学蒸馏器搅乱自然，从中看到一种新的万有物理体系》。作者是查理·拉比克（Charles Rabiqueau），他是最高法院的律师，皇家光学工程师。这本书1781年在巴黎出版。人们在书里看到，宇宙被会产生蒸馏的地狱之火包围着。太阳处在中心，直径只有5古里[②]。“月亮根本不是天体，只是太阳之火在天穹的反射而已。”皇家光学师是这样把凹镜实验推而广之的：“星辰不过是我们可见的光线照在不同的空间气泡上噼啪作响的碎片。”显然，那是在病态地强调视觉的力量。必须纠正这类占优势的主观性实验才能得出恒星的客观概念，才能知道恒星与凝视它的目光毫不相干。我在疯

① ［译注］第戎（Dijon）：法国东部城市，勃艮地大区首府，是加斯东·巴什拉的故乡。

② ［译注］1古里约等于4千米。

人院多次观察到一些像拉比克那样以肉眼向太阳挑战的病人。他们的胡言乱语当然找不到出版商，小教堂的神甫不会奉掌玺大臣之令读完这派谬论，然后盖上官方印章，用这种措辞评论道：人们一贯认为“似乎是物体把自己送入人的视野。而拉比克先生一反旧观，认为是视力在寻找物体……拉比克先生的著作预示了一种经过修正的形而上学、被克服的偏见和更加纯洁的风尚，这些因素充实了他的工作”①。

对这些初等教科书的大体看法，也许足以指明我们打算描写的两个时代与科学思想初步接触的不同。如果有人指责我们用了太多的差作家而把好作家遗忘了，我们的回答是，好作家不一定是成功的作家，既然我们必须研究科学精神如何自由乃至无序地——总之不经过学校教育——产生，就像在18世纪那样，我们就不得不研究所有压制真科学的伪科学，真正的科学精神就是在与伪科学的斗争中形成的。总而言之，前科学的思想根植于“世纪之中”。它不像官方实验室培养的和在教科书中形成制度的科学思想那样规整。从另一个略微不同的角度，我们也将得出同样的结论。

① 查理·拉比克：《现代显微镜，用新的化学蒸馏器搅乱自然，从中看到一种新的万有物理体系》(*Le microscope moderne pour débrouiller la nature par le filtre d'un nouvel alambic chimique, où l'on voit un nouveau méchanisme physique universel*)，巴黎，1781年，第228页。

## 2

实际上，摩尔奈先生（M. Mornet）已经在一本才思敏捷的书中指出了 18 世纪科学的社交性。我们之所以谈论这个问题，目的是补充一些大同小异的看法，它们涉及科学实验在当时颇为幼稚地激发起来的*兴趣*，同时建议对这种兴趣做一种特别的诠释。我们的观点如下：立即满足好奇心，增加产生好奇心的机会，这种做法不仅不利于培养科学精神，反而会阻挠科学精神。人们用赞美替代知识，用形象取代思想。

如果设法重新体验一下观察者兴致盎然的心理活动，我们将看到一个新纪元的诞生，一切都显得轻而易举，科学思想失去了*问题感*，也就是失去了进步的动力。从许多电学方面的例子，我们将看到静电学方面的几何化尝试是何等缓慢和非凡，因为必须等到库仑[①]提出令人*乏味*的理论之后，人们才发现第一批电学法则。换言之，现代读者阅读 18 世纪大量关于电学的书籍时，照我们看来，他们会意识到人们克服了多大的困难，才放弃了原初观察给人带来的生动形象，才褪去电学现象的缤纷色彩，才去除了科学

① ［译注］库仑（Charles-Augustin de Coulomb, 1736—1806）：法国物理学家，发明扭秤，发现库仑定律，即磁体同极相斥、异极相吸的平方反比定律。

实验的寄生特征和不规则形象。于是我们可以清楚地看到，最初的经验感觉连准确描绘现象都做不到，连有条不紊、层次井然地描写现象都谈不上。

电的奥秘一旦被接受——这样的奥秘总会被很快接受——就导致一种简易“科学”，十分接近自然史，远离自从惠更斯[①]和牛顿之后逐渐进入力学、光学和天文学领域的计算和定律。普里斯特利[②]在 1771 年译成法语的书中依然写道：“电的实验是物理学提供的诸多实验中最明快和最令人愉快的。”因此，虽然涉及的现象都非常复杂，但是这些初级的学说都表现得简明易懂，这是这些学说变得有趣并能吸引上流社会人士的必备条件。或者用哲学语言来说，这些学说带着明显的、固有的经验论特征。局限在经验论范畴之内，就事论事，直呼其名，禁止寻找某种法则，对于懒惰的精神而言，这是一件多么甜美的事啊！目前依然如此，物理班的差生们都“理解”经验公式。他们轻易地认为，任何公式，哪怕它们来自结构严密的理论，都是经验公式。他们觉得一条公式只是一串处在等待状态的数字，只要运用到每个具体个案就行了。而且，电的原初经验多么诱人啊！这种经验论不仅明了，而且色彩斑斓。用

---

① ［译注］惠更斯（Christian Huyghens, 1629—1695）：荷兰数学家、物理学家、天文学家。在碰撞、钟摆、离心力和光的波动说、光学仪器等多方面作出了贡献。

② ［译注］普里斯特利（Joseph Priestley, 1733—1804）：英国神学家、科学家和教育家，曾发现氧等 10 种气体和植物的光合作用。

不着理解，只要观看就行了。世界之书用图片来表示各种电现象。应该翻阅这本书，用不着设法制造惊奇效果。在这个领域，它掩饰得非常好，人们不可能料到他们所见的东西！普里斯特利说得很对："如果有人通过某种推理（预卜令人震惊的电学发现），此人会被看成非凡的天才。但是电的各种发明有着太多的偶然性，因此不能说是天才起了作用，而是大自然的力量激发我们对这些发明的赞叹。"当然，把所有科学发明都归于偶然，实属普里斯特利的一贯想法。甚至涉及他个人经过长期从事的、以一种极出色的化学的实证科学所取得的发现也是如此。普里斯特利巧妙地抹去引导他完成硕果累累的实验的理论联系。他的经验主义哲学的意愿如此强烈，以至于思想只不过是一次经验的次要起因。假如我们只听普里斯特利的一面之词，那么好像一切都是偶然的结果。对他来说，运气压倒理智。我们就睁开眼睛当观众吧，别去关心物理学家，他不过是舞台导演。而如今，情况就截然不同了，实验者的匠心、理论家的天才博得人们的赞赏。为了凸显某种现象是由人类发现的，我们将实验者的名字——可能永久地——与该现象产生的*效应*联系起来。譬如塞曼效应[①]、斯塔克效应[②]、

---

① ［译注］塞曼（Pieter Zeeman, 1865—1943）：荷兰物理学家，研究磁场对光源的影响，发现塞曼效应，与洛伦兹（H.A. Lorentz）共获1902年诺贝尔物理学奖。

② ［译注］斯塔克（Johannes Stark, 1874—1957）：德国物理学家，1913年发现原子或分子在外电场作用下能级和光谱发生分裂的现象，被称为斯塔克效应。

喇曼效应[①]、康普敦效应[②]，还有卡巴纳-多尔（Cabannes-Daure）效应，该效应是多人合作产生某种社会效应的典范。

前科学思想不会拼命研究一种界限分明的现象。它不寻找演变，而是寻找多样性。那是它非常典型的特征之一：精神因寻找多样性而在各种对象物之间忙碌，毫无章法，这时候，精神只考虑扩大概念；而寻找演变则关注个别现象，尝试使它的各种变量具体化，检验变量的敏感度。它丰富对概念的理解，为实验的数学化作准备。我们来看看寻找多样性的前科学精神吧。只要浏览一下早期电学方面的书，就能明显地看到用于电性质研究的对象物有多么杂乱无章。那不是因为人们把电看成一种普遍性质，而是人们自相矛盾地认为电既有特殊属性，又依附于各种各样的物质。宝石当然首屈一指，接着是硫黄、焚烧和蒸馏后留下的残存物、箭石、烟雾、火焰。人们努力把电的特性与肉眼所见的最初表象联系起来。布朗杰（Boulanger）在列出可能带电的物质的目录之后，得出结论说，“最易碎和最

① ［译注］喇曼（Chandrasekhara Venkata Raman, 1888—1970）：印度物理学家，从事光散射的研究，因发现光通过透明物质时波长发生一定变化获 1930 年诺贝尔物理学奖。

② ［译注］康普敦（Arthur Holly Compton, 1892—1962）：美国物理学家，因发现康普敦效应（1923）并解释 X 射线与电子撞击时的波长变化，与英国的威尔逊（C.T.R.Wilson）共获 1927 年诺贝尔物理学奖。

透明的物质总是最具备电属性的”[1]。人们始终格外关注自然的东西。既然电是一种自然法则，人们一时间曾经指望从中获得鉴别真假钻石的工具。前科学的精神总是希望自然产物比人为的产品更加丰富。

在这个完全平行的科学建筑中，每个人都能添砖加瓦。历史在那儿明确地展示着人们对电的迷恋。人人都着了迷，国王也不例外。在一次盛大的实验[2]中，诺莱神甫[3]“当着国王的面，使 180 名王家卫士受到震荡；在巴黎夏尔特厄修道院里，每个修道士之间用铁丝连起来，全院修道士组成一条 900 法尺[4]的行列……电瓶放电的时候，整个队列在同一瞬间突然微颤，而且所有的人都感觉到了。”观看实验的公众给此次实验起了名字，“因为团体中好几人受到冲击，于是把这次实验称为祛邪实验”。当人们总结以往经验，准备蒸发钻石的时候，一些优秀人士觉得惊讶，甚至感到危险。马凯[5]当着 17 个人的面做实验。达尔塞[6]和卢埃

---

① 普里斯特利（Pristley）:《电的历史》(*Histoire de l'électricité*)，译著，三卷本，巴黎，1771 年，第一卷，第 237 页。

② 同上书，第一卷，第 181 页。

③ ［译注］诺莱神甫（Jean-Antoine Nollet, 1700—1770）：法国物理学家，是第一位从事实验物理教学的人，验电器和金箔验电器的发明者。

④ ［译注］1 法尺（旧丈量单位）等于 1.949 米。

⑤ ［译注］马凯（Pierre-Joseph Macquer, 1718—1784）：法国化学家和医生，他研究钻石和氢气的燃烧，尤其观察到氢气燃烧时产生水滴，确定牛奶的成分等。

⑥ ［译注］达尔塞（Jean Darcet, 1724—1801）：法国化学家，他完成了低熔点（95℃）的合金实验（铋 50%、铅 25%、锡 25%）。

尔[1]重复实验的时候，有150人在场。[2]

莱顿瓶曾一时激起真正的赞美："从它被发明那年起，几乎在所有的欧洲国家，无数人靠到处展示这种发明谋生。无论男女老少、社会地位如何，人们都怀着惊讶、诧异的心情，观看这个自然的奇迹。"[3]"人们支付先令和零钱来观看莱顿瓶实验，由此进账的收入足以令一位国王心花怒放。"[4]在科学发展过程中，人们也许见过某些发明被市集利用的情况，但是这种情况今天已经毫无意义。30年前，X射线的展示者们毛遂自荐，找到学校校长，希望给教育课程引入一些新意。他们肯定发不了大财，到了今天，他们似乎绝迹了。从此往后，一道鸿沟出现在江湖骗子与学者之间，至少在物理学领域是如此。

在18世纪，有教养的人都关心科学。人们本能地认为，博物陈列室和实验室都是自然形成的，就像图书馆那样；人们有信心等待个人的偶然会发现自发地协调起来。大自然不就是缜密和谐的吗？一位匿名作者——也许是德·芒詹（de Mangin）神甫——给自己写的《电的通

---

① ［译注］卢埃尔（Guillaume-François Rouelle, 1703—1770）：法国化学家，他在自己的实验室里开设化学课，狄德罗、拉瓦锡曾是他的学生。他证明酸与碱或者与金属氧化物反应，能够产生盐。

② 参见《百科全书》，"钻石"条目。

③ 普里斯特利：《电的历史》，第一卷，第156页。

④ 同上书，第三卷，第122页。

史和个别史》添了一个很能说明问题的副标题："或者欧洲几位物理学家对此所持的好奇、好玩、有用、有趣、欢乐、啰唆的言论。"他强调了这本书的社交价值，因为如果谁研究他的理论，谁就能"清晰、准确地说出上流社交界每天就这个话题提出的不同见解，夫人们居然率先提问……以前，骑士只要嗓子好、体态优美，就足以在圈子里博得名声，如今非懂一点雷奥米尔[①]、牛顿、笛卡尔不可"[②]。

在 1772 年版的《物理学、博物学和艺术发展年表》中，杜勃瓦（Dubois）就电学写道："每个物理学家都重复各种实验，每个人都想吓自己一跳……某某侯爵，您知道，拥有一间非常漂亮的物理陈列室，但他最痴迷电学。假如异教依然风行的话，他肯定会立一座供奉电学的神龛。他了解我的兴趣所在，知道我也是电迷，于是请我共进晚餐，他说，男女电迷行会的头面人物全在那儿。"[③] 人们想了解这个众说纷纭的电，其实它更多地透露出那个时代的心理，而不是它本身的知识。

---

① ［译注］雷奥米尔（René Antoine Ferchault de Réaumur, 1683—1757）：法国科学家、昆虫学家，曾发明列氏温标，改进钢铁冶炼技术，分离出胃液，研究它在食物消化中的作用。

② 佚名：《电的通史和个别史》（*Histoire générale et particulière de l'électricité*），三部分，巴黎，1752 年，第一部分，第 2—3 页。

③《物理学、博物学和艺术发展年表》（*Tableau annuel des progrès de la physique, de l'Histoire naturelle et des Arts*），第 154—170 页。

我们了解有关富兰克林[①]电晚宴的详细情况[②]；普里斯特利做了如下描述。1748 年，富兰克林和他的朋友们“用电击杀了一只火鸡，然后用通电的旋转铁叉把火鸡放在用电瓶点燃的火前烘烤：接着，在蓄电池放电的声音中，他们用电杯为所有的著名电学家——有英国的、荷兰的、法国的和德国的——的健康干杯”[③]。德·芒詹神甫和许多别的人一样，讲述过这次著名的晚餐。他补充说：“我想，假如富兰克林到巴黎旅游，他会迫不及待地用浓郁的、带着强烈电荷的咖啡来结束盛宴。”[④]1936 年，一位部长为一家电化村剪彩。他也吃了一顿电晚宴，感觉没有什么不适。各家报纸杂志以显著版面通栏报道此事，由此证明幼稚的兴趣是亘古不灭的。

此外，人们觉得这种科学散布在各个文化阶层，不能组成一个真正的学术堡垒。夏特莱侯爵夫人[⑤]在布莱兹河畔锡莱[⑥]的实验室曾得到无数著作的追捧，其实与现代的实验

---

① ［译注］富兰克林（Benjamin Franklin, 1706—1790）：美国政治家和科学家，参与起草《独立宣言》，出使法国，缔结法、美同盟，与英国签订承认美国独立的和约，参加制宪会议，研究大气电，发明避雷针。

② 参见《信札》，第 35 页。

③ 普里斯特利：《电的历史》，第三卷，第 167 页。

④ 参见德·芒詹神甫：《有关电的有趣的新问题》，第一部分，第 185 页。

⑤ ［译注］夏特莱侯爵夫人（Marquise du Châtelet, 1706—1749）：非常博学，迷恋科学，写过各种科学论文。

⑥ ［译注］布莱兹河畔锡莱（Cirey-sur-Blaise）：位于法国东部的上马恩省，建有 17—18 世纪的城堡，伏尔泰曾经在此客居夏特莱侯爵夫人的府第。

室绝对没有丝毫相似之处。在现代实验室里，一个学派全都按照明确的研究计划展开工作，比如李比希[1]或奥斯特瓦尔德[2]实验室，卡默林·昂内斯[3]的低温实验室或像居里夫人[4]的放射性试验室。布莱兹河畔锡莱上演的只是一出闹剧。布莱兹河畔锡莱的实验室名不副实，它的主人和所做的实验均不能赋予它一种连贯性，它的连贯性仅限于是一处舒适的住所和近在咫尺的美食场所。那是彻夜攀谈、沙龙聊天的借口。

从总体上说，18 世纪的科学不是一种生活，也算不上一种职业。直到 18 世纪末，在这一点上，孔多塞[5]仍然把法学家和数学家的工作对立起来。法学家们为自己的人提供养料，因此得到数学家所缺少的认可。但另一面，对于数学家来说，学校系统是一个等级明确的体系，至少可以

① ［译注］李比希（Justus Liebig, 1803—1873）：德国化学家，发明基团理论及炭、氢、卤苏定量分析法，否定植物腐殖质提供营养的旧理论。

② ［译注］奥斯特瓦尔德（Wilheim Ostwald, 1853—1932）：德国化学家，因对催化作用、化学平衡及反应速度方面的研究获 1909 年诺贝尔化学奖，著有《普通化学教程》《能量》等。

③ ［译注］卡默林·昂内斯（Kammerling Onnes, 1853—1926）：荷兰物理学家，研究低温物理学并在 1908 年制出液氦，获 1913 年诺贝尔物理学奖。

④ ［译注］玛丽·居里（Marie Curie, 1867—1934）：法国物理学家、化学家，由于发现放射性，与其夫皮埃尔·居里和贝克勒尔（Becquerel）共获 1903 年诺贝尔物理学奖，又因发现镭和钋（1898），获 1911 年诺贝尔化学奖。

⑤ ［译注］孔多塞（Marie Jean Antoine Nicolas de Caritat, marquis de Condorcet, 1743—1794）：法国哲学家、数学家，法国大革命时期立法会议中的吉伦特派，主要著作为《人类精神进步史表纲要》。

借此把学生和教师区分开来，让学生产生他必须完成艰辛而漫长的学业的印象。只要读一下夏特莱侯爵夫人的信札，就会发现她对数学文化的追求每每使人忍俊不禁。她娇滴滴地向莫佩尔蒂[①]提出的问题，今天连初中生都能轻而易举地解答。这些撒娇作媚的数学与培育健康的科学精神背道而驰。

## 3

哪怕觉得自己在参与严肃的课题时，这些公众也难改轻佻的习性。必须用举例说明现象的手法把他们捆住。人们非但不直奔问题的关键，反而添加赏心悦目的成分：人们在接骨木根茎球上插导线，得到一张电蜘蛛网。库仑采用相反的方法论，拔去电蜘蛛网的爪子，回归抽象，才发现了静电学的基本法则。

最杰出的科学家们饶有兴致地注视着这种新生科学的情景。伏特[②]在信函中花了几百页信纸，描写他那把神奇的电手枪。他给它起了一个复杂的名字，这名字就明确显示

---

① ［译注］莫佩尔蒂（Pierre Louis Moreau de Maupertuis, 1698—1759）：法国数学家和天文学家。他首次表述了最小作用原理，1732 年将牛顿的学说介绍到法国，并且测量证明地球是个扁球。

② ［译注］伏特（Alessandro Volta, 1745—1827）：意大利物理学家，对交流电理论有杰出贡献。他发明了伏打电池（1800）和验电器，发现并分离甲烷气体（1778）。驱动电流的电动势的单位伏特，就是为了纪念他而设的。

出着力描写基本现象的需求。他常称之为“电—燃素—气动手枪”。他给弗朗索瓦·卡斯特利（Francis Castelli）侯爵写信，用如下的措辞来强调自己实验的新颖之处：“看见往一把玻璃手枪内装、不断地装小米粒，不用引信，不用电池，不用火药，而只需抬起一个小托盘就能发射，假如这种情景已经引人入胜的话，那么惊讶与兴趣融合，看到一个电火花一下子就能击发一串互相连接的手枪，那就更加奇特了。”①

为了引人入胜，人们一再追求令人惊讶的现象。自相矛盾的实验层出不穷。戈登（Gordon）实验是典型的具有18世纪风格的漂亮实验，它“用喷水柱将烈性烧酒点燃”②。同样，普里斯特利说，沃森（Watson）博士“用一滴冷水，甚至用冰块，点燃用跳蚤草籽黏液加稠的酒精……”③

通过用冷水或者冰块点火的矛盾经验，人们以为已经揭示了自然的奥秘。在18世纪，没有一本书不以让理性在神秘的不可知深渊面前颤抖为己任；面临高深莫测的未知，我们感到阵阵眩晕，没有一本书不拿这一点做文章！最初的诱惑必须把我们迷住。德·芒詹神甫说：“借助自然和

---

① 《亚历山德罗·伏特关于沼泽燃烧气体的信函》（*Lettres d'Alexandre Volta sur l'air inflammable des marais*），译著，奥索比埃出版社，1778年，第168页。

② 《哲学互作用》（*Philo. Trans.*），阿波利奇德出版社，第十卷，第276页。

③ 普里斯特利：《电的历史》，第一卷，第142页。

有用的故事，电似乎集寓言、故事、梦幻剧、小说、悲剧、喜剧之优点于一身。”为了揭示电迅速获得人们极大兴趣的原因，普里斯特利写道：“我们在此看到，历史进程的基本法则似乎被全部颠覆了，而且是被一些仿佛最不起眼的原因颠覆的。最重要的效应不仅仅好像是由无足轻重的原因造成，一些似乎与此毫不相干的原因也在起作用。在这里，人们看见一些物体被另一些物体吸引、排斥、悬浮，与万有引力背道而驰，有些物体轻轻一摩擦就获得动能，而同样的摩擦在另一个物体上则产生相反的效果。人们在此目睹冰冷的铁片，甚至冰水，迸发强烈的火花，以至于点燃几种可燃物质……”[①] 上述的最后一个观察确实证明了实体论直觉的惰性，我们以后将探讨这个问题。它相当明确地把实体论直觉看作理解新现象的障碍：是啊，目睹实体中不“含”火的冰块居然放射火花，多么令人惊愕！让我们记住这个例子，在这个例子中，*具体的负荷*掩盖了一个现象的正确形式，掩盖了现象的抽象形式。

一旦进入景物自相矛盾的领域，奇思异想不费吹灰之力就把奇迹收入囊中。它聚集各种出人意料的可能性。有人用耐火石棉制作耐用灯芯，指望会找到“长明灯”。为此目的，他们觉得只要将*石棉油*分离出来就行了，石棉油不会比*石棉灯芯*烧得更快吧。人们在某些青少年项目中找到

① 普里斯特利：《电的历史》，第三卷，第 123 页。

许多同样迅速而不牢靠的组合的例子。科学幻想故事深受文学读者欢迎，他们觉得从中找到了正面的科普作品，其实科幻故事也是如法炮制，堆砌各种多少有些混乱的可能性。这些照不同尺度夸张或者缩小而成的世界，根据雷吉斯·梅萨克（Régis Messac）对《微型巨人》[①] 的精彩研究[②]，都依赖“陈词滥调，但陈词滥调非常迎合人类精神的自然禀性，因此可以任意重复，只要加入一些技巧，或者在表达方面略显新意，面对善解人意的公众，就能永远重复下去，永远受欢迎”。在科学精神看来，这些科学幻想、奔月旅行、杜撰的巨人和恶魔真是幼稚的倒退。它们有些时候能逗人一乐，但是绝不能让人长知识。

有的时候，我们看见有些解释完全建立在堆砌的寄生特性上。由此产生一些实在令人匪夷所思的事情。景象之优美使人欣然同意未经核实的假设。譬如在铁屑和硫黄花混合物上覆盖泥土，然后种植草皮：一眼望去，活脱脱一座火山！要是没有这些配料，没有这些植物，想象力似乎会不知所措。现在有了向导，它只要扩大想象的尺度就行了，它能“理解”喷射岩浆和浓烟的维苏威火山。而一个健康的头脑理应坦白说，那只不过是一个放热反应，即硫化铁的合成。仅此而已。地球物理与这个化学问题毫无关系。

---

① ［译注］《微型巨人》（*Micromégas*）是 18 世纪法国启蒙作家伏尔泰写于 1752 年的一部哲理小说。

② 雷吉斯·梅萨克：《微型巨人》，尼姆，1935 年，第 20 页。

这儿还有一个生动的细节为不合适的解释提供机会的例子。卡瓦罗（Cavallo）的著作通常记述一些巧妙的实验，人们在该书的注解中可以看到以下说法：研究了“电流冲击经过卡片或者另一个物体时产生的效应”之后，他补充道：“假如在窗格玻璃上摆放立体小模型、小房子或者别的建筑物，电击在那儿引起的震动自然相当于一场地震。”[①]我们在《百科全书》的“地震”词条下看到了同样的描写，这一次被作为有效地抗震和防火山的证据。贝托龙神甫（Bertholon）说：“我构思并请人造了一台小机器，代表一座在地震中摇晃的城市，一旦装上抗震仪或者保护仪，就能免受地震之苦。”此外，我们在卡瓦罗和贝托龙神甫那里看到，放电引起的简单的物理震动现象被描绘得惟妙惟肖，结果导致了大胆的解释。

人们从过于简单化的形象描写走到了令人费解的综合。卡拉（Carra）提出一种总体解释，将动植物的出现与离心力结合起来，而离心力在他看来又与电动势有着亲族关系。因此，原先蜷缩在蛹里面的四足动物“早就受到电动势刺激，它们在同样的电动势的作用下站起来，并开始在干土地上走动”[②]。卡拉没有深究就为这个理论作出解释：“电力

① 第波尔·卡瓦罗（Tibère Cavallo）：《电力通论》（*Traité complet d'électricité*），译著，巴黎，1785 年，第 200 页。

② 卡拉：《物理新原则》（*Nouveaux Principes de Physique*），四卷本，1781 年（前两卷），1782 年第三卷，1783 年第四卷，第四卷，第 258 页。

机器震动使小纸人在空气中站立、摇晃，这个实验相当清楚地解释了足类或者趾类动物是如何站起来的，以及为什么一部分动物继续行走，而另一部分则继续飞翔。因此，空气中的电动势，经过地球自转的接力，是造成动物具备站立能力的主要原因。”我们不难理解，8 岁孩子只要掌握一套学究的词汇，就足以杜撰这种无稽之谈。而这样的事发生在一位引起学术界关注、被一流作家引用的作家身上，就令人惊愕了。[①]

实际上，我们难以想象 18 世纪对自动装置的重视。小纸人在电磁场上的“舞蹈”栩栩如生，因为看不出驱使它们动作的明显原因。伏尔泰甚至说沃康松[②]制作的吹横笛者与人类的关系，要比珊瑚虫与动物的关系更为密切。对伏尔泰本人来说，与藏而不露的内在类似相比，形象生动的外部表现更为重要。

大作家德·马利维兹的著作对 18 世纪产生过重大的影响，他发展的宏伟理论也建立在如此不可靠的形象之上。他提出以太阳自转为基础的宇宙论。太阳的自转决定了行星的运动。德·马利维兹把行星的运动看成是螺旋运动，

① 德·马利维兹男爵（Baron de Marivet）和古西埃（Goussier）:《世界自然地理》（*Physique du Monde*），巴黎，1780 年，第九卷，第五册，第 56 页。

② ［译注］雅克·德·沃康松（Jacques de Vaucanson, 1709—1782）：法国机械工程师，他设计过许多自动机装置，其中包括水泵，第一台自动织机。吹横笛者是他在 1737 年制作的著名的自动机。

“离太阳越远，轨道的曲度就越小”。因此，他在 18 世纪末毫不犹豫地反对牛顿的科学理论。在这一点上，人们没有深入研究就找来一些他们认为已经足够的证据。“焰火工匠们制作的小太阳[①]提供了我们所说的螺旋线的明显例证。为了制造这些效果，插在小太阳四周的火箭不能指向太阳的圆心；因为如果这样的话，太阳就不能沿着自己的轴线旋转，每只火箭喷发的火焰形成直线光束；但是当火箭与圆周形成斜角时，自转的运动与火箭爆发的运动互相吻合，喷射的火焰成为螺旋形，曲线的弧度与距离圆心的距离成反比。”

多么奇妙的形象往复循环啊！焰火匠的太阳获得了天文学上的名称。而经过奇怪的反复，它的景象为太阳理论提供了佐证！当人们不对想象力进行精神分析的时候，这种形象的交叉很频繁。一种采纳形象的科学比任何东西都更容易成为隐喻的牺牲品。因此，科学精神必须不断地与形象、类比、隐喻作斗争。

## 4

在我们的初等教育课堂里，形象和生动的描述同样势不可当。一个实验只要使用一种奇怪的仪器，尤其当它

① ［译注］小太阳是一种焰火，升空后旋转，放出火花，类似太阳，因此得名。

的科学渊源遥远，而且它的名称出人意料——譬如化学口琴——的时候，整个班级便全神贯注于实验本身：只不过他们忘了观察本质现象。他们听到火焰呼啦作响，看不见它留下的痕迹。假如个别因素作怪，实验中出现某个故障，兴致就高到了极点。譬如，为了证实矿物化学中的根理论，教师在覆盖碘薄片的过滤纸上涂几遍氨水，制成铵碘化物。过滤纸被小心翼翼地干燥之后，稍一摩擦就会爆炸，惊得年轻的学生们目瞪口呆。这时候，一位善于心理观察的化学教师能够意识到，学生们对爆炸的兴趣不纯洁，尤其当爆炸物质是如此轻易获得的时候。任何爆炸似乎都是隐约地向青少年暗示一种施害、恐吓、破坏的意图。我曾经问过许多人，请他们回忆在学校的经历。几乎有一半的人提到化学课的爆炸实验。爆炸的客观原因多数都记不得了，但是老师的“模样”、邻桌同学的胆怯和惊恐都记忆犹新。叙述者本人的恐慌从来没有被提到过。所有这些回忆，以它们欢乐活泼的形态，相当清楚地揭示出受压抑的权力意志、无政府和邪恶的倾向、为了压迫他人而成为事物主宰的需求。至于这种爆炸示范的碘化铵配方以及如此重要的化学基团学说，根本成不了博学之士知识范畴的组成部分，哪怕以爆炸那样的方式激发人们的兴趣也无济于事，这难道还用说吗?

此外，年轻人迷恋一些危险的实验成为司空见惯的现象。多数学生都夸大其词地向家里人叙述在实验室遇到的危险。手指不慎被染黄，大褂异常频繁地被硫酸烧出窟窿。通过臆想来体验一下科学殉难者的经历也无可厚非嘛。

许多人投身化学的志向就是从某个事故开始的。李比希 15 岁到一家药店当学徒，不久被撵了出来，因为他放着药不配而去炮制雷酸汞。雷酸盐是他早年科学研究的对象。这种选择难道是由纯粹的客观兴趣所导致的吗？[①]偶然的心理原因足以解释科研中的耐心吗？在自传性很强的《女仆的儿子》中，奥古斯特·斯特林堡[②]回忆了青少年时的一件往事。“家里人拿倒霉的实验讥笑他，于是他准备爆炸气，打算报复家里人。”斯特林堡也曾经长期关注过化学问题。当代教授皮埃尔·德沃（Pierre Devaux）在一篇采访中写道：“像所有尚未成熟的化学家一样，他酷爱爆炸物、氯酸盐粉、用鞋带制成的炸弹引信。”这样的冲动有时候决定了某人毕生从事的美好职业，上述例子已经可见一斑。但是更为常见的是剧烈的实验本身就够了，它给人留下言过其实的回忆。

概括地说，初等教育中过于生动、过于形象化的实验成了激发伪兴趣的策源地。人们告诫教师要不断地离开实验台到黑板前面来，尽快地从具体上升到抽象，这种告诫

① 参见奥斯特瓦尔德（Ostwald）：《伟人们》（*Les grands Hommes*），马塞尔·杜富译，巴黎：Flammarion 出版社，1912 年，第 102 页。

② ［译注］奥古斯特·斯特林堡（Auguste Strindberg, 1849—1912）：瑞典戏剧家、小说家，开创现代瑞典文学，对欧美戏剧艺术有很大影响。

怎么说都不为过。工具更为完善的实验有责任揭示一种现象的内在有机性。实验的目的在于证明定理。法国近十年来推行中等教育改革，减少物理题目的难度，在某些场合甚至开设不做题目的物理课，全部由口头提问，这种改革不了解科学精神的真正含义。我们宁可绝对地无知，也不要一种缺少基本原则的知识。

## 5

实验是由问题的立场决定的，如果不把理性形式赋予实验，如果不经常求助于非常明确的理性建构，就会形成一种需要缓慢而艰巨的精神分析才能驱除的科学精神的无意识。爱德华·勒·鲁瓦[①]十分凝练地指出："普通知识就是对自我的无意识。"[②]但是这种无意识也可能感染科学思想。因此在问题获得答案的时候，必须恢复批评的活力，让知识接触使之产生的条件，不断回到这种"出生状态"，即精神活力状态。若想真正称得上实验的理性化，给一个事实找到一条理由是不够的。理性是一种本质上多形态的心理活动：它要反复考虑问题，将问题多样化，把它们嫁

① ［译注］爱德华·勒·鲁瓦（Édouard Le Roy, 1870—1954）：法国数学家、哲学家。

② 爱德华·勒·鲁瓦：论文《科学与哲学》（"Science et Philosophie"），载《形而上学和道德杂志》（*Revue de Métaphysique et Morale*），1899年，第505页。

接起来，让它们迅速激增。因此，实验必须融入多理性运作之中，才能真正理性化。

这种推理的和复杂的理性化理论遭到初始信念、即刻确定事实的需要、从可靠事物出发的需要，以及对相反事物的信仰——即认为我们借以出发的知识是可靠的——的反对。于是乎，有人反对我们的基本常识、触动我们辛辛苦苦才学到的幼稚宝藏，我们当然生气啦！谁对前人的观察天赋表示怀疑，谁就立刻被斥为大逆不道、狂妄自大！从那时候起，如此错位的感情反应怎么会不引起分析师的注意？因此，我们发现琼斯[①]在分析僵硬的初始信念时显得如有神助。应当审视这些过早成熟的“理性化”，它在前科学精神的形成中起着力比多[②]的升华在艺术形成中所起的那种作用。这些理性化标志一种意愿，即除去一切外在的证明而自有其理；参照某种人们认为不做阐释的事实以避开研讨的意愿，同时却赋予这种事实以一种宣告式的首要价值。路易·卡斯代尔（Louis Castel）神甫精辟地指出：“基于事实的方法充满权威和影响，它窃取神灵的外表，折磨我们的信仰，压制我们的理性。一个作理性思考甚至进行阐释的人，把我看作凡人，因为我跟他说理；他让我自由

① ［译注］琼斯（Ernest Jones, 1897—1958）：英国精神分析学家，弗洛伊德的合作者和支持者。

② ［译注］力比多（libido）：弗洛伊德提出的一个心理学概念，原指与性冲动有关的心理能量，在其后来的著作中又指与人类建设性活动有关的心理能量。

地判断；只用我自己提出的理由来逼我。而谁在吆喝‘请看事实’，谁就是把我看成奴隶。”[①]

客观认识的精神分析遭遇对原初“事实”的信奉，变得特别困难。任何新经验、任何批评，似乎都消除不了某些最初的论断。人们最多承认新经验可以修正原初经验，提高其精确度。原初的观察似乎除了提供研究的机会之外，还能提供别的东西！琼斯举了一个非常恰当的例子来说明过于仓促和糟糕的理性化，后者建立在肤浅的实验基础之上。“缬草根通常用作医治歇斯底里的特效药，这种用法为我们提供了启动理性化机制的实例。有必要提一下，阿魏[②]和缬草根曾经沿用了几个世纪，因为人们认为歇斯底里的起因是子宫在体内位移，这些难闻的药具有使器官恢复正常位置的功效，理应有消除歇斯底里症状的疗效。虽然实验并没有验证这种看法，人们至今仍然用同样的方式来治疗大多数歇斯底里病人。显然，坚持采用这类药物源于对根深蒂固的传统的盲目接受，而这种传统的渊源如今已经完全被遗忘了。但是为了向学生们解释用这些药物的理由，神经学专家们给它们冠以镇痛药的名称，用下面这种

---

① 卡斯代尔神甫（耶稣会士）:《色彩光学，以简单观察为基础，主要面向绘画、染色，以及其他色彩艺术》（*L'Optique des couleurs, fondée sur les simples observations, et tournée surtout à la pratique de la Peinture, de la Teinture et des autres Arts coloristes*），巴黎，1740 年，第 411 页。

② ［译注］植物树脂（assa faetida），以前用作镇痛药。

不乏优雅的方法解释它们的作用：缬草根的成分之缬草根酸——被称作活性素，通常以锌盐形式服用，包上糖衣以掩盖令人讨厌的味道。一些了解这种治疗渊源的现代权威很赞赏古人，认为尽管他们对于歇斯底里的观念是错误的，但是他们却在荒谬地解释治疗作用的同时，发现了一种如此珍贵的治疗方法。人们明明知道某种方法过去是非理性的，却持久地将它理性化，这种情况屡见不鲜……"[①]

我们觉得把这篇科学性文字和一篇文学作品作一番比较，会令人大长知识，文学作品片段来自一位奇怪、深刻的作家的遐想。奥古斯特·斯特林堡在《阿克塞尔·博格》（*Axel Borg*）中也声称自己能治疗歇斯底里。经过一连串思考后，他开始使用阿魏；他的思考当然没有任何客观性，只能从唯一的主观角度进行诠释。"这位女子感到身体有病，但不是直接生病。于是他配了一套药，第一种药必须引起真实的身体不适感，强迫病人脱离病态的心境，轻而易举地确定体内病痛的部位。为了这个目的，他从家庭药箱里取出最令人厌恶的药，即阿魏，认为它比其他任何药都更能引发浑身不适的感觉，他使用较大的剂量，造成真正的痉挛。也就是说整个身体应该奋起反抗这种陌生物质，灵魂的全部功能将集中全部力量来驱除它，出自想象的痛

① 琼斯：《精神分析的理论与实践》（*Traité théorique et pratique de Psychanalyse*），S. 詹克莱维奇译，巴黎：Payot 出版社，1925 年，第 25 页。

苦接着就会被遗忘。然后只要一步步用药，用清凉药、香脂药、软化药、安神药进行调理就行了，从令人厌恶的单一感觉，通过别的弱一些的感觉，转变为最后的完全解脱；唤醒完美的舒适感觉，如同历经艰险之后的美好回忆那样。他披上白色羊绒燕尾服……”[①] 我们希望有机会从头到尾对斯特林堡这部冗长的故事作精神分析，使得我们能研究主观成见与所谓客观价值的奇特混合。不过情感意义在这段文字中表现得实在太明显，用不着我们再强调它们了。因此，不论在学者那边，还是在梦幻家那边，我们都看到了同样的不纯洁的阐释手法。我们实在不敢鼓励读者们去系统地寻找科学、心理学和文学的共同点。不管是梦幻还是实验，两者殊途同归，对我们来说，那就证明实验只不过是一场梦。平行文学练习的简单贡献已经对客观认识做了一次精神分析。

然而，对某个不确定现象的直接和错误的理性化，也许在较为简单的实例中显得更明显。鬼火真的在午夜消失吗？在确认事实之前，就有人对此作解释。梭利（Saury）是一位严谨的作家，他在 1780 年写道：鬼火之所以消失，“也许是因为此时寒意更浓，产生（鬼火）的气体这时候发生冷凝，无法在空中悬浮；也许还因为它们失去了电荷，

---

① 《阿克塞尔·博格》，译著，第 163 页。

妨碍它们发酵和发光，使它们坠落在地上”[①]。鬼火不是会追逐企图摆脱它们的人吗？“那是因为它们受到空气的推动，在填补那个人在身后留下的空间。”由此可见，在所有这些不谨慎的理性化中，答案远比问题清楚，更令人叫绝的是，问题还没有说清楚，答案就已经给出了。因此，我们也许有理由这么说，问题意识是科学精神的特征。

最后，假如我们经过努力，分别正确地测量了所有客观认识中的经验化和理性化，我们将会对立即接受个别观察而导致知识僵化感到吃惊。我们在普通知识中看到，事实过早地融入了理性之中。事实与概念近在咫尺，它们之间的距离太短了。人们以为自己能够坚持事实。人们常说古人解释事实可能有误，但是他们至少见过事实，而且看得很清楚。然而为了确定和说明某个事实，起码的解释是必需的。要是这种最起码的解释从根本上错了，那么事实还留下什么呢？很显然，当涉及一件可以说从外部确定的事件，涉及一个与该事件的本质明显无关的领域，这种可怜的定义——不会引起什么后果——可能没有错（它缺乏足够的灵活性！）。譬如，摩擦后的琥珀可以吸引轻的物体，假如需要观察、表述和重复这个事实，那么这个完全来自隐秘的电学法则之外的机械作用，也许提供了一次正确观

① 梭利（医学博士）:《物理概论》(*Précis de Physique*)，两卷本，巴黎，1780年，第二卷，第37页。

察的机会，不过还需满足这个条件，即不给吸引这个词语增添任何含义。但是这种正确观察是一种封闭的经验。因此它历经数百年而未有结果，未曾引发变异实验，我们对此不应该感到惊讶。

## 6

此外，如果认为只要局限于简单地确认事实，经验认识就能停留在严格的断言认识层面上，那也犯了一个严重错误。描述从来就不会遵循良好的平淡法则。连布封[①]本人也企盼在科学著作中运用这种谨慎平淡的表述法。他保留物体的直接外表，文笔均匀、朴实，以此为荣。但是这种保持朴素风格的夙愿会遭遇意外。某个词突然在我们心中回响，在昔日珍贵的观念中激起过于长久的共鸣；一个形象熠熠生辉，突然、一下子、整个儿地把我们说服了。实际上，严肃的、关键的词只吸引共同的信念，这种信念更多地来自语言渊源或者原初形象的幼稚，而非客观真理，正如我们将在下一章指出的那样。所有的描述也都围绕过于闪亮的核心展开。无意识思维聚集在这些核心四周，于是精神发生内倾，停滞下来。布封深知有必要保持精神悬

---

① ［译注］布封（Gerges Louis Leclerc, comte de Buffon, 1707—1788）：法国博物家、作家。以关于自然史的著作闻名，并以“风格即人”的理论传世。

念，准备以后接受反省的认识。“重要的是往他们脑子里装概念和事实，如果可能的话，阻止他们过早地对此进行论证和得出关系。”[①] 但布封首先针对的是信息匮乏，他不觉得集聚在无意识内核周围的客观认识经过无意识的解释，几乎马上会受到曲解。他认为在太狭窄的经验基础上，精神“在虚假的组合中”耗尽力量。事实上，来自对照的力量，其源泉不在表面，也不在观察的现场，它在更密切的反作用下迸发出来。培根的表格[②] 不直接表示夸大的现实。不能忘记，事例是先被寻找，然后才被分类的。因此它们是研究观念的结果，这些观念多少有些隐秘，身价有些被提高。所以，在传授客观描写之前，有必要对观察者作精神分析，仔细揭示受压抑的非理性解释。只要读一下布封作品中那些对象物不是自然而然地展现在观察者面前的章节，就能看到具有无意识内核的前科学观念的影响。他对矿石的研究就最好地佐证了这种看法。人们从中看到矿石的等级，它与平庸的经验论的推测形成鲜明对立。人们因此可以用更敏锐的目光重读布封的《自然史》，去观察观察者，并且以精神分析家的态度伺机捕捉未经推理的理由。人们会懂得，烙有虚假的生物等级标志的动物众生相，肩负着这位叙述者的无意识想象所强加给他们的特性。狮子是万兽之

---

① 布封：《布封全集》（*Oeuvres complètes*），七年，首次演讲，第一卷，第 4 页。

② ［译注］指培根经验归纳法中用来整理材料的三种例证表。

王，因为对于热衷秩序的人来说，一切生命体，即使是兽类，都应该有王。马在顺从中仍不失其高贵，因为布封在自己的社会职位中欲保持领主的气派。

## 7

但是为了证明在原初经验中更直接的东西依然是我们自己，是我们隐蔽的激情，是我们无意识的欲望，我们将以稍长的篇幅来研究某些与物质相关的想象。我们将设法指出它的情感基础和完全主观的活力。为了做这个演示，我们将研究所谓的炼金术在心理上的具体特征。炼金术的实验与众不同，它是双重性的：它是客观的，又是主观的。在此，我们把注意力集中在主观、即刻和直接的核实上面。这样就有了一个阐述得比较充分的例子，它涉及客观认识的精神分析应该考虑的问题。在本书的其他章节，我们也有机会再回到这个问题上来，以便阐述个别激情对炼金术发展的影响。

炼金术是被化学家和文学家定罪的。

在19世纪，所有的化学史家都承认炼金术士做试验的那种狂热；他们对炼金术士某些具有积极意义的发现表示敬意；他们最后还指出现代化学是从炼金术士的实验室里缓慢地走出来的。然而，当我们阅读这些史学家的作品时，事实似乎很难让人接受，尽管想法不错，可是从来没有人解释或者衡量过这种抵触。19 世纪的化学家受实证精神的感召，接受过评判客观价值的训练，但是这种评判丝毫不考虑炼金术文化出色的心理凝聚力。

在文学家方面，从拉伯雷[①]到孟德斯鸠[②]，他们的评判更为肤浅。炼金术士被视为精神错乱的贪心者。

最后，科学正史和活灵活现的传说都为我们描绘了一种注定不幸的经验。我们把可笑的炼金术士看成失败者。我们认为他爱上了虚无缥缈的怪物，是一个永远得不到满足的情人。

然而如此负面的解释理应引起我们的警觉。我们至少应该感到惊讶，一些如此无聊的学说的历史居然如此悠久，居然能够在科学发展过程中继续传播，延续至今。其实，这些学说在 18 世纪经久不衰的现象没有躲过摩尔奈先生的敏锐目光。康斯坦丁·彼拉（Constantin Bila）先生的博士论文也专门跟踪它们在 18 世纪文学中所起的作用；但是他只看到信徒的幼稚和导师的狡猾。然而人们本该在整个 19 世纪继续研究下去。人们将发现炼金术对许多人来说充满诱惑，成为深邃的心理作品的源头，譬如维利埃·德·列

① ［译注］拉伯雷（François Rabelais, 1493？—1553）：法国作家、人文主义者，代表作《巨人传》反映了文艺复兴的时代精神。

② ［译注］孟德斯鸠（Baron de La Brède et de Montesquieu, 1689—1755）：法国启蒙思想家、法学家、哲学家，提出立法、行政、司法三权分立学说，主要著作有《波斯人信札》《论法的精神》。他主张从地理、气候、历史、文化等因素出发，考察各国政体的现状和历史沿革。

尔-阿达姆[①]的作品。这种抗拒力的中心必定比天真的理性主义所想象的更为隐蔽。炼金术在无意识中必定有更深的渊源。

为了解释炼金术学说的顽强存在，某些醉心神秘现象的共济会[②]史学家将炼金术描写成政治启蒙体系，由于化学成果似乎有一种更为显然的意义，从而使这种体系变得更加隐蔽，更加晦涩。因此，科尔帕奇（G. Kolpaktchy）先生在一篇关于炼金术和共济会的文章中很有意思地写道："所以在纯粹的炼金术（或者说化学）非常真实的外表下面，存在着一种并非不真实的启蒙体系……从 11 世纪起，这种启蒙体系构成欧洲一切秘传的基础，因此构成蔷薇十字会启蒙和共济会的基础。"

但是这种诠释的理性主义味道太浓，尽管科尔帕奇先生承认炼金术不是简单的"旨在迷惑教会的极端神秘化举措"。它不能让我们真正测量到炼金术障碍在面对客观科学思想攻击时所产生的心理抗拒力。

所有这些解释都没有考虑到化学与炼金术的根本对立，

---

① ［译注］维利埃·德·列尔-阿达姆（Auguste Villiers de l'lsle-Adam, 1838—1889）：法国诗人、剧作家、短篇小说家。其作品是对当时文坛上盛行的自然主义、追求玄秘、将浪漫的理想主义与疯狂肉欲相结合等文学风气的反抗。

② ［译注］共济会（Franc-Maçonnerie）：共济会起源于中世纪的石匠和教会建筑工匠的行会。近代的象征性共济会即由此演变而来。其纲领强调道德、仁慈以及遵守当地法律。在拉丁语系国家，共济会吸引着自由思想家和反对教会的人士。

因此，我们应该来审核更深层的心理条件，以解释如此强大的、全面的和持久的象征主义。这种象征主义不像简单的寓意画那样，不依靠确凿的心理现实就能传播。精神分析家琼斯强调指出，一般来说，传授象征主义不同于传授简单的客观真理。象征主义必须依附预先存在于无意识中的象征力量，才能得到传授。我们可以随着琼斯这么说："每个人使用自己拥有的材料重新创造……象征主义；对于形成象征主义源泉的特殊倾向来说，千篇一律源自人类精神的同一性，即人类基本和持久兴趣的同一性。"[①] 科学精神必须针对这种感情的而不是感受的千篇一律采取行动。

放在个人信仰的中心做考察，炼金术士的文化显示为一种明显完整的思想，这种思想在整个实验阶段得到心理确认，充分表明其象征物的私密性和坚实性。事实上，热爱幻想是众爱中最忠诚的爱。为了正确评价炼金术士信念的完整性，我们不能忘记，那种认为科学从本质上说是不完整的哲学理论的观点，是在现代诞生的。这种期待中的思维、这种以受怀疑而且始终可以被废除的假设为出发点而发展起来的思维也是现代的。在前科学时期则相反，假设建立在深刻的信念上：假设表明一种心灵状态。因此，依靠自身的象征物级别，炼金术构成一种内心默想秩序的备忘录。实验的不是东西和物质，而是与东西相符的心理

① 琼斯：《精神分析的理论与实践》，第 218 页。

象征物，或说得更准确些，是人们欲检验其等级的内心象征化的不同程度。实际上，炼金术士似乎用他对客观物质的实验来“象征”他整个自身，包括他的整个灵魂。譬如，贝克尔（Becker）[1]在重申灰烬始终保留其实体本原的印记之后，表达了这个奇特的愿望（而且被收入《百科全书》词条“灰烬”中）：“上帝啊……但愿有朋友替我了却这最后的心愿，我是说有朝一日，有朋友把我的尸骨、把我那被长期劳作掏空的枯骨，变成这种苍白的物质，最漫长的岁月无法使之变质，它保存着遗传的本色，那不是植物的绿色，而是水仙摇曳的乳白色；不费多少时间就能完成此事。”实证化学史家从中尤其隐约看到某种磷酸钙化学实验，或者像一位 18 世纪作家所说的那样，是关于“动物玻璃”的实验。我们认为贝克尔的愿望有着弦外之音。除了人世间的财富，这些幻想家更加追求灵魂的财富。假如不颠倒这种兴趣，人们就判断不好炼金术思维的深度和意义。

从那时候起，即使期待中的物质化行动没有奏效，这种操作事故也无损于期待形成的紧张的心理价值。人们会毫不犹豫地忽视这种不成功的*物质性*实验：因为希望的力量依然完好无损，因为强烈的希望感已经是一种成功。对于科学精神来说，情况自然不再相同：对它而言，一次物

① ［译注］《百科全书》（狄德罗主编）在“灰烬”词条中提到的名字是贝歇尔（Becher）。贝歇尔（Johann Joachim Becher, 1635—1682）：德国化学家、医生和冒险家。他的燃烧理论对 G. 斯塔尔的燃素说曾有深刻影响。

质性的失败立刻就是精神失败，因为哪怕最低调的科学经验论，都觉得自己处在理性假设的框架内。现代科学中，物理实验是一般思维中的一个特例，是一般方法中的个别时刻。它摆脱了个人成功的需要，就是因为它已经得到了学术界的检验。在整体上，每门科学都不需要学者作检验。但是，当实验与理论不符的时候，会出现什么情况呢？这时候，人们可以努力重做受挫的实验，可以认为它只不过是一次未遂实验。迈克耳孙[①]就是其中一例。他频繁重复实验，认为自己的实验将证明以太的静止状态。但是到最后，迈克耳孙的失败成了定局，科学只能修改其基本原理。相对论科学就是如此诞生的。

倘若炼金术的某次实验没有成功，人们只不过得出结论说，那是因为没有使用合格的材料，没有使用所需的胚芽来做实验，或者说发生变化的时间尚未到来。炼金术的实验几乎可说是在柏格森式的绵延中、在生物和心理的绵延中发展的。一个没有受精的鸡蛋不会破壳出雏；一个孵化不良或者没有连续孵化的鸡蛋会变质；变味的酊剂会失去其辛辣和再生能力。每个生物要生长、繁殖，都需要具备恰当的时机、具体的时间、各自的时间。于是人们可以指责时间萎靡拖沓，指责朦胧的气氛尚不成熟，内心冲动

① ［译注］迈克耳孙（Albert Abraham Michelson, 1852—1931）：美国物理学家，以测定光速和迈克耳孙-莫宙实验闻名，因其光谱学和气象学的研究，成为美国第一个获诺贝尔物理学奖的人。

有气无力，人们可以从内部找到各种说法来解释实验遇到的意外事件。

但是还有一种更深层地解释炼金术实验的物质性失败的方法。那就是质疑实验者道德的纯洁性。使用了正确的象征物却没有产生预期的现象，那不是一般性的失败，而是心理的缺陷，是道德的错误。那就证明沉思不够深刻，心理过于松懈，祈祷不够专注、不够虔诚。就像希契科克（Hitchcock）在那些被埋没得太深的著作中精辟地指出的那样，在炼金术士的工作中，关键不在于操作，而在于复杂。

炼金术士若不首先净化自己的心灵，他又怎么能净化材料呢？若操作者的躯体不洁，心灵不纯而且还贪心，他又怎么能按照其师傅的嘱咐那样全身心地投入整个实验呢？炼金术士抨击黄金的檄文并不罕见。菲拉莱特[①]写道："我蔑视、我有理由仇恨对金银的这种崇拜。"[②]"我甚至厌恶金、银和宝石，并不因为它们出自上帝之创造（在这一点上，我尊重它们），而是因为它们成为希伯来人以及世界其他地区的崇拜物。"[③]为了实验成功，炼金术士必须经常作长

① ［译注］菲拉莱特（Le Philalethe）：生于 17 世纪初，据考证是英国学者托马斯·德·沃恩的化名，是英国物理学家、化学家玻意耳（1627—1691）的朋友。他说"我名字的意思是真理爱好者"。

② N. 朗格莱·杜弗莱诺（N. Lenglet Dufresnoy）神甫：《炼金术神秘哲学的历史，真正的菲拉莱特》（*Histoire de la philosophie hermétique, avec le véritable Philalethe*），巴黎：Coustelier 出版社，1742 年，三卷本，第三卷，第 113 页。

③ 同上书，第 115 页。

期的苦修。信奉异端的、邪恶的浮士德需要魔鬼协助才能满足强烈的欲望。而一颗正直的心灵、一个洁白的灵魂充满健康的力量，化解个体性格与一般性质之间的隔阂，自然而然地找到真理。它在自然中找到真理，因为它在自己身上就感受到真理。内心的真理就是世界的真理。无私、正直、耐心、小心谨慎的方法、发奋的工作，这些品质从不曾像在炼金术时代那样，如此紧密地同所从事的行业结为一体。如今的实验人员似乎能更容易地离开自己的岗位。他不再把自己的感情生活同他的科学生命混在一起。他不再把实验室设在家里、谷仓和地窖里。他晚上像人们离开办公室一样，离开实验室就回到家里的桌子旁，别的操心事和欢乐在等待着他。

我认为，当我们对炼金术操作中比比皆是的各种建议做一番详察时，当我们用这些建议的客观和主观的双重性来——这样做似乎总是可能的——阐述它们时，就可能形成一种在某些方面比实证科学的纯理性教育更具人性的教育方法。事实上，经过综合观察，炼金术的道德启蒙超过智性启蒙。因此，在从客观角度评定炼金术的实验成果之前，应从主观角度对炼金术的道德成果做评定。埃莱纳·梅斯杰[①]女士注意到这一点，她在评论凡·海耳蒙

① ［译注］埃莱纳·梅斯杰（Hélène Metzger, 1889—1944）：法国化学史家。

特[①]时写道："对凡·海耳蒙特思想进行这样的诠释不会显得奇怪，只要人们记得我们这位哲学家只把实验工作，如同祈祷和斋戒那样，看成旨在启迪我们精神的准备工作！"[②]因此，在对炼金术作唯物主义解释之前，应该有对炼金术士作类比精神分析的一席之地。

这种精神启迪和道德启蒙不构成一个简单的、理应有助于未来积极进步的预科教育。正是在工作中，在材料缓慢而温和的运作中，在溶解和结晶以昼夜更替般的节奏交替之中，可以找到道德沉思的最佳主题，找到内在完美等级的最明确的象征物。可以从外延的角度赞美自然，赞美天空和大地的自然。可以从内涵的角度，从它的深度以及物质实体的变更赞美自然。但是显而易见，这种深度的赞美与内心沉思多么密切相关！客观实验的一切象征物立刻转化为主观文化的象征物。一种纯直觉的无限单纯！太阳在一个锡壶的表面玩耍、嬉笑，欢乐的锡元素与朱庇特[③]匹配，就像上帝一样矛盾：它既吸收又反射光线；它的表面粗糙而光滑，明亮而灰暗。锡是一种没有光泽的物质，突然会放出美丽光辉。为此，只要光束位置恰当，光线发生

① [译注] 凡·海耳蒙特（Jean Baptista Van Helmont, 1580—1644）：比利时化学家、医师，发现二氧化碳。

② 埃莱纳·梅斯杰：《法国的化学学说：17 世纪初至 18 世纪末》（*Les Doctrines chimiques en France, du début du* XVII$^{e}$ *à la fin du* XVIII$^{e}$ *siècle*），巴黎，1923 年，第 174 页。

③ [译注] 朱庇特（Jupiter）：罗马神话中统治诸神、主宰一切的主神。

感应，它就会出现。那不就是雅各布·伯麦[①]的观点吗，就像科瓦雷[②]先生在一本书中精辟指出的那样，总是必须回到他那儿，才能理解象征性思维的直觉、迷人的特征[③]，那正是“上帝真正的象征物，上帝之光的象征物，为了默启和表现出来，它需要另一个，需要一种抵抗、一种对立；归根结底，它需要一个世界，在那儿反照、表达、对抗和分离”。

假如观察一个简单的物体、一个丢弃在夕阳之下的锡壶，能让我们对上帝和自己的灵魂得到如此的启示，那么对各种炼金术嬗变的具体实验中连续不断的现象的观察，将是多么细致和令人浮想联翩啊！从这个角度理解的话，对象征物的推论就不再从逻辑和实验的层面上展开，而是完全在个人的内心层面上展开。重要的远不在于证明而在于感受。谁假如没有用合适的水银溶解过粗盐，假如没有耐心、没有有条不紊地做结晶复原，心情忐忑地等候结晶的第一道闪光，谁就永远不知精神复兴为何物，也不知道每次复兴所具有的净化价值。因此，找回客体真的就是找回主体，即利用物质再生的机会找回自我。人们的手里攥

① ［译注］雅各布·伯麦（Jacob Boehme, 1575—1624）：德国神秘主义哲学家，认为上帝是万物的根本、实体和归宿，一切都处于矛盾之中。

② ［译注］科瓦雷（Alexandre Koyré，1892—1964）：法国哲学家，祖籍俄国。师从胡塞尔、柏格森等，致力于方法论研究。

③ 科瓦雷：《雅各布·伯麦的哲学》（*La philosophie de Jacob Boehme*），巴黎：Vrin 出版社，1929 年。

着材料，为了使材料变得更加纯洁美丽，人们把材料投入酸剂邪恶的怀中；人们拿自己的财富冒险。某一天，酸变得温和了，拿出了水晶。整个灵魂喜不自胜，欢迎浪子回头。就这样通过无数极为透彻的分析，精神分析家埃尔贝·希尔贝雷[①]揭示出不同的炼金术象征物的道德价值。所有的炼金术实验都能以化学和道德的方法进行解释，给人留下强烈的印象。可是这时候，一个问题就冒出来了：黄金在何处？在物质里面还是在人的内心？另一个问题接踵而至：怎么会对炼金术文化的主导价值产生犹豫呢？作家们描述寻找财富的炼金术士，他们的解释在心理学上是没有意义的。炼金术是一种内在文化。炼金术在主体的内心中，在具体的心理体验中首次得到神奇的教益。然后理解到自然在神奇地起作用，这就是把内心的体验运用到外界。必须经过精神魔术的中介，让内在生命感受到自己升华，才能理解起先不纯、玷污的物质如何获得积极的价值。希尔贝雷举过一个例子，一位炼金术士回忆说，发现自然在神奇地起作用的那一天，他才在炼金技艺上取得重要进展。不过这是一种迟来的发现，因为首先必须在道德上配得上它，它照亮精神之后才照亮炼金术实验。

这种神奇不是幻术，文字不指挥精神，它需要内心赞

① ［译注］埃尔贝·希尔贝雷（Herbert Silberer, 1882—1923）：奥地利心理学家，弗洛伊德最杰出的学生之一。

同，而不是嘴唇的赞同。那些针对口念咒语的实验者的肤浅玩笑其实不懂得物质实验伴随着心理实验。实验者全身心地投入，首先自身投入。希尔贝雷还指出："必须在新土地上播种的东西，通常被称作爱。"炼金术盛行于人们热爱自然多于利用自然的年代。爱这个词引出了一切。这个词是活儿和工人之间的口令。没有温柔，没有爱，人们就无法研究儿童的心理。出于同样的理由，没有温柔，没有爱，人们就研究不了化学物质的产生和行为。温情燃烧甜蜜的爱，对于善于用温火加热水银的人来说，不能算是一种形象。缓慢、温和、希望，这就是道德完善和物质转换的神秘力量。正如希契科克所说的那样，"爱的巨大效用在于使万物回归其完全善良、完全温和、尽善尽美的本质。正是这种神性的力量化水为葡萄酒，化悲伤和焦虑为胜利的狂喜"[①]。假如人们接受这些神性大于世俗性的爱的形象，他们就不会对《圣经》曾长期充当炼金术士实验作坊中的实用著作感到惊讶。人们不费吹灰之力，就能在先知们的话中找出无数用铅、土、金、盐表示人的优点和缺陷的例子。炼金术经常只不过将这种同系关系加以规范而已。其实，在某些人看来，神秘、物质嬗变的所有层次与神秘默想的各种程度形成对等关系："在约翰·道斯特纽斯

① 希契科克：《关于炼金术和炼金术士的评论》（*Remarks upon Alchemy and the Alchemists*），波士顿，1857 年，第 133 页。

（Johannes Daustenius）的玫瑰园中，对七个层次作了如下描写：……物体（1）是水得以保存的原因。水（2）是油得以保存的原因，而且放在火上面不燃烧。油（3）是颜料固定的原因，颜料（4）是颜色出现的原因，颜色（5）是白色展现的原因，白色（6）是固定一切挥发物（7）并使之不再挥发的原因。波拿文都拉[①]描写七大沉思（septem gradus contemplationis）、大卫·奥斯堡[②]描写祈祷七步骤的时候，情况也绝对如此。伯麦承认七个精神源泉（Quellgeister）……”这些对等的程度相当明确地告诉我们，价值概念与炼金术操作陆续产生的结果有关系。我们以后将有许多机会表明，客观认识的每一次增值都必须经过精神分析。这将是本书的中心命题之一。眼下，我们只要记住这种增值的直接性和即时性就可以了。这种增值是由热烈赞同某些最初概念造成的，而这些概念在客观世界中只找到一些借口而已。

在这冗长的章节中，我们力图概括炼金术文化的心理特征，以及客观程度不一的借口。概括出来的这一大块其实使我们很好地理解了前科学思维方式中那种过于具体、过于

① ［译注］波拿文都拉（Bonaventure，1217—1274）：意大利神学家、经院哲学家、方济各会会长、枢机主教，认为上帝的存在无须理性来论证，上帝的意志是万物的“原因”和“形式”。

② ［译注］大卫·奥斯堡（David d’Augsbourg，1200？—1272）：德国南部的方济各会修士，积极参与宗教裁判所的活动，反对异教徒，写过几部涉及宗教神秘的著作。

直觉、过于个人化的东西。因此，教育者应该始终想着使观察者脱离对象物，使学生免受强烈的情绪感染，后者专注于某些象征化过快、似乎过分有趣的现象。诸如此类的建议乍看起来似乎已经过时，其实未必如此。我上化学课的时候，还有机会看到仍然在年轻人头脑中缓慢进展的炼金术痕迹。譬如，冬日上午，我制作氨汞齐或者说“氨黄油”——我老师还那么说，水银在我的搅拌下膨胀的时候，我在学生们专注的目光中看到了热情。看到这种对所有膨胀长大之物、对所有搅拌之物的兴趣，我常想起埃利内·菲拉莱特以前说的话：“假如您看见您的材料像面团那样膨胀，您就高兴吧；因为蕴含在里面的生命精灵，此时得到上帝的恩准把生命还给尸体。”[①] 我也觉得整个班级无比幸福，因为这部小小的自然传奇圆满结束了，在学生眼里如此和善的水银，恢复了它的自然模样，恢复了它的最初神秘。

因此，现代的化学课就像在炼金术的作坊里一样，学生和徒弟起初并不全神贯注。对他们来说，物质本身不构成平静的客观性的足够理由。人怀着自身的全部欲望、全部激情和整个心灵，自然而然地朝着最有趣的、最惊奇的现象走去。因此，最初的客观认识成为最早的谬误，我们不应该感到惊讶。

---

① N. 朗格莱·杜弗莱诺神甫：《炼金术神秘哲学的历史，真正的菲拉莱特》，第二卷，第 230 页。

# 第三章

# 一般认识作为科学认识的障碍

## 1

从亚里士多德起到培根时代为止，错误的一般学说曾经盛行天下，在无数人眼里，它今天依然是基本的知识学说。这种一般学说比任何东西都更加阻碍科学认识的进步。你们再听听哲学家们私下是如何谈论科学的吧。当 W. 詹姆斯[①]断言“每个科学家有自己的学说”时，E. 马赫[②]回敬道“每个哲学家拥有属于自己的科学”，你们很快会觉得此人不乏诙谐调侃。而我们更想说，哲学有一种唯一属于它的科学，那就是一般科学。我们将努力证明，这种一般科学始终是对经验的阻止，是创造性经验主义的失败。认识

① ［译注］W. 詹姆斯（William James, 1842—1910）：美国哲学家、心理学家、实用主义者、机能心理学创始人。

② ［译注］E. 马赫（Ernest Mach, 1838—1916）：奥地利物理学家、哲学家、经验批评主义创始人之一，提出光学、力学、波的动力学等多项原理，认为世界是“感觉的复合”，著有《物理光学原理》《感觉的分析》等。

一般的现象，以此来理解一切，不正是“像民众一样津津乐道于平庸的神话”[①]，不正是步另一种堕落的后尘吗？实际上，匆忙简单的概括包含一种危险的精神享受。客观认识的精神分析应该仔细研究便利的各种诱惑力。在这种条件下，人们才能获得真正健康、真正生气勃勃的科学抽象。

过于笼统的归纳停滞不前，我们马上举例说明这一点。为了简单地证明建立在一系列个别事物基础之上的归纳推理如何引出一般科学法则，哲学教授往往先把物体坠落现象草草描述一遍，然后归纳说：物体都会坠落。为了替这种平淡无奇的说法辩解，他们声称这样的例子足以使科学思维取得决定性进步。其实在这一点上，和亚里士多德的思想相比，现代思想仿佛是经过修改的归纳，是扩大了的归纳。亚里士多德教导说，对于烟雾、蒸汽、火和火焰等轻盈的物体，苍穹是它们自然回归的故里，而沉重的物体自然寻找大地。而我们的哲学教授则告诉我们，物体无一例外地坠落。他们认为，这就是神圣的万有引力学的根据。

其实在这一点上，我们遇到一个处境有利的归纳，因此我们从这个例子入手，使我们的论战变得光明正大。然后当我们能够证明，匆忙寻求归纳常常导致错误的、与该现象基本的数学功能毫无关系的归纳时，我们的战斗就会

① 马拉美（Stéphane Mallarmé，[1842—1898]，法国象征主义诗人。——译注）：《胡言乱语》，第21页。

比较容易一些。因此，我们从最棘手的论战开始吧。

按照我们对手的意愿，根据哲学家们的意愿，我们应该把最宽泛的归纳当作科学文化的基础。力学的基础：一切物体都会下落。光学的基础：所有的光都直线传播。生物学的基础：一切有生命的东西都会死亡。这样，在每门科学的门槛上装上了原初的伟大真理，照亮整套学说的不可触动的定义。其实，做先期定义的努力曾经让前科学的著作在早期感到十分为难，就像 18 世纪物理学和 20 世纪社会学的境遇那样。然而，我们可以思考一下，这些重要法则是否真正构成科学思想，或者说——对我们来说是一回事——是否构成启迪其他思想的思想。

假如人们将这些重要原理与被它们取代的错误知识相比，来衡量这些原理的认识论价值的话，那么毫无疑问，这些一般规律曾经起过作用。但是它们已经不再如此了。在这一点上，教育阶段与历史阶段并不是完全对等的。实际上我们可以看到，这些一般规律现在*阻碍着*思想。它们作整体回答，或者更确切地说，它们不问自答，因为亚里士多德式的*问题*早就沉默了。这个过于迅速的回答的诱惑力在于：对于前科学思想来说，动词"下落"具有足够的描写性；它说出了坠落现象的*本质*。归根结底，人们常说，这些一般规律更多地给词而不是给物下定义：物体坠落定律是定义"物体"这个词；光线笔直定律同时给"笔直"和"光线"定义，在这种演绎和归纳的模棱两可之中，它给我们带来某种逻辑的眩晕；生物的生长和死亡的一般规律以某种同义叠用的方式给“生命”一词下定义。于是，一切都清楚了，一切都被*识别*了。但是，根据我们的看法，识别的手段越简单，实验的思想就越贫乏。

思维刚在定义的语句统一上得到满足，教学就在那儿证明思维的惰性。为了证明这一点，我们来听一下讲述自由落体的基础力学课。我们在前面说过，一切物体都无一例外地坠落。人们借助牛顿管在真空中做实验，认识了一种更为丰富的法则：*在真空中，所有的物体都以同样的速度坠落*。这一回，人们掌握着一种有用的给定条件，它构成准确的经验主义的现实基础。然而这种完美的一般定义可能使思维停滞。实际上，在初等教育中，这个定律成为气喘吁吁的精神停滞不前的场所。这个定律如此明了、如此全面、如此自成一体，因此人们觉得没有必要更仔细地研究坠落。概括性思维得到满足之后，实验便失去了动力。仅仅研究垂直上抛的石块吗？人们立刻感到缺乏研究的对象。人们不会把自上而下起正作用的重力与自下而上起反作用的重力区分开来。未知领域以过于笼统的认识为中心，因此不能化为具体的问题而得到解决。

总而言之，即使遵循*确切概念*的循环过程，人们也可以发现，概论使思维停滞不动，描述总体外观的变数掩盖了基本的数学变数。大致看来，速度的概念在此掩盖了加速度的概念。然而与主要实际相符的却是加速度概念。因此，现象的数学是分等级的，最初的数学形式并不总是好形式，最初的形式并不总是真正的构成要素。

## 2

假如我们研究许多归纳明显不当的例子，我们的观点也许会更有说服力。最初外表的归纳，自然观察表确认的归纳几乎都属于此列。这些观察表是依托感官收集的资料，经过某种自动记录得出的。说到底，表这个概念缔造了一种完全静态的、迟早会阻碍科学研究的认识。它似乎的确是构成古典经验主义的概念。不管人们如何看待等级表或者共生变化法的价值，我们都不应该忘记，这些显然价值更大的方法也许吸收了某些动力，但是它们依然与具有表[①]相互关联。此外，人们经常排斥干扰、变化、异常，倾向于重返具有表。然而当代物理学一个最惊人的方面就是它几乎只在干扰领域里研究。目前正是干扰提出了最有意义的问题。总之，必须打破经验主义法则的最初观察表的时刻迟早会出现。

从经验主义取得最初进步以来，培根观察到的一般事实都站不住脚，指出这一点实在太容易了。李比希对培根

① ［译注］“具有表”为培根经验归纳法中用来整理材料的三种例证表之一，其余两种为“缺乏表”和“程度表或比较表”。

主义的评判，尽管非常冲动，但从根本上说并非不正确。从李比希的小册子里，我们仅引一页，即李比希根据培根特别关注的问题，而对培根的方法所作的解释。李比希所指出的解释价值的颠倒，在我们看来，正属于一种真正的精神分析。

> 当我们想到培根是法学家和法官，然后把民事和刑事调查的做法沿用到自然界时，培根的方法就不再是不可理解的了。
>
> 从这个观点出发，人们马上可以理解他将事例分门别类并赋予它们相对价值；这些都是他听取陈述的证人，他根据他们的情况作出判决……谈到热的时候，培根按照法学家的习惯进行推理，其方法大致如下：
>
> 跟太阳的热量毫无关系，因为高山之巅终年积雪，尽管它们距离太阳更近……羽毛、羊毛、马粪的热量同动物机体产生的热有关系，而这种热的由来很神秘（培根不会浪费时间去作这方面的研究），既然铁在极高的温度下不会膨胀（据说这是培根的论断之一）[①]，由于沸水滚烫但不发光，这样就能判断膨胀和发光现象不在现场。感觉对于热可能出差错，因为冷的手觉得温水热，

① 约斯图斯·冯·李比希（Justus von Liebig）：《培根勋爵》（*Lord Bacon*），P. 德·契阿切夫译自德语，巴黎：Morgand 出版社，1866 年，第 58 页。

而热的手就会觉得冷。味觉更不可靠。硫酸烧坏织物，可是兑水之后会有酸味，用舌头舔没有灼热感；牛至[①]精有一股呛人的味道，但是它不烫手。只剩下眼睛所能见到和耳朵所能听到的东西，也就是说火焰的抖动、内部运动和沸水的翻滚声。这就可以采取拷打方式来确定口供，这个拷打就是吹气，火焰翻滚和运动因此变得非常猛烈，以至于能听到火焰嗞嗞作响声，正如沸水的响声。最后人们加上脚踩的压力，把剩下的热量全部排出去，在法官的紧逼下，不幸的热量被迫招供说它是一个焦虑、不安的生物，给一切物体的生存带来灾难。

到最后，一种例表的构成只是使某个特殊的直觉普遍化，而某种带偏向的调查夸大了这种直觉。

我们不想在培根那儿花太多的时间，为了更好地证明培根主义有害的影响，我们只举一个例子，说明在150年间，使用具有表和缺乏表所导致的一些荒谬的结论。贝托龙神甫担任朗格多克[②]财政区实验物理教授，是十多个外省皇家科学院院士以及多个外国科学院的院士，这位重要作家在1786年写道："弥尔顿[③]的天才从9月闪烁到春分，因

① ［译注］牛至是一种芳香植物。

② ［译注］朗格多克（Languedoc）：法国南部旧省。

③ ［译注］弥尔顿（John Milton, 1608—1674）：英国诗人，对18世纪诗人产生重大影响，因劳累过度双目失明。主要作品有《失乐园》《复乐园》《力士参孙》。

为此时空气中电荷充分而且连续不断，其余的日子里，人们在弥尔顿身上再也看不出弥尔顿的影子。”[①] 人们马上可以看出，利用这种表格可以发展出一种关于天才的电力理论。当然，在孟德斯鸠的帮助下，贝托龙神甫毫不犹豫地让国民性格的多样性受制于大气电荷的变化。应该指出的是，18 世纪的物理学家认为自己做事谨慎，才采用这种方法。贝托龙神甫无意中说过：“物理和三角学一样，每项操作都必须建立在可靠的基础上。”使用培根的例证表，真的能获得可以作为描写现实世界基础的原初三角测量吗？我们细读了贝托龙神甫的著作，似乎没有得出这种结论。

为了避免零敲碎打，我们将研究几个错误的科学概念，它们是在自然和经验地考察客观现象中形成的。我们将看到这些错误概念在 17 世纪和 18 世纪文化中所起的作用。我们也将抓住我们遇到的一切机会，揭示错误的例表几乎是自然形成的。这一次，我们对培根主义的谴责将完全是心理上的，排除任何历史条件的影响。

## 3

在拿出我们的例证之前，也许应该扼要地指出——在

① 贝托龙神甫：《论健康和病态的人体中的电荷》（*De l’électricité du corps humain dans l’état de santé et de maladie*），两卷本，巴黎，1768 年，第一卷，第 107 页。

我们看来——现代科学思维在形成概念的过程中究竟抱什么态度。这样，依靠培根方法形成的概念的僵化状况就益发明显。

正如我们在第一章所述，科学的精神会在追随两种相反倾向——独特的诱惑和普遍的诱惑——的过程中误入歧途。就概念形成的层面而言，我们将这两种倾向定为内涵认识和外延认识的特征。可是，假如一个概念的内涵和外延都导致认识的停滞，那么精神运动的源泉又在哪儿呢？科学思维通过哪种振兴才能找到出路呢？

在此，有必要在内涵和外延之间造一个新词，以表示这种创造性的经验主义的思维活动。这个词应当能够具备一种特殊的富有活力的意义。依我们之见，事实上，一种科学观念的丰富程度是通过它的扭曲力来衡量的。这种丰富程度不能依附于某种孤立的、个性和内涵被认为日益增加的现象。这种丰富性也不能依附于囊括最杂乱无章的现象的某个组群，因为它将以*偶然的方式*延伸到一些新的事例。假如外延的丰富成为*必需*的，而且与内涵的丰富同样井然有序，那就形成两者之间的细微差别。于是，为了囊括新的实验证据，就需要扭曲原先的概念，研究应用这些概念的条件，尤其必须*把某个概念的应用条件*融入*这个概念本身的含义之中*。我们认为，新理性主义的主要特征就处在后一种必需中，即实验与理智的紧密结合。传统的区分将理论与应用割裂，它不懂得将应用条件融入理论本身的必要性。

由于应用受到逐次逼近法的约束，我们可以说科学概念属于一种特殊现象，即有条理地逐次逼近集合。科学概念的形成需要一系列处在完善过程中的概念，才能获得我们期待的动力，才能形成创造性思维的方向。

这种概念的形成总括和激活了这个概念的历史。它超越历史，受历史的驱使，激发实验来改变这个概念的某个历史阶段。在实验中，它找机会使概念复杂化，不顾概念本身的阻力来应用概念，实现在现实中不具备的应用条件。这时候人们意识到，科学造就其对象物，从来不会遇到现成的对象物。现象技术扩展了现象学。当一种概念成为技术，当它伴随某种现实的技术时，这个概念才成为科学的概念。因此，人们清楚地感觉到，现代思维的问题又一次成为哲学上的中间问题。如同阿伯拉尔[①]时代那样，我们希望把自己固定在中间立场上，介于唯实论者和唯名论者、实证论者和形式论者、事实派和符号派之间。因此，我们将遭到来自各方面的批评。

## 4

简单描写了概念增生的理论之后，我们反过来举两个

① ［译注］阿伯拉尔（Pierre Abélard, 1079—1142）：法国经院哲学家、逻辑学家和神学家，所著《神学》被指为异端而遭焚毁。

概念僵化的例子，这种僵化是因为过于仓促地认可一般知识而形成的，两个例子分别涉及凝固和发酵现象。

非常特殊的凝固现象将告诉我们错误的普遍性主题是如何形成的。1669 年，法兰西科学院提出研究凝固的普遍情况，它的表述如下："不是所有的人都对牛奶凝结感到惊讶。这不是一个令人好奇的实验……这种事太普通了，几乎不值一提。然而哲学家可以从中找到许多思考的素材；事物越分析就变得越神奇，科学于是成为赞美之母。因此，科学院认为研究凝固的形成不是一件丢脸的事，不过它希望囊括所有类型的凝固，以便在相互对比中得出更多的发现。"[①] 培根的理想在此显而易见，我们就不强调了。于是，我们将看到各种五花八门的现象被纳入凝固的范畴。正如我们常见的那样，来自动物界的复杂产物将在这些现象中起到初审法官的作用。顺便提一句，这是*泛灵论障碍*的特征之一，我们以后还会谈这个问题。科学院便着手研究牛奶、血、胆汁、脂肪的凝固。脂肪在我们的餐盘上凝固，显然是因为冷却的关系。于是，科学院着手研究金属溶液的固化问题。水的冻结也随之进入凝固的行列。这个过程进行得如此自然，遇到的障碍又是如此之少，人们不能不看到语言起到的说服作用。人们不知不觉地从凝固转入冷冻。

---

① 《科学院的历史》(*Histoire de l'Académie des Sciences*)，第一卷，第 87 页。

为了更好地认识自然冷冻，人们觉得“有必要考察某些由技术实现的冷冻”。杜·克洛（Du Clos）还记得（然而不保证确凿无误）“格劳贝尔[①]……谈到某种盐类，它具有把不仅仅是普通的水，还有油类的水分、酒、啤酒、烧酒、醋等凝固成冰的形态的功能。它甚至可把木头还原成石块”[②]。这种对不明确的经验的参照是前科学精神非常显著的特征。它充分显示出博学和科学、观点和经验之间的可憎的关联。

但是现在我们面临的是一种极端的概论、一种学究式的概论，属于那种自我欣赏的思维[③]。“通过某种凝固的作用，树的汁液变成木材，动物体内的乳糜凝结成动物的躯干。它是一种最广泛的凝固，照杜·克洛的看法，可叫作嬗变。”由此可见，正是在外延最广的领域出现了最明显的错误。

人们就这样离开了有机液体，在无机世界转了一圈，又回到有机现象，这就充分证明问题没有深入，没有得到明确，人们没有找到观念形式的秩序。此外，根据这个例子，人们还可以看到仓促应用认同原则所造成的后果。可以这么说，科学院非常轻率地将认同原则套用于多少有些

---

① ［译注］格劳贝尔（Johann Rudolf Glauber, 1604—1670）：德国化学家，用粗盐和硫酸制取盐酸，并指出其残渣是芒硝（或称格劳贝尔盐）。他还制备了很多化合物，被称为化学之父。

② 《科学院的历史》，第一卷，第 88—89 页。

③ 同上书，第 88 页。

明确的不匀质事物，以此来理解凝固现象。不过马上得补充一句：这种理解方式是反科学的。

反过来，凝固现象的一致性一旦如此自由地建立之后，人们只会对任何提出后续多样化的问题产生怀疑。怀疑变化、懒于区别，正是观念僵化的标志！譬如，人们从此根据这个非常典型的外表一致的命题出发："难道还有比牛奶和血更为相似的东西吗？"当人们发现这两种液体在凝固方面有些轻微的差别，就会认为没有必要花时间研究。"确定它有什么样的性质，我们不必那么细致和精确。"这种对细节和精度的蔑视相当明确地告诉我们，前科学的思想将自身封闭在一般认识中并希望保持这种状态。因此，科学院鉴于它对凝固的"经验"，停止了各种富有成果的研究。它没有引出任何明确的科学问题。

此后，凝固常常被用作解释宇宙起源问题的普遍主题。人们在这儿可以研究一种非常奇怪的倾向，悄悄地把普遍性解释引到宏大解释。阿尔贝·里沃（Albert Rivaud）先生非常细腻地揭示了这种倾向，他指出，在神话解释中，起主要作用的是海洋，而不是人们一贯认为的水。[①] 在一本 1780 年翻译的书中，瓦勒里乌斯（Wallerius）是这样

---

① 阿尔贝·里沃：《希腊哲学中的变化问题和物质概念，从起源到泰奥弗拉斯托斯》（*Le problème du devenir et la notion de la matière dans la philosophie grecque depuis Les origines jusqu'à Théophraste*），巴黎：Alcan 出版社，1905 年，第 24 页。

把凝固当作解释宇宙起源的理由的："水容易与其他物质凝结，合成一个固体……水变成固体的能力，我们在单纯的水运动所激起的泡沫中也能观察到。泡沫远不如水那样流畅，因为人们可以用手捧它……因此，运动就能将水变成固体。"[①] 接着是长篇大论地描写水冻结的不同过程。根据这位著名地质学家的说法，凝固足以用来解释动物的形成。[②] "此外，众所周知，动物来自某种液态物质，液态物质通过凝固成为固体。"这样，我们又见到了上个世纪的最初直觉。最后，为了完善对凝固原则所具有的生成作用的信念，瓦勒里乌斯引用了雅各布的话："你把我像乳汁般挤出，你又使我像奶酪那样凝固"[③]。

众多的炼金术士面对凝固现象，也曾经浮想联翩。克洛赛·德·拉沃姆利（Croisset de la Heaumerie）在1722年写道："对于一个从事炼金术的哲学家来说，固定汞并不比牧羊女凝固牛奶做奶酪更困难……通过银种把汞变成真银，也不比将稠牛奶压成奶酪更难，奶酪是消化了的奶。"[④]

---

① 瓦勒里乌斯：《论世界尤其是地球的起源》（*De l'origine du Monde et de la Terre en particulier*），译著，华沙，1780年，第83、85页。

② 同上书，第111页。

③ ［译注］原文为拉丁语：Instar lactis me mulxisti, et instar casei coagulari permisisti。

④ 克洛赛·德·拉沃姆利：《最为奇异的故事之后，发现、解释古代哲学最为隐蔽的秘密》（*Les Secrets les plus cachés de la philosophie des Anciens, découverts et expliqués, à la suite d'une histoire des plus curieuses*），巴黎，1722年，第97、90页。

无论是在地质学家身上还是在炼金术士身上，我们都看到凝固的象征物以多少有点纯粹的泛灵论主题来丰富自身：种子和酵母的观念在无意识中起作用。随着这些泛灵的、生动的成长，一种新的价值出现了。正如我们以后经常有机会指出的那样，对于追求客观的认识而言，任何增值的痕迹都是不祥之兆。在这个领域，价值是一种无意识偏好的表示。

诚然，我们以后也会常常指出这一点，一个价值出现的时候，人们肯定能找到与之相反的意见。价值自动地产生吸引力和排斥力。直觉设想凝固是萌芽和酵母作用的结果，这种作用会产生生命、巩固生命，另一种直觉与它针锋相对，它从中看到死亡的征兆，尽管提不出更多的证据。因而布莱兹·维热内尔（Blaise Vigenere）于 1622 年在《论火和盐》中写道："任何凝固都是某种死亡，都在折射生命的液态本质。"当然，这种增值不比另一种更高明。对客观认识的精神分析，必须抵制任何增值。它不仅应该转化这些价值，还应该从根本上降低科学文化的价值。

为了说明或多或少倾向增值的前科学精神与科学精神的区别，就我们讨论的概念而言，只要看一下当代关于胶体和凝胶的研究就足够了。正如人们所说的[①]，现代科学家

① 李比希：《培根勋爵》，第 119 页。

更多的是设法限定自己实验的范围，而不是增加实例。他掌握一个定义明确的现象，努力确定其变化情况。这些现象变化表示该现象的数学变量。数学变量被本能地结合到曲线之中，与函数相结合。在数学匹配过程中，一些形成变化的原因在被测量的现象中可能显得迟缓、灭失或者退化。物理学家设法激发它们。他设法补充现象，实现数学研究所揭示的某些可能性。总之，当代科学家以现象概念的数学理解为基础，在这方面尽力使理性和经验平等。他所关注的不再是一般现象，而是有机的、有层次的现象，这种现象带有本质和形式的标志，因此可以被数学思想渗透。

## 5

不过，我们仍然想继续靠近现代，从同一个角度研究一个定义更明确、更重要的观念。事实上，为了达到我们批评的目的，我们必须采用正确的和有用的概念，指出概念可能为思维提供一种不成熟的普遍形式，从而成为一种障碍。因此，我们向一位醉心新精神的重要作家求教，来研究发酵的观念。这位作家名字叫大卫·麦克布里德（David Macbride）。他的著作于 1766 年由阿巴迪（Abbadie）从英文翻译过来，扉页上是牛顿的语录："自然哲学尤其需要注重说明现象，不求助于假设。"然而我们将看到，人们多么心安理得地用实验观点的名称，来称呼某些完全属于假设的直觉。

起初，麦克布里德铭记马凯的这个定义，他觉得这个定义是准确和清晰的：发酵是“在体内无知觉器官中自发产生的肠蠕动，这些器官本身由于这种蠕动而重新排列、重新组合”。

根据这个定义，发酵涉及动植物两界；消化是其中一种得天独厚的情况。我们的作者此时面对首批实验，面对所谓先于假设的实验：面包与水混合——面包、羊肉与水混合。这种混合也许给前科学精神带去一种完整的现象，它在同一个罐子中融汇了自然的三界。难道还有必要强调这种扩展总和意义上的完整特征与内涵逻辑意义上的完整特征的区别吗？我们先前已经提及，它是当代物理数学思想的一个显著特征。

为了使实验产生变化，人们会在上述混合物中，加入柠檬，或者菠菜，或者生菜，或者唾液，或者蜂蜜，或者烧酒，然后把肠蠕动记录下来。人们还记下各种气味，经常参照奶酪或葫芦巴的气味来标注所产生的气味。因此，前科学认识和日常认识之间的纽带非常紧密、牢固。此外，人们还不忘把非常私密的消化实验与这项客观调查联系起来，的确用消化来解释发酵。“胃脏里面的肠蠕动不正是由胃的温暖、上一顿饭菜的残存物以及唾液和胃液的发酵功能所激发的吗？”我们顺便还注意到上一顿饭菜的影响，这些残存物起了真正的酵母作用，在每次消化之间起到发面团的作用，就像女主人在揉面缸的角落里留一块面团，在两次烘焙之间起到发面的功效一样。

拿发酵与消化比较不是偶然的；它具有根本性的意义，并持续指导研究工作，我们从中看到前科学精神所做颠倒的严重性，它把某些生命现象当作化学现象的基础。所以麦克布里德在一顿美餐之后记录道，植物食品导致嗳气，就像先前在试管中研究柠檬或者洋葱混合物时观察到的那样。而且人们看到现象学不同领域的接触是多么密切。前科学精神不限制其对象：刚完成一项个案实验，就设法把它推广到最为广泛的领域。

人们也可以记住以下这种看法，作为功利性前实证主义的一个特征：既然牛奶在胃中酸性发酵，因此有必要加速牛奶的消化，既然消化主要是一种运动，于是麦克布里德大夫建议“喂奶时让小孩做运动”[①]。摇晃瓶子实际上不就是为了引起混合和发酵吗？因此请在每次喂奶之后摇晃婴儿吧。

假如按照这个例子追踪前科学思维的发展，从过于笼统的初步定义直到实验得出的功利性结论，人们可以发现，这是一个真正的循环过程：假如麦克布里德事先没有主观地把发酵定义为肠蠕动，他就不会得出喂奶后摇晃孩子、让他们更好地消化母乳这种离奇的建议。最初的直觉没有改变，经验没有纠正最初的假设，第一眼看到的一般外观

① 麦克布里德（Macbride）：《实验论》（*Essais d'expériences*），阿巴迪从英文译出，巴黎，1766年，第30页。

依然是这个静止观念的唯一属性。

此外，麦克布里德的那本著作本身也很说明问题，它的大纲显示出对无限概括的需求。其实，通过对动物和植物性物质的研究，麦克布里德力图证明固定空气[1]是它们凝聚和实质统一的原则。这种固定空气是“纽带”（*vinculum*）和“真正的胶带”（*gluten verum*）。麦克布里德长时间研究肉和蔬菜之后，发现所有这些有机物在发酵之后——他这样认为——失去了使之凝聚的固定空气，都会变软，于是他开始研究矿物界。这个研究断断续续地进行，也是借助在动植物界获得的相当模糊、相当宽泛的直觉进行的。这儿又出现一个很典型的颠倒，我们将在“泛灵论障碍”一章中做系统的探讨。这种颠倒表明，很难以逐渐加大复杂性的途径来划分客观思维。

麦克布里德相信自己的一般直觉，按照“凝聚”的思路评论碳酸气（固定空气）对熟石灰的化学作用。这一次是简单的运动消失，与发酵现象正好相反。因此，整个解释从运动与自由这一端全都转到停滞与凝聚一端，依然停留在直觉的直接材料的层面上。凝聚或分解这些显而易见的性质，于是成为足以解释一切的概论。按照这个原始经验主义无限循环的圈子，人们要解释它，可是又通过它来解释。这种天真的解释轻而易举地发出赞叹：“很高兴地看

① ［译注］即二氧化碳。

到两三分钟之前还溶解于水、不见踪影的石灰颗粒，都开始奔跑，争相沉到水底，恢复到原先不溶于水的状态，那时候它们充满固定空气。”[①] 石灰找回了“它的凝聚定律”。在这个简单的沉淀中，麦克布里德觉得高兴，不就是因为沉淀轻松地证明了他的假设吗？在另外一个实验中，我们反过来看到肉的解体，这种腐烂产生的气体将被引到石灰水溶液中。这时候，结论相当清楚：“这儿又多了一个证据，证明固定空气是动物性物质凝聚的起因；因为人们看到，当肉开始分解，失去固定空气而一块块往下掉的时候，石灰恢复原状，又变硬了。”[②] 如此缺乏稳固性的总体概念，确实构成了解释的主导主题。

我们上面只举了一系列精确和宝贵观察中的一个例子，这些观察解决了肉黏合和解体这个伪问题，它只是挪用了错误概念。准确地说，凝聚、稳固的直觉主题是一种太宽泛的主题，完全属于幼稚的直觉。这是前科学解释的主导主题之一。

词语和概念的关系在此也令人瞩目。在“固定空气”这个词中已经假设了一种气体，它就像哈尔（Hales）所说的那样，“被剥夺了动力，处在固定和吸引的状态”。因此我们不应该对固定空气的固定感到惊讶。人们可以发现许

① 麦克布里德：《实验论》，第 304 页。

② 同上书，第 318 页。

多种情况，前科学精神把各种经验在名副其实的词源层面上汇集在一起，仅仅是把同族词聚合而已。固定空气在碳酸气对石灰水的个别实验中找到一个太宽的名称。于是它的功能被过度扩大，我们刚才已经看到了。

我们应该强调这个事实，即麦克布里德并不是个一味记录他人实验的毫无价值的作者。他还是个出色的观察者，常常充满智慧和洞察力。马格德来纳·德·圣-艾吉（Magdeleine de Saint-Agy）在19世纪继续居维叶[①]的自然科学史研究，介绍了麦克布里德的研究工作。他甚至写道："麦克布里德的实验比布莱克[②]的实验更加有助于使物理学家和化学家关注气体研究。"[③]

一旦明白发酵对于一般的直觉来说是一种基本现象时，人们就觉得只需添加一个形容词就足以说明各种各样的化学现象。于是前科学思想就满足了，它认为，将现象分类就已经是认识它们了。譬如，蓬斯莱神甫也认为发酵主要是一种运动，他写道："运动分好几个等级，因此发酵也有好几个等级，一般是通过它们与味觉和嗅觉的关系来确定的。因此我们可以说：酸涩的、变酸的、碱性的、带葡萄酒味的、醋

① ［译注］居维叶（Georges Cuvier, 1769—1832）：法国动物学家，创建比较解剖学和古生物学，著有《动物界》《地球表面灾变论》等。

② ［译注］布莱克（Joseph Black, 1728—1799）：苏格兰化学家和物理学家。重新发现"固定空气"，提出潜热学说，奠定比热的概念。

③ 请参考维克·达聚尔的麦克布里德颂（Eloge de Macbride），《颂词集》（*Eloges*），1780年。

味的、香料味的、恶臭的、收敛性的发酵，等等。”[①] 此外，这位神甫毫不犹豫地指责“术语，（它）在抽象或形而上存在的概念上散布了一片奇怪的阴影”（比如运动）。科学精神不能把批评的矛头指向自身，这是相当奇怪的特点。科学精神具有完全不同的自我批评能力。

正如我们在凝固方面指出的那样，我们也可以举例说明发酵概念太笼统，外延明显过度。在乔弗洛瓦（Geoffroy）看来：“植物生长是一种在植物中汇集几条这样的定律而把其他定律排除的发酵。”[②] 发酵在此成为一种极其普遍的过程，甚至把相反的东西都概括进去。一位不出名的作者与乔弗洛瓦如出一辙，他在 1742 年写道：“葡萄汁在葡萄串上发酵与在酒桶里没有什么不同……同样的酵母，同样的作用，同样的目的；你们通常可以把植物史上发生的一切与之作比较。因此，发酵由一个总系统构成，这个系统不过作主题变化而已。”[③] 布尔哈夫[④] 的观点也接近这种

---

① 蓬斯莱神甫：《雷电形成中的自然和生物的繁殖》，第 94 页。

② 《科学院的历史》，第一卷，第 43 页。

③ 佚名：《关于整个自然的物理新论，或者关于全部身体的思考、冥思，医学从中获得最大益处以治疗人体，人们将从中看到一些未曾出现的奇怪现象》（*Nouveau traité de Physique sur toute la nature ou méditations, et songes sur tous les corps dont la Médecine tire les plus grands avantage pour guérir le corps humain; et où l'on verra plusieurs curiosités qui n'ont point paru*），两卷本，巴黎：Didot 出版社，1742 年，第一卷，第 181 页。

④ 布尔哈夫（Herman Boerhaave, 1668—1738）：荷兰医生、医学教授，第一位著名的临床医学教授。他通过自己的学生，对日后爱丁堡、维也纳和德国的医学教育产生重大影响，被公认为新的医学教育体系的创立者。

过度的、没有证据的概括，他声称所有的植物，经过合适的发酵，都能产生激昂的酒精神："因此，人们可以把空气看成一片葡萄酒精神的云朵。"[①]

当然，发酵概念在矿物界也有其解释价值。勒梅里[②]认为："发酵像火那样起作用，它在金属生产的过程中剔除世俗的、粗糙的部分……为了生产一些不是随处可见的金属，需要某种程度的发酵……由于金属是发酵的产物，有必要让太阳或者地下火的热量进行配合。""发酵经常使某些重的矿脉或者某些白铁矿……升到高山的顶部。"[③]我们在此依然看到，就像谈到凝固时那样，解释从一般滑向伟大，成为宇宙起源的一条定律。勒梅里这位富有才华的阐述家也像许多人那样，在学究梦的驱使下情绪失控。蒸馏罐里面沸腾的东西足以让他构想地球中心发生的情景了。

在物质现象领域本身，发酵这个一般主题可以汇集各种五花八门的现象：这只需要一组形容词就够了。譬如，德·特雷桑[④]伯爵用发酵来解释电的现象。他把热发酵定义为膨胀的发酵，把冷发酵定义为形成"凝固"的发酵。有

---

① 赫尔曼·布尔哈夫：《化学成分》(*Eléments de Chymie*)，由德国 J.N.S. Allemand 译自拉丁语，伦敦皇家协会成员，两卷本，莱顿，1752 年，第一卷，第 494 页。

② [译注]尼古拉·勒梅里(Nicolas Lémery, 1645—1715)：法国化学家、医生。著有《化学教程》、药物词典和《药典大全》。

③ 尼古拉·勒梅里：《化学教程》(*Cours de Chymie*)，第 7 版，巴黎，1680 年，第 75—76 页。

④ 德·特雷桑(Comte de Tressan, 1705—1783)：法国作家、翻译家、军人。

了这种包容两个对立面的概括，他就不怕自相矛盾了。

围绕我们刚刚从前科学方面分析过的发酵主题，我们很容易指出，现代科学思想的确是文化的差别阈限。尤其可以证明，18 世纪的任何一种观察都没有产生 19 世纪的技术。麦克布里德的观察与巴斯德的技术没有任何可比性。现代科学思想竭力确定、限制、净化物质及其现象。它寻找的是具体的、客观的酵母，而不是普遍的发酵。马塞尔·伯勒（Marcel Boll）说得好，现代科学家的特征“在于客观性而不是普遍性：思维必须客观，只有当可能的时候，只有当现实允许的时候，它才能被普遍化”[①]。然而，客观性是在精确和属性一致中，而不是在或多或少类似对象的汇集中得到确定。这是千真万确的，以至于对于思维进步而言，限制认识的东西往往比笼统地扩大认识的东西更重要。总而言之，任何科学概念必须跟与其相反的概念相结合。假如什么都发酵，发酵就成了几乎毫无意义的现象了。因此，有必要定义什么东西不发酵，什么东西能够阻止发酵。事实上，在巴斯德时代，消毒已经作为基本条件，被结合进对发酵条件的认识中。即使在大与小的简单区分中，人们也可以看到现代科学倾向于减少而不是增加观察对象的数量。精密化学对极少量的物质进行实验。虽说采用较大的样本量，相对误差会减少。但是如今的仪器很精

---

① 《法兰西信使报》，1929 年 5 月 1 日。

密，使得技术更加可靠。限制的理想压倒一切。一种缺乏精度的认识，更确切地说，一种不给出精确的界定条件的认识就不是科学认识。一般性认识几乎注定是一种模糊的认识。

# 第四章

## 一个言词障碍的例子：海绵。论寻常形象的过度拓展

### 1

我们刚研究了两个前科学认识的一般主题，以此为例子，说明前科学精神多么轻易地卷入了无限定的普遍化。在简短的本章中，我们力求更加精确，专门考察一个单一的形象，甚至是一个词构成整个解释的情况。我们希望以此说明纯语言习惯构成科学思维障碍的特征。此外，在本章之后的“实体论障碍”一章中，我们还有机会阐述相同的观点。考察针对的言词解释，以一个带有修饰词的名词为参照，这个名词作为一种富有潜能的物质的替代物。在此，我们将采用*海绵*这个不幸的词，我们将看到，它能够*表达*最为多样化的现象。人们表达这些现象，于是就认为解释了这些现象。人们承认这些现象，于是就觉得了解它们了。在*海绵*这个词所指的各种现象中，精神毕竟没有被某种实体潜能蒙骗。*海绵*的作用显而易见，非常明确，以

至于人们不觉得有解释的必要。用海绵一词解释各种现象，人们就不会有陷入晦涩的实体论的感觉；人们也不会感到在侈谈理论，因为它的功能完全是实验性的。因此，与海绵相应的是一种天真的经验论“思想”。

## 2

让我们马上向一位重要作家请教。我们参阅雷奥米尔在1731年《皇家科学院学术论文集》中发表的一篇文章：“一种相当通常的想法是把空气看成棉花、羊毛、海绵，比其他任何物体或者组合的物体更加柔软多孔。这种概念非常善于解释为何它能够让重力显著地压缩自己的体积，为何它能被极度稀释，体积大大超过我们平素之所见。”[①] 雷奥米尔拿着这个隐喻工具回应马里奥特（Mariotte），此人曾经提出过一些真知灼见，把空气溶于水的现象比作盐溶化的现象。雷奥米尔写道：“我认为马里奥特先生的设想没必要走得那么远；我觉得，不必假设水能够溶解空气——且不说这种溶解难以想象，如果仅仅假设水能够穿透空气、浸润空气，我们就足以证实有待我们解释的现象了。”[②] 仔细倾听雷奥米尔的解释，我们就将明白扩展的形象是怎么回

① 《皇家科学院学术论文集》（*Mémoires de L'Académie royale des Sciences*），第281页。

② 同上书，第382页。

事，它由一个词表达，这个词构成一个无价值的直觉的主导主题。

让我们继续把空气看成结构上与海绵类物质相似的东西——无论是能被水穿透还是被水浸透的物质，我们都不会对含在水中的空气不能被压缩、它在那儿占据很小的位置而感到惊讶。假如我用不渗水的薄膜把海绵包起来，然后借助固定在瓶底的绳子把这块海绵悬浮在水中，这时候海绵就像在空气中一样可以被压缩。假如我用活塞泵或者别的办法给水加压，水位就会下降，海绵只能大幅度缩小体积，不得不退到各部分海绵企图在各自之间留出的空间寄居。水将占据海绵放弃的位置。我们停止加压，海绵又恢复到原先的状态……然后，假如我们拿掉包裹海绵的薄膜，水就能渗入海绵；让水有时间填满海绵纤维之间的空间，接下来，如果我们再用活塞泵压水，就会发现水不再像初次那样退缩，或者说退缩得很少。这时候，海绵变得不可压缩，或者说几乎是不可压缩的；受压缩的那部分海绵再也找不到可以寄居的空间，这些空间已经被水填满了。里面的水抵消了企图将它们撵走的水的努力。假如空气可以跟海绵一样被水渗透的话，假如水能够填满各部分空气之间的空间的话，空气就不再是可压缩的了。

我们觉得有必要向读者道歉，因为我们没完没了地引用这位著名作家写得这么糟糕的文字。我们已经替他隐去了许多同样风格的文字，雷奥米尔在那些文字中无休止地用海绵特征来解释各种现象。不过我们需要一个较长的例子，在这个例子中，堆砌形象明显地不符合理性、冒失地汇拢起来的具体事例阻碍我们用抽象、清楚的眼光去看待实际问题。

接着，雷奥米尔声明，他提出的形象只是草图而已，人们当然可以赋予“空气海绵”与普通海绵截然不同的各种形式。但是他的全部思想都建立在这个形象的基础上，脱离不了其最早的直觉。他企图抹去形象的时候，这个形象的功能继续存在。因此，雷奥米尔拒绝对“空气种子”的形状做判断。对此做解释的时候，他只坚持一点，“水能够穿透空气种子”[1]。换句话说，他最终可以同意牺牲海绵，但是希望保留*海绵性*。这是一个纯粹的、简单的语言行动的证明，它把抽象的词和具体的词结合起来，认为自己推动了思维的发展。一种*严密的抽象*学说需要更多地脱离原初形象。

不过假如我们观察一些对不太直接的现象提出这种解释的例子，也许可以更好地看到海绵隐喻解释的不足。富兰克林写道：“对于电的流动来说，共同的材料是海绵类的

---

① 《皇家科学院学术论文集》，第 286 页。

东西；若水的部分不比海绵的孔小，海绵就不会吸水；假如水的各个部分和海绵各个部分没有相互吸引力，海绵只会慢慢地吸水；假如水各部分之间的吸引力不妨碍它的话，海绵会更快地浸透水，因为必须使用某种力量才能把它们分开；最后，假如水的各部分不但没有吸引力，反而互相排斥，从而促进海绵的吸引力的话，那么水的渗透会非常迅速。电物质和普通物质正是处在这种情形之中。"[①] 所有这些细节、这些假设、这些几经修改的形象相当清楚地告诉我们，富兰克林试图在原先海绵实验的基础上进行电实验。但是富兰克林只在海绵的层面上进行思考。对他而言，海绵是一种真正的经验类型。也许他在青年时期赞叹过这个简单的物体。这是很常见的。我经常不经意看见"喝"墨点的吸墨纸把孩子们迷住的情形。

当然，假如我们读一些二流作家的书，应用实验将会更快、更直接，如果有可能的话，受到的监视也比较少。形象会自动地做解释。人们在贝罗（Béraut）教授的一篇论文中看到了这个浓缩的双重解释：玻璃和可玻璃化的材料是一些"光的海绵，因为它们都渗透着发光的材料；出于同样的道理，我们可以说它们都是电物质的海绵"。勒梅里

---

① 本杰明·富兰克林:《关于电的实验和观察：致伦敦皇家学会 P. Collinson 的几封信函》(*Expériences et observations sur l'électricité, communiquées dans plusieurs Lettres à P. Collinson de la Soc. Roy. de Londres*)，译著，巴黎，1752 年，第 135 页。

把博罗涅石（Pierre de Bologne）称作“光海绵”，因为这种磷光石经过太阳照射之后，保留一部分“光物质”，然后释放出来。马拉（Marat）只用三行字就迅速地解释了热的物体为什么在空气或水中冷却：“在这儿，空气和水只起着海绵那样的作用；因为一个物体只有吸收从另一物体中逃逸出来的火质液体，才能冷却它所接触的那个物体。”[①]

如此明了的形象在应用的时候可能变得模糊、复杂起来。所以德·芒詹神甫扼要地说道：“冰块是水的海绵，它是水在火撤退之后变稠、冻结而形成的，它具有遇到什么就轻松地接纳什么的能力。”[②] 在后一种情况下，人们似乎看到了海绵性质的内在化。这种特性在此是一种接受和吸收的能力。人们很容易找到这种悄悄地接近实体论直觉的例子。于是，海绵便具有了一种秘密的潜能，一种原始的潜能。对四海为家者[③]来说：“大地是一种海绵以及其他元素的容器。”[④] 一位名叫达维（David）的产科医生认为这个形

---

① 马拉（医学博士，阿托瓦伯爵卫队医生）：《一系列新实验验证的有关火、电和光的发现》（*Découvertes sur le Feu, l'Electricité et la Lumière, constatées par une suite d'expériences nouvelles*），巴黎，1779 年，第 31 页。

② 德·芒詹神甫（Abbé de Mangin）：《有关电的有趣的新问题》（*Question nouvelle et intéressante sur l'électricité*），巴黎，1749 年，第 38 页。

③ [译注] 四海为家（Le Cosmopolite）：据考证是爱尔兰人亚历山大·塞顿（Alenxande Sethon）的化名。他于 1602 年左右离开英国赴荷兰，以后到了法兰克福、科隆等地。

④ 四海为家：《四海为家或新的化学之光，旨在阐明自然的三原则》（*Cosmopolite ou nouvelle lumière chymique. Pour servir d'éclacicissement aux 3 Principes de la Nature*），巴黎，1728 年，第 142 页。

象很有用："血液是一种被火浸渍的海绵。"[①]

### 3

通过考察一位耐心和有才华的实验者在排除障碍时所遇到的重重困难，人们也许会更好地体会到海绵形象所代表的认识论障碍的性质。

人们用不计其数的类比，试图把电和磁力囊括在同一个理论中，J.H. 范・斯文登[②]于 1785 年以"电与磁力的类似"为标题发表的《论文集》对此进行了一系列长篇驳斥。范・斯文登多次表示他偏爱受数学之光照耀的实验。但是在成为数学思维的建构者之前，必须先打碎圣像。下面就是范・斯文登的计划："然后我将研究希纳（Cigna）先生所做的实验，他以为通过这些实验证明了铁是磁液的导体，或者说铁是磁的海绵，就像布鲁格曼（Brugmans）先生所想的那样。"[③] 布鲁格曼的直觉是非常天真地再现的："海绵以其全部体量携水，体积越大，携带的量就越大，因此，

---

① 让-皮埃尔・达维，医学博士（巴黎艺术和外科硕士，鲁昂皇家外科和解剖教授，膀胱切开碎石术住院实习医生，市立医院主任外科医生，该市科学、文学、艺术学院院士）：《论营养和生长，附前言：论羊膜水的使用》（*Traité de la nutrition et de l'accroissement, précédé d'une dissestation sur l'usage des eaux de l'Amnios*），巴黎，1771 年，第 304 页。

② ［译注］J.H. 范・斯文登（J. H. Van Swinden, 1746—1823）：荷兰科学家。

③ J.H. 范・斯文登：《电与磁力的类似》（*Analogie de l'électricité et du magnétisme*），三卷本，海牙，1785 年，第一卷，第 74 页。

质量或体积大的铁，似乎能比体积小的铁吸引和截获（运输［*ab ducere*］）更多的液体。”[①] 铁刚获得磁力，它的功能就是“将这种液体运到原先不存在这种液体的地方，就像浸入水中的海绵吸水、运水一样”。

经过许多次各种各样的实验，范·斯文登才觉得自己有权抛弃这种直觉。他写道：“因此，这种说法——铁是磁液的海绵——是一种偏离真实的隐喻，然而所有的实验都基于这种说法的字面意义。不过我认为，把所有的现象均归结于此、说铁是磁液的海绵，但又断定那是骗人的表象，即认为理性指出这些说法有误，但又用它们来解释实验，我觉得这些都不准确。”[②] 尽管表达上不够畅达，范·斯文登的想法其实很清楚：人们无法把隐喻限制在言语表达的范畴内，事情不像人们说的那么容易。不管人们是否愿意，隐喻在诱惑理智。那些个别的、遥远的形象逐渐成为普遍的模式。客观认识的精神分析必须努力使这些天真的形象褪色，或者抹去它们的颜色。当抽象化使过这一步之后，才是图解这些理性模式的时候。总之，最初的直觉对于科学思维是一种障碍；唯有作用于观念之外、为基本特征添上一点色彩的图解，才有助于科学的思维。

---

① J.H. 范·斯文登：《电与磁力的类似》，第一卷，第 87 页。

② 同上书，第 120 页。

## 4

此外，人们能找到非常杰出的学者为最初形象所困的例子。海绵给我们提供了形象，在笛卡尔看来，质疑这种形象的明晰和独特，就等于毫无理由地偷窃解释。“我不明白，当人们要解释某物体为何变得稀薄时，为什么更喜欢说是因为该物数量的增加，而不是举海绵的例子。”[①]换句话说，海绵的形象足够作个别的解释了，因此，人们可以用它来组织各种实验。为什么舍近求远呢？为什么不按照这个普遍主题去思考？为什么不把清楚明了的东西普遍化？因此，让我们用简单现象的材料来解释复杂现象吧，就像人们把复杂概念分解成简单概念加以阐述那样。[②]

哪怕形象的细节会被遮掩，我们也不应该放弃这个形象。我们从一个侧面把握住它，这就够了。笛卡尔对海绵清晰形象的信心，非常典型地显示了这种无能，即无法在客观认识的细节层面上进行质疑，无法展开推理性质疑，拆散与现实的所有联系，堵塞形象的所有角度。普遍质疑要比个别质疑容易。“我们不应该迟迟不相信物质就像我说

① 《哲学原理》（*Principes*），第二章，第 7 节。

② ［译注］这是笛卡尔提出的方法论原则之一。

的那样变得稀薄，尽管我们感觉不到填充（稀释物质孔洞的）物质，因为没有理由强迫我们认为必须靠自己的感官去感觉周围的一切物质，我们觉得这样解释很容易，而且不可能做别的理解。”换言之，海绵显示了它的*海绵性*。它给我们展现了一种个别物质如何被一种别的物质所“填满”的特性。这种*混杂的充实*足以解释一切。笛卡尔的空间形而上学是*海绵形而上学*。

## 5

结合*海绵*直觉，人们可以研究*细孔*这个概念，它是前科学解释中一再出现的主导主题，盘根错节，要写整整一本书才能交代清楚。借助这个特别似是而非的概念，人们能轻而易举地调和对立的东西。一扇门只能开着或者关着。可是一个细孔向某些东西开放，那么肯定对另外一些东西关闭。特定的细孔是为特定物质准备的。这种形象可以双向运作，就像海绵那样，既能吸收又能过滤。把这种形象视为物质的基本性能，人们对此不会感到吃惊。德·拉塞佩德[①]伯爵于 1782 年写道：“所有的自然物体都充满细孔，多孔性是物体的普通性质

① ［译注］德·拉塞佩德伯爵（Comte de Lacépède, 1756—1825）：法国博物学家、政治家。在鱼类及爬行类的研究方面作出独创性的贡献。

之一。”[①]

## 6

我们刚刚在本章节描述了一项研究，增加此类研究的数量并不困难。用不了多少时间，人们就会发现客观的认识往往集中在特殊的对象周围，集中在带有工匠人（*homo faber*）标志的简单工具周围。顺着这个思路，人们可以研究杠杆、镜子、筛子、泵……人们会看到个别的物理存在很快得到普及。始终本着同样的精神，人们还可以研究一些特殊现象，比如在自然现象学中非常不重要的冲击现象，可是它在某些哲学文化的直觉解释中扮演着极重要的角色。人们可以无休止地堆砌简单化的形象，大胆地把它们用作解释性形象。让我们举几个例子。富兰克林用这个快速的形象记录电力峰值的能量：“如同拔马尾巴的毛，力量没有达到一把把拔毛的程度，但是一根根地拔就够了，就像人们用钝器无法把毛一并拔掉，但用尖头的夹子，不需要更大的力气，就能轻松地把它们一一拔去那样。”[②]

1782 年，马拉用泵做比较来解释电动机器：“人们有

① 拉塞佩德伯爵（第戎、图卢兹、罗马、斯德哥尔摩、黑森一洪堡、慕尼黑皇家科学院院士）：《普通和特殊物理》（*Physique générale et particulière*），两卷本，巴黎，1782 年，第一卷，第 191 页。

② 富兰克林：《关于电的实验和观察》，第 18 页。

理由把它比作一台泵：轮子代表活塞，垫子是轮子获得液体的直接来源，隔离的驾驶室形成蓄水桶。”[1]就这样，没有疑团，也就没有问题。人们心想，这种形象扩展如何为改善技术、为评判实验服务呢？是否把垫子加厚来获得更充沛的能源？是否让车轮模仿活塞做往复运动？现代科学也利用水泵来类比说明电动机的某些特征；不过目的是为了阐明相位差、电流强度等抽象概念。由此可见两种思维方式的强烈反差：在科学思维中，液压类比在理论之后起作用。在前科学的思维方法中，它在之前起作用。假如有人再次反驳我们，说马拉属于二流科学作家，我们的回答是，他的作品在18世纪末期被大量引用，我们还将回敬道：前科学时期的特征就在于二流作者有着重要影响。他们是活跃在科学之城中的工匠。今天已经不再如此了。马拉做了数量惊人的实验，据他自己说，做了5 000多次光学实验。可是这5 000次实验无一被物理学所记取。而当代一位由导师指导、在实验室攻读学位的学生倒是有希望做一些有用的事。

直接的隐喻对科学精神的形成所构成的危险在于，直接的隐喻并不总是一些转瞬即逝的形象；它们发展成一种自主的思维，在形象的领域里互为补充和完善。让我们举例说明这种发展完善。洛兹朗·杜·菲斯克（Lozeran du

① 马拉：《电的物理研究》，巴黎，1782年，第112页。

Fesc）教授为了解释雷，把雷的物质同大炮火药相比。他从化学角度声称，在隆隆的雷电中，找到了硝酸钾、碳和硫黄，众所周知，它们混合之后构成火药。这种说法从历史角度看尚且说得过去，尤其是考虑到多少世纪以来人们对雷电的推崇，充其量不过是对雷电的化学性质诸多错误认识中的一个。可是让我们看看这个天真的打雷形象是如何完善的。为了解释雷电中火药的燃烧，他使用背叛笛卡尔学说的旋风理论总结说："鉴于整个（旋风）旋转的轴线没有空气，而且轴线外缘抵抗力极强，它们承受着大气的全部重量，力量惊人的云柱拔起大树、刮倒房屋，都在证明这一点。它们形似一尊长长的大炮。雷的物质发生爆炸，它们大部分必定沿着这尊大炮，以极快的速度快速流动……"[①] 就这样，大炮的火药还不够，还需要大炮来完善这个理论。洛兹朗·杜·菲斯克教授的论文在 1726 年获得了科学院奖；科学院在上年度未能颁奖，庆幸等到了一份如此优秀的论文。

但是所有这些——可以说从外部特征被理解的——幼稚形象远远不是最重要的。唯实论哲学的直觉在这方面构成了最严重的障碍。这些障碍非常物质化，它们不涉及一般的属性，而是涉及实体的性质。真正的精神惰性就在于

① 洛兹朗·杜·菲斯克（Lozeran du Fech）神甫（耶稣会成员，佩尔比尼昂大学数学皇家教授）：《打雷和闪电的原因与性质论》（*Dissertation sur la cause et la nature du tonnerre et des éclairs*），巴黎，1727 年，第 34 页。

此，它就盘踞在更隐蔽、更主观和更私密的实验中。我们将在此找到真正表示障碍的词。我们会在实体论的障碍一章的末尾研究某些受到过度偏爱的物质，从而更好地理解认识论偏爱的概念、认识论增值的概念。我们也将在这章末尾充分阐述客观认识的精神分析。

# 第五章

# 单一的和实用的认识是科学认识的一种障碍

## 1

我们研究了实验或者直觉的泛化功能——譬如凝固、发酵、海绵的纯力学作用——及其各种危险，尽管这些实验或者直觉的定义是尽可能完美的。但是人们可以从更广的范围来理解概论的诱惑力。这就不再是经验性思维的问题，而是真正的哲学思维的问题。这时候实验逐渐倦怠，陷入呆滞状态，所有问题都在一个广阔的世界观（Weltanschauung）中趋于平静；所有的困难都在对世界的总体看法面前得到解决，只要简单地参照某条自然的总体原则就行了。因此在 18 世纪，同质的、和谐的、守护性的自然概念抹杀了经验的全部独特、全部矛盾和全部对立之处。我们将指出，这种概论——各种相关的概论——其实构成了科学思想的障碍。我们将只花几页的篇幅来作阐述，因为很容易找到证据。尤其为了避免过度增加本书的篇幅，我们将避免引用作家和哲学家的话。譬如稍加仔细研究，就能发现贝尔纳丹·圣-皮埃尔[①]的作品是对科学精神的长篇拙劣模仿。某些物理学——比如作为谢林[②]哲学支柱的物理学——大有需要纠正的余地。但是无论在科学思想之内或者之外，这些作家对客观认识演变的影响都不大。

前科学著作的文学性则是一种重要迹象，通常是一种不好的迹象。粗线条的和谐与浮夸结合，我们必须描述这种应该引起精神分析家注意的浮夸。这其实是过度增值的确凿标记。我们将略举其中几例，因为浮夸所涉及的文字实属“物理学家们”笔下最无聊、最无用的文字。

一位名不见经传的作者以家信的形式撰写《宇宙或天体简史》，该书是这样开头的：“斗胆上升到天顶，是否飞得太莽撞？人们是否会怪我太鲁莽，不该研究这些似乎挂在天穹的火炬？”同一个作者在第 29 封信中这样谈到对光的研究：“摩西用多么崇高的话向我们传达上帝的旨意：要有光，就有了光（*Fiat lux, et facta est*），思维和行为没有任何间隔……这个表达如此美妙，如此神奇，它升华精神，同样使之充满敬意和钦佩之情。……我们要谈论、寻找原

① ［译注］贝尔纳丹·圣-皮埃尔（Bernardin de Saint-Pierre, 1737—1814）：法国作家，受卢梭影响，作品表现返回大自然的思想，代表作《保罗与维吉尼》。

② ［译注］谢林（Friedrich Wilhelm Joseph von Schelling, 1775—1854）：德国哲学家，德国古典客观唯心主义代表人物，晚年转向天主教神学，著有《对自然哲学的看法》《先验唯心论体系》《哲学与宗教》等。

因，展示效果的，就是这种如此珍贵的流体、这颗明亮的星辰、这个照亮寰宇的元素，总而言之，就是这种光芒。”

作为《普通和特殊物理》的导言，德·拉塞佩德伯爵长达105页的演讲充满同样的宗教赞美。“我们观察了日光，这个存在物（être）似乎每天在我们眼前重新缔造宇宙，给我们勾勒创造的形象。”[①] 此外，人们还能发现这种赞叹的客观性很少。其实，假如排除每日清晨给陷入黑夜的人们带来心灵安抚的无意识价值，人们会感到灿烂的曙光所带来的“创造形象”是相当贫乏和缺乏想象力的。经过一番努力分析之后，德·拉塞佩德伯爵给我们作了动人的概括。“我们相当详尽地分别考察了构成自然之骨骼的各个部分，让我们把它们集中起来，给它们披上闪光的饰品，以此构建一个巨大、生动、完美的物体，真正成为这个强大的自然。一幅多么壮美的情景展现在我们眼前！我们看见宇宙展开、伸展，不计其数的发光的球体自行熠熠生辉，在宇宙中放射灿烂光芒……”[②] 当如此的赞美令一支真正的文学之笔疾书时，人们得到的毕竟是一种既私密又含蓄的赞美倾诉。此时，人们赞美和喜爱令人叹为观止的景象，但更赞美和喜爱抒发钦佩之情的人。在心理研究领域，在小说开始之前，在披露心迹之前，一种场景可能铺垫某种

① 德·拉塞佩德：《普通和特殊物理》，第12页。

② 同上书，第17页。

心境，在作品和读者之间建立起一条象征的纽带。在物理学领域，这类冲动的赞美，假如奏效的话，只能为有害的增值做准备。所有这些文学炫耀只能导致幻想的破灭。

也许，每个作者都希望提高自己选中的题材的价值。从序言开始，他就想表明他把握某个题材。目前的增值手段尽管该受批评，但是比以前低调多了；它们与著作内容密切相连。人们不再敢像居罗·德·拉·尚布尔那样声称，主题讨论的光线可以应用于精神之光，即荣誉、功德和德性之光。人们将会排除诸如此类的论点：“光使整个自然界充满生机和欢乐，哪儿没有光，哪儿就没有欢乐、没有力量、没有生命，只有丑恶、软弱、虚无。因此，光是众生中唯一最类似、最符合神性的。”[①]

这种提高主体的需要与把某种完善理想赋予现象是有关系的。因此，我们的看法就不像它们显示的那样肤浅，因为完善将成为研究物理现象的指数和证明。譬如，为了找到光的本质，居罗·德·拉·尚布尔提出下面这个问题：“我们来看看是否能发现一种既迷惑精神又迷惑眼睛的东西。”[②] 于是，需要把光置于一种从物质到上帝、从物品到工匠的完善等级上。有时候，价值明显地打乱了具有表，因此，我们的作者拒绝在（磷火）发光的朽木和“星

---

① 德·拉·尚布尔（De la Chambre）（国王首席顾问，首席御医）：《光》（*La lumière*），巴黎，1662 年，前言，Ⅲ。

② 同上书，第 99 页。

辰这种如此纯洁、如此高尚的物质”之间建立联系。但是居罗·德·拉·尚布尔提到了“三角形……它们的延伸与光线的延伸有着如此密切的关系”[①]。“完善的观念后来往往变得相当强烈，否定了人们熟悉的直觉并对有益的研究构成障碍。”[②]“假如我们顺从常人之见，那就得在此补充一点，光离发光体越远，就会变得越弱；光就像它的其他各种特征一样，在它取得的各种进步中逐渐失去了它的品行；那就是它衰弱直至最终变得难以察觉的真正理由。但是不管其他特征变得怎么样，我们敢肯定，光属于一种远远高于其他特征的本质和秩序，它不会染上它们的任何一个缺陷。”人们在此清楚地看到不正常增值的僵化影响。一个如此明确的物理事实——即光的强度与到光源的距离的平方成反比——被一些与客观思维毫无关系的原因蒙蔽了。人们也看到，对于前科学精神来说，物理现象的完善是科学解释的根本原则。当然，人们常把这种完善原则与创造性活动联系起来。“我们能总结说，这个原初的和强有力的言语在缔造世界之初创造（光），仍然在每时每刻产生同样的效果，从虚无中提取这个令人赞叹的形式，然后注入准备接受它的物体之中。”[③]

某些学说与完善之路休戚相关。因此，埃莱纳·梅斯

---

① 德·拉·尚布尔：《光》，第301页。

② 同上书，第230页。

③ 同上书，第105页。

杰女士非常清楚地指出，只有当物质只朝着一个方向，即朝着完善、纯洁以及征服价值的方向演变，炼金术才是可以想象的。[①]

因此，在所有这些作品中，完善的概念不是事后附加的价值——就像一种高深的哲学观点附加在从经验中得出的结论之后那样，它是经验思维的基础，它指导经验思维，概括经验思维。

## 2

对于前科学精神来说，统一性是一种始终被渴求、总能廉价地得以实现的原则。只要加一个大写字母就行了[②]。各种各样的自然活动因此成为唯一和同一个自然的各种表现。人们不能想象实验会互相矛盾，连分门别类做实验都不能想象。在大型实验中为真的东西，在小型实验中必定也是真的，反之亦然。一看到二元性，人们就怀疑有错误。这种对统一性的需要提出了一系列伪问题。譬如，德·马利维兹伯爵和古西埃担心，人们可能怀疑他们的宇宙起源论存在一种纯粹的力学二元性。他们在上帝那边实现宇宙的最初运动之后，一个反驳意见浮现于脑际：最初推动力

① 埃莱纳·梅斯杰：《科学观念》（*Les Concepts scientifiques*），第 97—118 页。

② ［译注］即把统一性看成是绝对的。

不会像一种附加在物质性创造之上的动力性创造吗？以至于形成分两阶段进行的创造：先物质，后运动，这种二元性在他们看来可能是天大的谬误。于是他们煞费苦心地回答说："他们根本没有假设创世主被迫从物理和力学的角度激发这根弹簧——即太阳，或者撞击物质的中心，或者撞击物质的其他部位，或者同时撞击物质的中心和其他部位。他们写道，上帝命令这些物体围绕它们的中心旋转。这儿没有任何难以想象的东西。天体运动的所有现象都从这个命令推断而来，执行这个命令成为大自然的唯一法则。"统一性很快就实现，二元性很快被替换了！从物理和力学角度难以想象的东西，一旦与上帝行动挂起钩来，就变得可以想象了。有谁会看不到可想象性改变了范畴？现代精神已经同这种可想象统一性的神话决裂。他尤其把神学问题放在与宇宙起源问题不同的层面上来思考。

另外，如果研究在 18 世纪仍然盛行的作品，我们可以洋洋洒洒写一大本书，因为在那些作品中，物理学同神学结合，宇宙起源论被视为科学的宇宙观，"从诗人、哲学家和摩西的观念"来考察天体史。像普吕什（Pluche）神甫写的那类秉承这种思路的书，在 18 世纪家喻户晓，到 19 世纪末还在不断再版。

我们不想再赘述这种思想的轻率，而只用几句话来概括这些作者的心态。他们刚提出这种宏伟的统一性假设，马上提醒说上帝的意图是隐蔽的，显示出一种精神的谦卑。

但这种谦卑表现得如此雄辩、如此地姗姗来迟，难以掩饰起初的放肆。一种超越经验、脱离可能会反驳它的经验领域而自称普遍的知识，从它的根基上看，人们总会发现一种自傲自大。

## 3

不过，我们还是回到和谐原则上来吧，从表面上看，它们比较贴近客观世界。化学史家长期研究了中世纪和文艺复兴时期以广泛的相似性为基础的理论。尤其是梅斯杰女士，她在一些资料翔实的著作中汇集了与帕拉切尔苏斯[①]相似性相关的所有资料。她指出人们在星辰和金属、金属和身体各部分之间提出了相似性，由此产生了一种把天、地、人结合起来的无所不包的三角形。在这个三角形之上，极度波德莱尔[②]式的“通感”起着作用，前科学梦想无休止地反复叠加。这种三部曲如此令人信服，以至于人们敢信赖它，用它来治病。[③]“对于每种疾病，每种器官偶发性的障碍，良药便是同与患病器官相似的那个天体有关的金

① ［译注］帕拉切尔苏斯（Phillippus Aureolus Paracelsus, 1493—1541）：瑞士医师、炼金家，发现并使用多种化学新药，促进了药物化学的发展，对现代医学作出了贡献，著有《外科大全》和关于梅毒的论文。

② ［译注］波德莱尔（Charles Baudelaire, 1821—1867）：法国诗人，法国象征派诗歌的先驱，现代主义的创始人之一，主要作品为《恶之花》《巴黎的忧郁》。

③ 埃莱纳·梅斯杰：《法国的化学学说》，第 104 页。

属。”有必要指出这些相似性无助于任何研究吗？相反，这些相似性导致思想开小差，它们阻碍那种同质的好奇心，而正是这种好奇心造成了遵循既成事实秩序的那种耐心。证明在每时每刻被换位。人们以为是在颈瓶中做化学实验，其实是肝脏在起反应；以为是给病人听诊，实际是对应的星辰在影响诊断。

世界和谐统一的信念导致了构成前科学思维特征的复因决定，这种例子比比皆是。星相学是这种复因决定的特例。法约尔（Fayol）于1672年在《天体和谐》一书中写道：“人们不必违背神意，说王国和宗教的变化完全在于星球从一处向另一处移动所致，星球的离心率是创立、扩大或削弱国度的幸运之轮，根据它在世界某地开始或者结束……因此，通过计算偏心圆在圆周边形成的小圆圈运动，人们可以算出今日那些王朝崩溃的准确时期。”[①] 星相学复因决定论影响之大，使得某些作者竟然反其道而用之，从人体资料出发，推断天体的某些情况。问题并不像人们谈到星相学时常常认为的那样在于符号，而在于实际的行为，在于物质的行为。克洛德·高米耶[②] 回忆说，博丹（Bodin）在他的《自然的舞台》（*Théâtre de la Nature*）第二卷中声

---

① 让-巴蒂斯特·法约尔（Jean-Baptiste Fayol），享有教皇授予的产业用益权的东热圣母院院长：《天体的和谐》（*L'harmonie céleste*），巴黎，1672年，第81—82页。

② 高米耶：《彗星的性质和预测》，第31页。

称:“彗星是伟人和圣人的灵魂，这些灵魂脱离地球，凯旋般地飞向天穹，被这些美好的、平息上帝愤怒的灵魂所抛弃的民众，因此忍受饥荒，遭到传染病折磨，蒙受内战的灾难。”

可以举出成千上万的例子说明某种不可思议的复因决定在起作用。这种倾向非常明确，可以这么说：任何一种非科学的思想都是一种复因决定的思想。我们仅举一个例子。“猫觉得自己属土星和月亮，非常喜欢缬草，当两颗星辰在天空相逢时采摘缬草，它把所有的猫集中在摘缬草的地方。有些人认为猫有毒，它的毒素在皮毛和头部，但是我认为毒素只在头部，因为它的动物精神在月盈时增长，月亏时消退，只在月盈时从目光中流露出来，与毒素交流。从公猫尾巴下的细血管里抽出三滴血来治疗羊癫疯很有效，猫肉可化开痔疮和清除淤血，猫肝煮熟后泡在酒里，发病前喝下，对治三日疟和痛风病有益，阉割过的猫的脂肪可软化、温暖并消除痛风的体液，猫皮对于胃和关节很有好处，它可以使被冷脓肿削弱的部分变暖，猫粪可促使头发生长。随身携带这种缬草的人，可以放心地携带这种他喜欢的猫。这个动物使用缬草治愈眼疾。”[①] 我们大段引述这么可笑的文字，只是想指出，人们是何等随意地罗列种种杂乱无章的特性，而且一种特性决定另一种特性。于是一切

---

① 法约尔:《天体的和谐》，巴黎，1672 年，第 292 页。

成了一切的起因。后人也许会指责我们靠罗列这样的谵妄取胜，这取胜也来得太容易了。实际上我们每次引用这些文字给医生、科学史家过目时，他们会不太高兴地回答道，这些文字根本玷污不了纯临床的理论，历史上的某位名医当然抛弃这种偏见。但我们的回答是难道只有名医在行医吗？假如人们希望判断*形成*科学精神所遇到的困难，难道不应该先仔细观察那些混乱的思想，尽力划清谬误与真理的界限吗？我们恰恰觉得，复因决定论掩盖决定论是前科学时代的明显特征。笼统压倒了精确。

我们还不能就此打住，我们认为复因决定论灌输既成的决定论而不参照实验的结果。量化决定论对某些哲学——譬如莱布尼茨哲学——来说极为重要，它的基础是否比我们刚才目睹其模糊关联的质量决定论更扎实呢？有人常常告诉我们说，举起一个手指头就会影响地球重心，这个微弱的举动决定着两极的反应。就好像地球的重心——在我们把地球视为构成地球的、颤动的原子总体时——不是一个统计点，而是别的什么！就这样，哲学精神成为数量绝对的玩偶，就像前科学精神是质量绝对的玩偶一样。事实上，当代科学研究*孤立的系统*、*分散的单位*。它懂得维持孤立的系统。至于认识论原则，当代科学认为，*可以忽略的量应当被忽略*。说它们可以被忽略不计是不够的。这样人们就立刻挡住一些似是而非、从未得到证实的决定论。最后，量子科学让我们熟悉了*量阈*这个概念。有些能量不足以跨越阈。这些能量干扰不到十分确定和孤立的现象。由此可见，决定论应加以修改，宇宙的量的关联不是一种可以让人随意使用的特性。

## 4

前科学精神把现实的系数赋予所有天然物，这是与自然的统一和能量相关的另一个认识论障碍。那是一种无可争议的增值，在日常生活中不断被提及，最后成为扰乱实验和科学思维的一个原因。

雷奥米尔因此把一种特别的抗寒能力赋予液体。“我们不觉得惊讶：可燃性液体譬如酒精——也许我们还不应该觉得惊讶，强烈的酸剂，甚至含盐量很浓的水，在极度寒冷的情况下依然保持着液态。但是大自然能配制一些液体，它们根本燃烧不起来，对我们来说也没有明显的酸度，却能够抵御严寒。我指的是在许多昆虫体内流动的血液；从它的颜色、气味来看，我们粗浅的感官一口咬定它是水，或者至少是一种极度含水的液体。”[①] 然而某些毛虫顶住了严寒；在列氏温标零下 17 度的环境下，毛虫的身体依然是柔软的。“因此，这些昆虫体内的血和主要体液，尽管看似水质的，却具有承受严寒而不冰冻的性质。”人们明显感到，

① 《科学院回忆录》，1734 年，第 186 页。

雷奥米尔对实验的判断是不成熟的，他的泛灵论直觉使他在心理上没有准备在活体外研究盐性溶液的凝结现象。

## 5

实用性带来一种非常特别的归纳法，可称为实用归纳法。它导致过分的概括。人们可以从某个被证实的事实出发，甚至可以进行不错的拓展。但是实用主义的冲动几乎难免走过头。实用主义必定会夸张，因为它是一种残缺的思维。人们不知道如何限制实用的东西。实用的东西因此增值，无节制地积聚资本。以下就是实用归纳不当的例子。

雷奥米尔认为毛虫蛹会“出汗”。这种与外界的沟通维持着蛹沉默的生命并使之演变。给蛹涂一层清漆，就能减慢或者终止它的生长。雷奥米尔通过大胆的归纳，认为鸡蛋是“一种蛹”。于是他建议要保存的鸡蛋应该涂上羊脂和清漆。今天的家庭主妇都在沿用这种建立在可疑的概括之上的诀窍。可是实用性归纳会就此止步吗？会见好就收吗？这位科学院院士不怕走得更远。也许我们有权得出结论说，“涂上一些合适的油料，人类或许也能得到更长时间的保存，就像从前雅典人、现在的野蛮人所做的那样，尽管动机也许不同”[1]。这不是一种孤立的想法。培根已经

① 《科学院回忆录》，1736 年，第 19 页。

把减少出汗看成延长生命的一种手段。1776 年，贝托莱（Berthollet）博士毫不犹豫地写道：“我认为，如果在生命的最初时期（在婴儿体内）抑制出汗，尿道会扩大，体液将在那儿永久地更为充沛地流动。”①

在所有这些现象中，人们寻找对人类的效用，不仅仅因为它能提供好处，而且可以作为一种解释原则。找到一个用途，就是找到一种理由。为证实磁铁的医疗作用，范·斯文登——其实他对实验持十分谨慎的态度——写道：“我还想问任何一个真诚的物理学家，他内心是否确信造物主创造如此普遍的、如此多样的、如此惊人和了不起的磁力，仅仅是用来指引磁指针，而且如此长期地不为人类所了解……”②

不利于人类的现象经常成为增值的对象，其对立的特征理应引起精神分析家的关注。因此，在贝托龙神甫看来，雷声“给最无畏的灵魂带去恐惧，同时给最贫瘠的土地带去丰饶”③。雷声还散播“这种生产之火，被理所当然地视为第五元素”。“冰雹也如此，它陡增土地的肥力；人们通常发现，下冰雹之后，一切重新变绿，尤其是麦子，在冰雹之后播种，收成远远超过没有下冰雹的年份。”甚至连地震

---

① 《对空气的观察》（*Observations dur l'ais*），巴黎，1778 年，第 31 页。

② 范·斯文登：《普通和特殊物理》，第二卷，第 194 页。

③ 贝托龙神甫：《论植物的电》（*De l'électricité des végétaux*），巴黎，1783 年，第 27、46、61 页。

都会促使好收成。

人们力图给一个现象的所有细节都添上实用的特征。假如某个特点不具备实用性特征，该特征似乎就没有得到解释。在实用理性主义看来，一种不具备实用性的特征是非理性的。因此，伏尔泰清楚地看到地球周年运动和昼夜运动。只有“25.920 年”的周期与分点岁差相对应，他没有发现分点岁差“有任何显著的用途”。他努力让人们接受这种无用性，这充分表明，对于那个时代的精神而言，实用证明是当时最自然的证明。人们感到，伏尔泰尽管有一点怀疑，他依然认为天体对地球是有用的。“彗星远不能说是危险的……，根据（牛顿的看法），它们是造物主新的善举……（牛顿）怀疑彗星喷发的蒸汽被吸入行星运行的轨道，用来更新这些星球上始终在减少的湿润度。他认为，我们呼吸的空气中最有伸缩性、最灵巧的部分来自彗星……我觉得那是智者的猜测，假如有误，那也是伟人的失误。”[①]

弗鲁朗斯[②]揭露布封一贯参照有用性：“（布封）只肯根据物体的有用性或者它们与我们的熟悉关系来判断它们；他这么做的主要理由，就是根据它们与我们的关系来观察物体，而不是从任何其他角度来观察，对我们来说是最容

① 伏尔泰：《物理》（*physique*），见《伏尔泰全集》，巴黎，1828 年，第四十一卷，第 381 页。

② ［译注］弗鲁朗斯（Jean-Pierre Flourens, 1794—1867）：法国生理学家。

易、最舒服、最有用的。”[1] 此外，人们可以看到，根据布封的提议所作的实用性经验研究，从熟悉和有用的角度出发，可能会被一种典型的非知识性的兴趣所蒙蔽。研究客观认识的精神分析家必须与实用主义的观点决裂。

无数体系都以实用主义观点为基础。有用性是唯一清晰的，唯有有用性能作解释。罗比纳[2] 的著作在这方面非常典型。“我不怕在这儿指出，假如自然界存在一个真正无用的东西，那么它的形成很可能出自偶然，而不是理智的产物。因为倘若一条盲目的原则碰巧符合秩序，那该是一桩令人诧异的事，一个无限的理智没有目的地行动，则比盲目的原则更加异常。”[3] 因此，真实必须包含有用。没有功能的真实是残缺的真实。人们发现有用性，也就找到了真实的真正功能。然而，这种实用性观点是荒谬的。人们一再揭露过终极目的论解释的危险，我们不必过多地强调这种障碍对于真正的客观文化的严重损害。我们只认为应该指出，这种障碍在 18 世纪尤其危险，因为在那个时代，人们非常容易对科学作文学和哲学的引申，贝尔纳丹·圣-皮埃尔的过分行为只是推波助澜，进一步加

---

① 弗鲁朗斯（Flourens）:《布封的工作与观点史》（*Histoire des travaux et des idées de Buffon*），第 15 页。

② ［译注］罗比纳（Jean-Baptiste Robinet, 1735—1820）：法国语法学家、唯物主义哲学家。

③ J.-B. 罗比纳：《论自然》（*De la nature*），第三版，四卷本，阿姆斯特丹出版社，1766 年，第一卷，第 18 页。

剧了这种倾向，我们在二流作家那儿目睹了这种倾向的力量。

## 6

那种——有时仅从一种观念出发——做将普遍化推到极致的需要，滋生出一些还不准备放弃诱惑力的综合想法！但是在今天，科学精神谨慎起来。只剩下一些哲学家，他们即使不寻找点金石，至少也要寻找某个能够解释世界的哲学概念。用一种特征实现解释的一致性，强烈地吸引着前科学精神。让我们举几个例子。1786 年，德·特雷桑伯爵的著作问世，这本书其实写于 1747 年。该书声称用电液体作用来解释所有的宇宙现象。德·特雷桑伯爵尤其认为万有引力法则是一条电平衡法则。更确切地说，一切平衡都具有电的性质。厚厚的两卷书三番五次地提及电液体的基本特性，那就是“始终趋向自我平衡”。于是乎，哪儿有平衡，哪儿就有电的存在。这是唯一的定律，空虚得令人困惑，人们随后从中得出各种难以置信的结论。地球绕太阳旋转而不接近太阳，是因为两颗星辰之间存在电平衡。更准确地说，发自土地的电和太阳光的电之间的平衡是由各种植物实现的。“一切可能接触土壤的物体以及种植在那儿的物体都是导体，它们根据大地电流按照太阳的倾斜或垂直度所能获得的喷射力量，接受并传播土地的电流。”[①]

另一位作者——德·拉·贝里耶（De La Perrière）骑士——在一本厚达 604 页的书中作了同样热情的归纳：“电王国幅员辽阔，它的边界和尽头只能是它所拥抱的宇宙之边界和尽头；行星的悬浮和运动；天空、大地和军队的霹雳迸发；流星；天然或人工的磷火；身体的感觉；液体在毛细管里上升；折射、敌视、同情、口味、自然的反感；用音乐治疗被舞蛛刺出的小伤口和忧郁症、吸血鬼，或者睡在一起的人们互相吮吸，都由它引起并且依赖它，我们给予的电学机制就是证明。”[②]

难道有必要说，德·拉·贝里耶骑士和德·特雷桑伯爵的著作不信守诺言吗？在 18 世纪，人们可以找到无数这种类型的书，它们许诺阐述一个体系，其实只拿出一团缺乏关联、看法有误的事实。无论从哲学还是从科学的角度而言，这些著作都是无用的。它们没有像谢林或者叔本华[③]的著作那样，去探究一种伟大的形而上直觉的源头。它

① 德·特雷桑伯爵（法兰西学士院四十名院士之一，巴黎、伦敦、爱丁堡、柏林、南锡、鲁昂、康城、蒙彼利埃等皇家科学院院士）:《论作为宇宙因素的电液体》（*Essai sur le fluide électrique considéré comme agent universel*），两卷本，巴黎，1786 年，第 181 页。

② J.-C.-F. 德·拉·贝里耶（骑士，鲁瓦菲领主）:《电和宇宙的机理》（*Mécanismes de l'électricité et de l'Univers*），巴黎，1765 年，两卷本，导言，第 10 页。

③ [译注] 叔本华（Arthur Schopenhauer, 1788—1860）：德国哲学家、唯意志论的创始人，认为意志是人的生命的基础，也是整个世界的内在本性，著有《作为意志和表象的世界》《论自然界的意志》等。

们没有像炼金术士的作品或者当时的植物学家那样积累经验材料。最后它们成为科学文化的累赘。19 世纪则相反，这些即兴发挥大师的熟悉而自命不凡的书信几乎完全销声匿迹。科学文化的纲领把它们清除得格外干净。普及性的书籍不再是内容错误的书。这种整顿不应该让我们忘记前科学时期的混乱局面。只有意识到科学界的这种演变，人们才能真正理解心理上形成科学精神的力量，才能看到消极的和灌输的经验论与积极的、经过思考的经验论之间的距离。

# 第六章

# 实体论的障碍

## 1

实体论的障碍，和所有的认识论障碍一样，是多面的。它由最杂乱甚至最对立的直觉构成。前科学的精神出于一种几乎天然的倾向，把某物从中起作用的各种认识都集中在该物上，而不顾经验作用的等级问题。它把各种不同的性质——表面的性质和深层的性质，明显的性质和隐蔽的性质——直接同物质结合在一起。尽管人们可以区分出神秘实体论、隐秘实体论和明显的实体论，但这种区分依然会使人忘记实体化模糊以及无限宽容的特征；它使人忽视这种分别从物质内部走向外部的认识论运动，这种认识论运动利用明显的外部经验，但是躲避内心深层的批评。

说到以神秘性质为基础的解释，人们常说，自从莫里哀[①]

① [译注] 莫里哀（Molière, 1622—1673）：法国古典主义喜剧作家，主要喜剧有《伪君子》《吝啬鬼》《贵人迷》《可笑的女才子》等。

以来，人们对它既学究又令人失望的特征了如指掌。可是这一类解释或多或少地以花言巧语做掩饰，始终对文化构成威胁。似乎只要用一个希腊词语，鸦片使人入睡的催眠作用就不再是同义叠用了。两种不同性质的词源接近之后，产生一种可以被视为获得知识的心理运动。用深奥的名词指称某个已知现象，会给懒惰的思维带来满足。某些医疗诊断、某些玩弄同义词的微妙心理，很容易提供这种言语满足的例子。不能指望未经协调的或者只是互相关联的细腻语言能确定心理结构。当这些细腻之处针对实验、触及实验细节的时候，它们与某个实体或者某个名词的联系，当然无法界定一种科学思维。

## 2

但凡神秘的东西都是封闭的。通过分析对神秘的参照，可以描述我们所说的*内部神话*以及更深入的*隐秘神话*。

指出文学心理建立在这些神话之上，当然是一件很容易的事：只要庄重地、缓慢地谈论一种*深刻*的感情，就能被人当成一个专攻隐秘生活的心理学家。人们甚至在考虑，假如禁止使用*深刻*这个词，传统的情感心理学是否还能成立，因为它到处都在用这个词，而这个词毕竟只是一个干巴巴的形象。实际上，深刻的印象只是一个肤浅的印象——这话千真万确，因为它主要涉及一些天真、拙劣、源自单调的自然冲动的感情。

对我们来说，现在的任务不是研究自我心理学，而是追踪思维寻找对象物时的迷茫，我们应该在赋予对象物隐秘的层面上理解遐想。目标不同，但方式是同样的：隐秘心理学家和天真的唯实论者受到同样的诱惑——相同性如此明显，以至于可以交叉它们的特征——现实主义主要是对某种隐秘的参照，隐秘心理学是对某种现实的参照。

为了给这种论断提供根据，只要回顾一下各种增值直觉就够了：包裹似乎都不如被包裹物那么珍贵、那么本质——功能上不可或缺的树皮只被视为对木头的一层简单保护。人们认为这些包裹是必要的，即使在无生命的自然界也是如此。帕拉切尔苏斯曾经说过，在任何物体中，核心离不开包裹，包裹离不开外壳。实体论的观念往往由一种简单的容纳来说明。某物必须闭合，必须把深刻的性质关起来。于是“国王陛下的炼金御医”尼古拉·德·洛克（Nicolas de Locques）在1665年断言需要用冷来对付暴热：“这种挥发性的寒冷扑向表面，防止热量散发，并作为热量的容器。”[①] 因此，热这种性质在物质内部由冷的外壳严加看管，即由它的对立物严加看管。这种内部的直觉增值

---

① 尼古拉·德·洛克：《涉及混合物体系统的自然哲学初步》（*Les Rudiments de la philosophie naturelle touchant le système du corps mixte*），理论教程，第一卷，实践教程，第二卷，巴黎，1665年，第二卷，第19页。

导致了一些奇怪的论断。齐曼马恩[①]认为，“石头越朝中心部位”，越朝着他所说的中心种子，就越比石块的外层“更坚硬更透明”。[②]在分析这种直觉的过程中，人们很快意识到在前科学的精神看来，物质有一个内部，更确切地说，物质就是一种内部。

因此，炼金术士的思想经常被打开物质的任务所盘踞，其形式远远不如心理学家——这位声称向我们敞开心扉的现代炼金术士——的任务那么充满隐喻成分。让·勒贝尔杰[③]说，金属汞被看管得十分严密，硫黄被“严加封闭，我们胃中之火无法打开并且点燃它”[④]。人们总在寻找一把“钥匙”来打开物质。现代读者过多地倾向于从引申意义上去理解“钥匙”这个词，只把它看成一种理解难以辨认的秘密的工具。事实上，在许多作者那儿，钥匙是打开一种物质的方式。在精神分析意义上，钥匙势必本能地起作用。于是，为了打开一种物质，有作者建议用火苔杖来鞭挞物质。

翻转物质的观点也很说明问题。若阿香·伯勒曼

---

① ［译注］齐曼马恩（Zimmermann, 1685—1766）：德国建筑师，18 世纪巴伐利亚的巴洛克风格的主要代表人物。

② 《百科全书》，“石块”条目。

③ ［译注］让·勒贝尔杰（Jean Le Pelletier, 1633—1711）：法国炼金术士，写了多部有关著作。

④ 让·勒贝尔杰：《阿尔克莱斯特或者凡·海耳蒙特万能溶剂，在众多发现其秘密的论著中》（*L 'Alkaest ou le dissolvant universel de Van Helmont. Révélé dans plusieurstraités qui en découvrent le secret*），两卷本，鲁昂，1704 年，第二卷，第 89 页。

（Joachim Poleman）考虑为什么“只有油具有慢慢地、自然而然地溶化硫黄，把它的里面翻到外面的能力……”[①]。伯勒曼还肯定说：“双重腐蚀完全把铜翻转，里面翻到外面，使它变得干净，不仅让灵魂自由起来，而且……通过这种腐蚀的作用，铜温和的灵魂变得闪亮，宛如置身在一个复苏和充满活力的场所。”[②]铜的灵魂，也就是说铜的珍贵物质在铜的里面，说得太好了！因此必须找到一种方法，能够“一点一点地，似乎不知不觉地剥去铜的腐蚀层，使得（铜）能维持它的翻转和温和的状态，同时保持自己明亮和闪光的特性”。因此，心理评语——他像手套那样被人翻转[③]——牢牢地在无意识中扎下了根。它导致了一种错误的物质观的形成。可以想象，手套不是始作俑者。有意识的清晰形象经常掩盖了无意识的信念原则。

比较接近科学思想的人更易接受物质翻转这种奇怪的形象，甚至把它当作一个主导题目。布尔哈夫在讲述炼金术士思想的时候，的确思考了黄金的象征（一个圆圈）和白银的象征（由两个圆弧组成月牙形，一个是凹面，另一个是凸面）。他说，月牙形表示“半金的东西：如果能够由

① 若阿香·伯勒曼：《关于哲学家硫黄之神秘的新的医学之光》（*Nouvelle lumière de Médecine du mistère du souffre des philosophes*），译自拉丁文，里昂，1721年，第5页。

② 同上书，第62页。

③［译注］这条成语的意思是：使某人完全改变主意。

里到外把它翻个身，它就成了不掺任何杂质和腐蚀性物质的纯金”。此外，我们在这个例子中还看到，前科学的思想与象征性思想强烈掺和在一起。对于前者来说，象征是思想与实验的积极综合。继 1723 年《宇宙学》[①] 之后的一封极为著名的哲学信札写道：“谁能够将黄金中心的性能复原到它的周边，谁就能在一门医学中获得整个宇宙的功效。”[②] 物质效力是内在心理力量的对应物，还有什么比这更好的说法呢？

一个物质的“内部和外面”自然会存在矛盾。“黄金在外表上显得固定而且确实如此，而它的内在却是易挥发的。”[③] 这种说法令人觉得好奇，无疑带着个人的遐想，因为人们很难看到什么性质与这种内在的挥发性相对应。与此同时，克洛赛·德·拉沃姆利于 1722 年写道：“白银，尽管外表是白的……里面是红颜色……人们把它扔进火里烧烤时……出现……红颜色。”[④] 化学家从中看到汞氧化现象，他将利用这一点来指出炼金术思维的理性化。但是这种理性化实际上根本不符合炼金术士的遐思：他当时声称是从

① ［译注］《宇宙学》是波兰人米歇尔·桑迪沃居斯（Michael Sendivogius, 1566—1636）的著作，是欧洲炼金术的重要文献之一。

② 米歇尔·桑迪沃居斯：《哲学信札，深得那些喜爱深奥真理的人们的敬重》（*Lettre philosophique. Très estimée de ceux qui se plaisent aux Vérités hermétiques*），由安托万·杜瓦尔从德文译成法文，巴黎，1723 年，第 53 页。

③ 同上。

④ 克洛赛·德·拉沃姆利：《最为奇异的故事之后，发现、解释古代哲学最为隐蔽的秘密》，第 82、106 页。

内心的角度来看待物质的。

假如物质有一种内部，人们就应该设法搜查物质。这个行动被叫作“灵魂的发掘或者灵魂的偏离”。四海为家者对长期遭到“鞭挞和搜查”的水银说道：“告诉我你内心有什么，我就不再折磨你。”[①]在这个“位于最小的金属原子中心”的内部，“盘踞着隐蔽的功能、它们的颜色、它们的染料”。人们看得很清楚，关键的性质被想象为隐秘的性质。炼金术士从实验中得到的是内心倾诉而不是知识。

其实，人们从这个中心得不到任何类型的直接经验，实证精神立刻意识到：任何积极的性质势必“表面化”。但内部神话是无意识思维中最难去除的基本思维方式之一。我们觉得，内在化属于梦的范畴。人们发现它在神话领域格外活跃。思维这时候根本不受几何学的约束，大东西进入小东西之中。所以在诺迪埃[②]的一个童话故事中，蚕豆宝贝肩上扛着三升豆子，走入一颗鹰嘴豆。这颗鹰嘴豆是小仙女豌豆花的四轮豪华马车。同样，在另一个故事中，木匠米歇尔想进入面包屑仙女的屋子，他喊道：“天哪！面包屑仙女……您从来没有想到我们能够进去？”原来他刚把这栋屋子描写成一个漂亮的纸板玩具，上面涂着一层清漆。可是，他略低下头，仙女用手轻轻一推，大个子米歇

---

① 四海为家：《四海为家或新的化学之光，旨在阐明自然的三原则》，第 109 页。

② ［译注］诺迪埃（Charles Nodier, 1780—1844）：法国作家，擅长写童话故事。

尔就走进小屋子了。他忽然觉得里面很宽敞，很暖和……炼金术士也如此遐想溶化在水银中的黄金的力量。拿着纸板小屋子玩耍的孩子也住在屋子里，着实像房东那样高兴。说书人、孩子、炼金术士走向事物的内心；他们拥有事物；他们相信把我们带到现实心脏地带的直觉光芒。同时抹去这种移情经验（Einflühlung）中幼稚和精确的成分，忘记大东西被小东西容纳这种几何原罪，一个唯实论哲学家应该能够走同样的道路，实现同样的征服。唯实论者于是在物质中积累——如同一位未雨绸缪者在谷仓囤积一样——能量、性能、力量，没有意识到一切力量都是关系。他以这种方式填充物质，自己也走进了仙女的小屋。

## 3

对直接直觉立刻理解的性质进行的实体化，这对科学思维进一步发展的阻碍，不亚于对某种神秘或隐秘的性质的肯定，因为这种实体化导致一种既简短又专断的解释。它缺乏迫使精神批评感觉的理论迂回。实际上，对于科学精神而言，任何现象都是理论思考的一个时刻，是推理性思维的一个阶段，是一个经过准备的结果。它是产生的而不是诱发的。科学精神不会满足于简单地把一种现象的描写因素与一种物质联系起来，而不作任何等级区分的努力，不准确和详细地确定与其他对象的关系。

照直接唯实论的方法直接赋予物质以属性是绝对不够的，我们将略举几个例子来说明这一点。我们将以此指出实体论的错误解释是如何形成的。

轻的物体会*依附*一个带电物体：这是某些吸引现象的直接形象，尽管该形象非常不完整。这个孤立的形象只代表整个现象的某个时刻，而且只有在它的位置被很好地固定下来之后，才能被正确的描写所认可；前科学精神把它变成一种绝对的——也就是直接的——解释的工具。换言之，直接现象将被视为*实体性质*的标志：所有的科学探索于是立刻停止；实体论的答案将扼杀所有的问题。人们就这样把"黏性、柔滑、韧性"的性质赋予了电液体。普里斯特利说："玻意耳先生的电吸引力理论认为，电物体抛射黏性挥发物，这种挥发物中途截获小物体，并且携带它们返回它的出发点。"[①] 就像寻找物体的射线，这些来回往返的射线显然是寄生添加物，由此可见，原初形象把带电的琥珀棒当成了涂黏胶的手指。

假如人们不把这个隐喻*内在化*，问题还不那么严重，人们可以补救，说那只是表示、表达现象的方式的问题。但是实际上，人们不仅限于用词语去描写，还用思维去解释。人们像看东西那样思维，看到什么想什么：一颗灰尘

① 普里斯特利：《电的历史》，第一卷，第13页。

粘在带电的板壁上，于是电就是一种胶水，是一种黏胶。人们就这样误入歧途，错误的问题将引起毫无价值的实验，得到的负面结果连警示的作用都起不到，原初的形象、天真的形象多么盲目，它赋予某种物质的性质不可更改。核实失败后，人们心里总这么想：那是因为实体性质没能体现出来，它仍然被掩盖着，仍然神秘莫测。思维继续这样想，逐渐不理睬实验提出的更正意见。普里斯特利的表达方式清楚地显示出，他从来不怀疑电液体的黏性性质。"雅克·哈特曼（Jacques Hartmann）声称通过实验证明，电的吸引力确实是由黏性分子的挥发造成的。他取两种电物质，即两块松香，采用蒸馏法将其中一块还原成黑色软膏，同时使之失去吸引能力。他说，未经蒸馏的那块松香保留着其柔滑物质，而经过蒸馏的那块松香被还原成真正的死脑袋[①]，无法留住沥青中的任何物质。出于这个假设，他认为琥珀对轻物体的吸引力超过其他物质，因为它比它们提供更多的柔滑、黏性的挥发物。"其实这样的实验是残缺的，准确地说，它缺乏实证部分。实际上应该研究松香焦臭部分冷却后的生成物，来认定其中浓缩着黏性、柔滑、韧性的电物质。这是人们没有做的事，其原因就不必说了！人们毁掉性质，光用缺乏表来证明性质的存在。那

① ［译注］原文为拉丁语 Caput mortuum，是炼金术的术语，象征挥发性物质蒸馏之后的残余物。

是因为实体论的信念太强大，轻易地就能得到满足。这也很清楚地表明，实体论信念不能使实验多样化。它一旦发现内在性质在表现方面的差异，立刻就用*程度*变化来解释：琥珀的电性比其他物质更强，因为它更富有黏性物质，因为它的黏胶更浓。

下面是第二个格外明显的例子，人们可以清楚地看到物质的直接归因、感性实验的直接材料所造成的后果。在一本年代相对还比较近的书里面（共和十一年花月[①]），伽伐尼[②]侄子阿尔梯尼（Aldini）援引瓦萨利（Vassalli）的一封信说："罗西（Rossi）信誓旦旦地对我说，伽伐尼电流获得它所经过的活体和尸体的不同性质。"[③]换言之，电物质被它所经过的物质*浸染*。瓦萨利更为详细地接着说："我用同一个电池连续放电，获得了以下结果，穿过尿液，5 级电力，味道很涩，白色闪光；穿过牛奶，4 级电力，味道甘甜，微酸，红色闪光；穿过葡萄酒，1/2 级电力，味道微酸；穿过醋，2 级电力，辣味，红色闪光；穿过啤酒，1/2 级电力，辣味，苍白闪光……穿过氯化钠溶液，10 级电力；在这个实验以及随后的实验中，人们的舌头受不了那

① ［译注］等于公历 1803 年 4 月 20 日至 5 月 20 日。

② ［译注］伽伐尼（Luigi Galvani, 1737—1798）：意大利科学家、医师，研究比较解剖学和电能，做青蛙解剖实验时发现生物电，为电生理学研究开辟了道路，许多电术语源于他的名字。

③ 阿尔梯尼：《论电镀的理论和实验》（*Essai théorique et expérimental sur le galvanisme*），两卷本，1804 年，第二卷，第 206 页。

种感觉……”[①]人们很容易相信他的话，因为“氯化钠”溶液是良好的导体，携带的电力强度肯定超过前几种导电性稍差的液体。不过我们把最后的这个正确结论暂且放在一边，让我们设法看看人们究竟是通过怎样的途径给电流找到滋味的。那只能是听从实体论暗示的结果。电流被看作一种真正的物质精神、一种挥发物、一种气体。如果这种细腻的物质穿过盛着尿液、牛奶，或醋的试管，它势必直接染上这些物质的味道；在舌尖上凑近两个电极，人们就能尝到这种穿越各种材料时被改变的物质电流；所以，它的味道可能像尿一样涩，像牛奶一般甘甜，或像醋那样酸。

假如诉诸触觉，人们的语气在同样的实验条件下就不会那么肯定，因为触觉没有味觉那么敏锐。如同寓言中的猴子那样，人们不明白为什么辨别得不太清楚，但还是要辨别：“在所有这些实验中，人们手指的感觉很不一样……液体通过硫酸，给人辛辣的感觉；穿过氯化铵的液体……是油腻的感觉；穿过奶液，它似乎获得了柔顺。”[②]于是，既然牛奶口感甘美、手感柔滑，电流通过时，它就把这种甘甜、这种柔滑融入电流现象之中。我们觉得，天真的直觉赋予电流的错误性质充分印证了实体论障碍的

① 阿尔梯尼：《论电镀的理论和实验》，第 210 页。

② 同上书，第 211 页。

影响。

在这个具体问题上，若想看清这种科学感觉论倾向的缺陷，只消与抽象和数学的倾向做个比较就够了。欧姆[①]在数年后用来表明不同导体的抽象概念是*电阻*概念。这个概念使科学摆脱了对任何*直接*感性性质的参照。也许有人不同意：阻力这个概念难道不是太形象化了？但是结合电力强度和电动势等概念，电阻这个概念逐渐失去词源意义，成为一种隐喻。这个概念从此成为一个*复杂*法则的元素，说到底是非常抽象的法则，纯数学的法则，它组成某种*概念节点*。这时候，人们可以想象尿、醋、奶具有特殊作用，可是这些作用只能借助一个真正抽象的概念被记录下来，也就是说它们在具体认识中没有意义，不直接参照原初经验。*电阻*是被精确定义所净化的阻力；它已被纳入一个数学理论中，数学理论限制它过度扩张。经验主义此时在某种程度上得以*摆脱*；它不需要同时表达试验物质的全部感性特征。

我们觉得刚刚用了半页纸的篇幅，描述了以阿尔梯尼为代表的前科学精神和数年之后欧姆所代表的科学精神的相当明显的对立。我们通过一个具体的事例阐述了本书的一个重要观点：与原初的和直觉的认识相比，抽象的和科

① ［译注］欧姆（Georg Simon Ohm, 1789—1854）：德国物理学家，发现欧姆定律。

学的认识占据绝对优势。

阿尔梯尼对于伽伐尼电流的实体论直觉不是一种例外。那是18世纪的正常思维。人们觉得它展开得不充分，不过因其简短而在许多著作中显得更有指导意义。譬如，电火花是一种实体论火花。但应该强调指出，人们自然而然地相信它属于它所来自的物质。实体论的根源是很难去除的。勒·莫尼埃[①]在《百科全书》中写道（“电火花”条目）：物体摩擦产生的火花“或强或弱，根据摩擦物的性质而变化；钻石、宝石、玻璃等的火花比琥珀、硫黄、火漆、油脂物质，或者丝绸的火花更白、更亮、更光彩”。我们强调“等”这个不起眼的词，因为它本身就值得作长篇评论。单这个词就是一类思想的标志。假如我们面对正确的经验主义，它忠实地积累记录真正做过的实验，那就必须把列举说完。但是作者被原初的明显事实迷惑：这些一眼看去就晶莹剔透的物体，熠熠生辉，通电之后发出的电火花难道不比暗淡的、不透明的物体发出的电火花更闪亮、更白炽吗？因此，不必继续实验了！甚至用不着仔细观察实验，用不着重新调整实验的全部参数！不必列举完毕，读者自己会把“等”补全。人们实际上以为抓住了观察现象的实体论根子，觉得没有必要变化实验条件，觉得那些条件多

① ［译注］勒·莫尼埃（Louis-Guillaume Le Monnier, 1717—1799）：法国植物学家，路易十六的首席御医。

少有些偶然性，有些肤浅。实体论的答案再次干涸了科学的问题。

实体论的根源决定了一切，尤其当它的生命力量得到充实的时候。皮瓦蒂（Pivatti）在给佐诺蒂（Zanoti）的一封信中称，他从带电的植物中得到的火花“根据植物的不同晶质呈不同色彩，它的颜色几乎总是接近植物花朵的颜色”①。同样的着色原则包含在某种特殊植物的植物冲动之中。就像花朵是生命冲动的飞溅物那样，人们从植物中得到的浅蓝色火花像一朵电花朵，在我们眼前展示它所表现的生命的全部内在张力。

## 4

按照我们的一贯方法，我们现在来考察一个事例，在这个例子中，实体论障碍被克服，因此思维得到了纠正，我们来看看这种初次纠正的不足。

在 18 世纪，人们以为察觉到“把具有医疗特性的物质涂在用作电学实验的玻璃内表面上，这些物质最灵敏的部分会随电物质穿过玻璃一起进入身体，以产生最有益的效

① 佚名:《医学电力文集，汇总各种学者发表的用电击治疗病人的主要文章》（*Recueil sur l'électricité médicale, dans lequel on a rassemblé les principales pièces publiées par divers savants sur les moyens de guérir en électrisant les malades*），两卷本，巴黎，第二版，1761 年，第一卷，第 14 页。

果”。约瑟夫·韦拉笛（Joseph Veratti）介绍了皮瓦蒂和佐诺蒂在这方面的理论[①]，并做了精确的实验。他把黑牵牛花放在男佣手心上面通电，给他催泄。然后再拿一位女士做实验，由于效果不如前一次迅速和明显，他就琢磨黑牵牛花的疗效是否被上次通电减弱了。于是他建议每次更换因接触电流而变质的黑牵牛花。据韦拉笛说，同样的间接催泄用芦荟、藤黄也做成了。韦拉笛认为这些实验证实了霍夫曼（Hoffmann）的一个观点，他将催泄功能归功于“最细微的、最易扩散的粒子，因为对于前科学的精神来说，细腻几乎总是力量的标记。皮瓦蒂倡导自己做的实验，称之为‘绝对的软’疗法”[②]。“假如可以把厌恶和苦涩留在玻璃管里，只用指尖接触就能获得所有药效，难道不方便吗？”这种心愿相当清楚地表明了增值的需要。当然，这种如此软的疗法并不限于催泄。充满智慧的想象，把它扩展到治疗所有疾病上，皮瓦蒂拥有一整套“利尿、治瘾病、防中风、发汗、滋补、香脂”玻璃管。[③]为了目睹这些神奇的发明，诺莱神甫远赴意大利。结果，当着这位法国物理学家的面，这些“参与性”的净化疗法没有一个奏效。

---

① 约瑟夫·韦拉笛（波伦亚大学、波伦亚科学院公职教授）:《关于电力的物理、医学观察》（*Observations physico médicales sur l'Electricité*），海牙，1750年，第12页。

② 佚名:《医学电力文集》，第一卷，第21页。（[译注] 即采用不伤害肌体、无不良副作用的天然药物或下段进行治疗。）

③ 佚名:《电的通史和个别史》，第三部分，第205页。

错误受到遏制，但是人们不要过早地欢呼胜利。尽管遭到诺莱神甫的批评，皮瓦蒂的理论仍然不乏信徒。实体论的魅力不会如此轻易地中止。德·芒詹神甫甚至延长了能用在电玻璃管中的药物名单。他推荐“这种技术”，用易挥发的蝰蛇精来治疗有毒动物的咬伤，用鹿角的精来治痉挛，用桔花精来治神经病等等。德·芒詹神甫的批评涉及医药保护以及电机器数量的问题，“因为每一种药都会主张有自己特有的玻璃管”。他还建议采用另一种技术：用药物浸泡一块布，然后敷在病变部位上，“给病变部位带去电作用，这种作用通过布料才进入身体，它*必定*携带着药方中最细腻、最精华的成分”。我们强调*必定*这个词，它意味着一种独立于这个实验的增值。可是为什么不直接把药吞下去呢？那是因为它在胃里面会改变性质，“而依靠电进入身体，那完全是温和而且便捷的下药方法，同时保持它们的全部活性，可以说是无感的下药方法”[①]。人们所设想的如此精神化的、如此具有渗透力的并由于电的功能而价值大增的物质，怎么会没有神赐的圣宠呢？尽管它们的实际疗效被否定了，可是它们的情感作用依然存在。想象力不顾实验提出的反驳，继续起着作用。一旦相信神奇之后，就不会舍弃它，人们会长期想方设法将神奇理性化，而不是去抑制它。

---

① 佚名：《电的通史和个别史》，第221页。

## 5

每种性质都呼唤自己的实体。18 世纪末，卡拉[①]还在寻找一种能够直接解释空气干燥的实体。他把使空气干燥的硫黄气与让空气湿润的水蒸气对立起来。由此可见，在前科学精神时代的物理学中，负数不容易处理。减号似乎比加号更带有人为的痕迹。

对于科学思维来说明显是间接的属性，立刻被前科学的精神实体化了。为了解释某些恶性高热，西顿汉姆（Sydenham）把它归于"某些非常炽热和含高度酒精的粒子发作"，总之，比作某种充满火的高烧原子。尚邦·德·蒙托（Chambon de Montaux）援引西顿汉姆的话之后说："我认为这些炽热的高酒精粒子聚集之后加强了作用，因为根据自然法则，任何有效成分都倾向于创造与其相似的实体：就这样，火创造了火，被恶性堕落腐蚀的液体会感染其余的液体。"[②] 这种希望有效成分产生实体的奇怪思想，很能说明问题。我们觉得它明确指出了那种直接

① 卡拉（Cara），国王图书馆：《光、热、火、电本质初论》（*Dissertation élémentaire sur la nature de la lumière, de la chaleur, du feu et de l'électricité*）伦敦，于巴黎，1787 年，第 23 页。

② 尚邦·德·蒙托（巴黎医学院、皇家医药学会、拉萨尔贝特里耶医院医生）：《简单的恶性高烧与复杂的恶性高烧》（*Traité de la fièvre maligne simple et des fièvres compliquées de malignité*），四卷本，巴黎，1787 年，第一卷，第 68 页。

实现的趋势，我们认为它是科学精神出现偏差的特征。也许有人会提醒我们说，这种特指恶性高热的理论为发明微生物学做了铺垫。但是我们认为对科学历史的这种“理性化”的解释，其实是不了解两种思维方法的根本区别。对于前科学精神而言，恶性伴随其全部现象学特征，被直接实体化了：物质与它的形式之间走了一条捷径，实体化关上了研究的大门。而微生物学则相反，它是通过分化法，可以说是通过分离隐蔽法则的各种形式而逐步发展的。微生物学通过一种漫长的技术，才找到能够完善特定诊断的特定微生物。现代微生物学具有话语的精确性，症状与原因精确的相关性，与我们设法界定的直觉实体论截然不同。

对性质进行实体化的需求是如此强烈，以致一些纯想象的性质也被视为实体。布尔哈夫因此毫不犹豫地把柔和作为第一性质赋予水：“水是那么柔和……涂在身体最敏感的部位……也不会引起丝毫的痛感……如果把水滴在眼睛的角膜上，那是我们身体上最善于通过由此导致的痛感或者其他不适感来区别刺激的部位……然而人们不会感到丝毫不适。水也不会在鼻膜上产生任何不舒服的感觉或者任何别的味道，而鼻膜上布满了几乎裸露的神经。”“最后，人们还有一个证据证明水是柔和的，那就是浸入足够大量的水之中，任何具有刺激性的物体都会失去它们固有的、对人体如此有害的刺激性。”[①] 根据这种本质的性能，“人们把热水归入主要的止痛、镇痛药方”。此外，人们还看到，尽管柔和这个性质从一个隐喻进入另一个隐喻，但是在布尔哈夫看来，它仍然指称一种非常实体的性质。很显然，这种思维是无意义的，没有必要予以揭露了。

当然，众说纷纭的直接实体化游戏会导致属性的自相矛盾。波特（Pott）认为水的主要性质不是柔和，而是坚硬。而且佐证也来得飞快：“水的粒子必定非常坚硬，因为它能凿穿暴露在流水之下的石块和礁石。人们也知道，如果用手掌用力拍打水面会有疼的感觉。”[②] 如此可笑的属性不胜枚举。音质之类的外在性质也会被纳入物质之中。弗里德里希·梅耶（F. Meyer）认为固定的空气绝对是石灰的一个组成部分，他的理由是，石灰与硫黄融合冷却后，能发出清脆的声音，声音是火酸（*acidum pingue*）产生的：“任何来自火的固体也会发出声音。石灰、新鲜的木炭、骨碳、某些熔盐、金属、普通玻璃和金属玻璃、瓷器、玻璃容器、瓦片、浮石会发出声音。”[③]

---

① 布尔哈夫：《化学成分》，第二卷，第 586—587 页。

② 于勒-亨利·波特（Jules-Henri Pott）：《元素，或者论空气、水、火、土的性质、性能、作用和用途》（*Des éléments, ou Essai sur la nature, les propriétés, les effets et les utilités de l'air, de l'eau, du feu et de la terre*），两卷本，洛桑，1782 年，第二卷，第 11 页。

③ 弗里德里希·梅耶（Frederich Meyer）（奥斯纳布吕克药剂师）：《生石灰、弹性和电物质、火、硫酸的化学论文集，附元素论》（*Essais de Chymie sur la chaux vive, la matière élastique et électrique, le feu, et l'acide universel primitif, avec un supplément sur les Eléments*），译著，两卷本，巴黎，1766 年，第 199 页。

## 6

一旦精神接受了某种个别现象的实体特征，它就不再顾及隐喻的入侵，给往往是精确的特定实验加上一大堆五花八门的形象。于是卡拉这样来解释磁性："磁铁中渗出的黏液是这种矿石不断自我加压或者施加引力的结果；它是一种堵塞磁铁表面的水银，空气无法进入其中，只给这个基本液体留下从（另一个得天独厚的）方向撞击它的能力……从熔化后锻打的铁中流出乳白色黏液是一种确凿无疑的证明：从磁铁中渗出黏液并非凭空设想。"[①] 因此，各种实体的形象被相互当作象征。经铁匠锻打的炽热的铁变成一种被锤子击打出来的乳色黏液的实体。这种黏液暗示着一种看不见的磁性黏液。它们一个代表炽热，一个代表磁力，成功地逾越了可见与不可见之间的矛盾。实体论弥补了这个现象学的矛盾。物质在此经常被考虑用来使矛盾成为现实。

我们还有必要再次指出我们提到的这位作者在 18 世纪末频繁被人提及吗？尽管他遭到拉朗德（Lalande）的猛烈抨击。只要读一下第四卷末的"告读者"，就能看到卡拉善于运用论战之笔。他在与拉朗德的关系中显示出非常细腻

---

① 卡拉：《物理新原则》，第二卷，第 38 页。

的心理学家的素质，这证明科学成熟与心理成熟不是并驾齐驱的。

## 7

实体论诱惑力最明显的征兆之一，便是在同一个名词上堆砌形容词。性质与实体的联系纽带非常直接，可以平行罗列而不必太关心它们之间的相互联系。那是一种泰然自若的经验主义，根本不会引发实验。它增加同义词，廉价地精细起来。我们在谈到电液体的黏性、柔滑、韧性这些性质时，已经见过一个例子。这是一种普遍趋势，而且在远离科学思想的领域——譬如心理学和文学领域——也能找到其踪迹：一个概念越不清晰，就越能找到表达它的词语。说到底，科学思想的进步就是减少适用于一种物质的形容词的数量，而不是增加其数量。人们分门别类而不是平行并列去科学地考察属性。

当然，这种唠唠叨叨的经验主义在诸如医学这类落后的学科中最抢眼。药品在18世纪被不折不扣地冠以各种形容词。下面便是其中几例："金色的硫黄是通月经的、治肝病的、治肠系膜的、镇咳的、退热的、治头痛的、发汗的和治失读症的。"[1] 刺柏子烧酒是"发汗的、活血的、治

① 《百科全书》，"锤"条目。

癔病的、健胃的、驱风寒的、开胃的、镇咳的”[1]。“简单的药”极为复杂。根据《百科全书》记载，光是本奈蓟草的根就具有催吐、催泄、利尿、发汗、祛痰、通月经、滋补、强心、健胃、治肝病、防中风、治癫痫、治胸膜炎、祛热、驱虫、止血、刺激性欲等 17 种药效。球果紫堇有 7 种药效，甜巴旦杏仁油有 9 种药效，柠檬有 8 种药效，药水苏有 7 种药效，樟脑有 8 种药效等等。

尽管同一种物质身上都绑着五花八门的属性，反之亦然，但是也不应该对多种物质共同产生一种特定的药感到惊讶。18 世纪的药剂师还在使用极为复杂的配伍。一种名叫 diabotanum 的药膏使用大量草药。假如人们还记得这些草药的每一种都有多种特征，由此可见这帖药膏完成了何等的实体总和。使徒软膏当然用 12 味药制成。治坏血病的马鲁温膏剂包含 22 种敷料。卢梭神甫的镇静膏含 19 种药。著名的万能盐出自赛涅特（Seignette）修士之手，内含 3 种盐，主张“多开药的纯理派”觉得过于简单。含阿片复方软糖剂也恪守一种折中实体论，后者能用来象征一种十分特殊的思维方式。在一服包含 150 种物质的含阿片复方软糖剂中，人们不管它们的比例，相信只要原料到位就有

---

① 蓬斯莱神甫：《味觉与嗅觉的化学，或者轻松利廉价炮制甜酒和香水的原则》（*Chimie du Goût et de l'Odorat ou Principes pour composer facilement et à peu de frais les liqueurs à boire et les eaux de senteurs*），巴黎，1755 年，第 115 页。

效果。含阿片复方软糖剂集各种原料之大成，炮制者从来就不那么乐于将其示人。“根据拉罗谢尔城的章程，与炮制掺杂无数药物的重要糖剂一样，含阿片的复方软糖剂必须由所有的师傅炮制，得到的产品由他们分享。”[①] 这种集实体总和之大成的构成，让我们觉得很好奇。它很好地揭示了软糖剂制药者的理想，它与精神分析法研究的小利润情结近似。这种理想比人们想象的要持久。拉斯帕伊[②] 在 1843 年还写道：“断绝它们的干草——这种由无数种不同软膏制成的复方剂——的时候，病倒了多少牲畜啊！”[③] 最复杂的混合在无意识那儿总是被增值的。“无食不补”这条短语只不过是从饮食角度，表达了对综合多种药剂预防疾病的珍视。

前科学精神赋予药材诸多的属性，为了准确地说明这个神话——无论这团药物以自然药草还是以人造的复方软糖剂面目出现——我们反过来看看，工业批量生产的现代药品是如何在统一和精确的理想中呈现的？我们把安替比林[④] 和古老的镇静药作一番比较。

为了好好比较，我们必须撇开商业宣传的印刷品。确

---

① 莫里斯·索南（Maurice Soenen）：《1803 年前拉罗谢尔城的化学》（*La Pharmacie à La Rochelle avant 1803*），拉罗谢尔，1910 年，第 67 页。

② ［译注］拉斯帕伊（François-Vincent Raspail, 1794—1878）：法国生物学家、化学家、政治家。

③ 拉斯帕伊：《健康与疾病自然史》（*Histoire naturelle de la Santé et de la Maladie*），二卷本，巴黎，1843 年，第一卷，第 240 页。

④ ［译注］一种退热镇痛药。

切地说，这些印刷品的基础是它确信能在公众中间找到对前科学性质的认同。经商者将毫不犹豫地把药片巧妙用于各种疾病的治疗中。而且人们对此言听计从。假如人们知道化学定义很清楚的现代药品所有极为复杂的个别用途，他们会大吃一惊。因此，假如我们理所当然地撇开一种科学产品的反科学用途，假如我们参照科学的、诚实的用途，我们就会明白，人们试图在需要缓解的病理实体药剂的化学实体之间建立精确的对应关系。现代医药学追求物质的一种性质，一种唯一的性质。单一功能的药、只带唯一形容词的名词，这就是理想。也就是说，通过物质手段，人们希望实现一种十分确定的属性。现代的药物学生产一种质量而不是一种物质，是一个形容词而不是名词。从推理角度来说，它是现实的，因为它在一个与传统唯理论截然相反的运动中实现，而人们曾经认为能够通过传统唯理论从哲学上说明现代科学的特性。

假如人们愿意考察某些特定的疫苗或者血清——它们经过仔细编号，有一串串明确固定的字母标志——这种质量的精确、这种绝对区分质量的状态就显示得一清二楚。人们此时就会明白，科学产品是一项科学技术得到明确定义的一个特殊时刻。人们不依赖某种多少有些隐秘、成熟的实体性活动来确定它。人们需要演变过程中精心选择的某一时刻，正是把这一时刻在物质中固定、凝固下来。从这种实现的角度看，人们可以说物质只是抽象的理论概念的具体化产物。没有这些理论概念，人们就无法创造物质，因为在某个确定的状态中永久地建立一种性能，的确是创造一种物质。我们下面还会谈到现代科学的实现问题，可是我们觉得，在这一点上对科学学说和前科学学说进行比较，能更好地揭示前科学实体论的模糊状态，以及需要进行什么样的思想革命才能克服实体论障碍。

这个哲学问题乍看起来现实意义不大，其实不然，因为每个有文化修养的头脑中都存在许多有待作精神分析的实体论痕迹。下面这句话取自当代的一本化学著作，我用它做测验，目的是确认学生们难以放弃辞源、难以摆脱“词根”这个词的影响，“词根”在一组词中似乎始终代表一种受偏爱的现实。作者马蒂纳（Martinet）先生的话很简单：“薄荷醇（menthol）、薄荷酮（menthone）、醋酸甲酯（acétate de menthyle）有薄荷味（menthe）。”有文化素养的读者读到这句话的时候，常常应道：“那当然啦。”他从这个三重肯定中看到三个同义叠用。他觉得三个词尾“-ol，-one，-yle”在这儿指明某些辅助功能，它们当然保留着词根所代表的基本性质。不懂有机化学的读者不会意识到，同一化学物质的衍生物可以有非常不同的特性，有些嫁接在同一个核上的功能没有相同的感官特征，比如说气味。当然，顺便提一下，就这个例子而言，一个非科学的思想不是从——应该经常这样做——人造自然的角度考虑问题。从人工化学，即科学化学的角度看，应该说薄荷有薄荷醇味，而不是反过来薄荷醇有薄荷味。还应该说“从具体中闻到抽象的味道”来醒目地突出我们的假设，即抽象占据优势。实际上，人们可以在研究纯薄荷醇的基础上找到形成气味的嗅觉组合；通过研究这种组合的分子结构，人们可以从一个抽象模式出发，理解一种感性性质的几何结构，或者——更确切地说——理解经过数学定义的气味的物质实现。

## 8

这种知识实体论是倒置的实体论，作为反驳，我们可以强调某些粗浅感觉在实体论信念中所起的突出作用。尤其是滋味和气味，由于它们的直接性和内在性，似乎给我们带来了物质实体的可靠信息。鼻子的现实性比目光的现实性强烈许多。目光看到的是烟气和遐想的东西！鼻子闻到的和嘴里尝到的是肉香味和肉！实体功效概念同味道紧密相连。马凯不容置疑地予以肯定：“植物的一大部分性质由这种气味原则构成，我们每天目睹它们产生最为独特、最为神奇的功效，这些功效应该归功于这条原则。”[①] 这也许是可能的，不过得小心，不能让这些药品挥发了。对于某

---

① 马凯（Macquer）（皇家科学院院士）：《实用化学成分》（*Eléments de Chymie pratique*），三卷本，巴黎，1751 年，第二卷，第 54 页。

些挥发性产品也许应该格外小心，人们把这种谨慎变成一条基本原则。人们认为物质的*效能*会散发、消失，如同花卉的芳香一样，保持气味，就是保住了功效。我们看到气味的实体论是多么简单地展示出来了。

这时候，气味就是一种增值的性质。一种物质在某种程度上以特定的气味为标志，这将有助于人们相信这种物质的功效。因此沙拉斯（Charas）反对那些想除去蝰蛇盐异味的人们。那些过分讲究的人士不知道“不能完全除掉那种气味，那会夺走它的功效”[①]。用石灰来固定挥发性的盐，也无异于使之丧失功效，丧失其“精神功效”，因为石灰使其“僵化”。当然，沙拉斯拿不出任何证据支持自己的主张，逻辑上的马虎总是*先验性*增值的标志。所以说，他直截了当地将气味实体化了。在他看来，第一感觉不应该与它所代表的物质分割开来，哪怕是片刻之间。

气味的影射力量以及它们不容分说扑面而来的事实，不管人们愿意与否，都使之带上了生动现实的标志。事实上，味道往往被用来当作*个体化存在*的证据。布尔哈夫始终没有彻底摆脱这种看法：每种存在都有个体性的原则，即一门细腻的化学可望分离出来的*具体*原则。“最后，唯有化学告诉我们，在每只动物身上、每种植物内部存在某种

① 沙拉斯：《关于蝰蛇的新实验》（*Nouvelles expériences sur la vipère*），巴黎，1669年，第168页。

该物体独有的气息，它非常微妙，只通过其气味，或者其滋味，或者它们特有的一些效果反映出来。这种气息浸透着构成该物体的成分，浸透着使之区别于其他任何物体的成分。神奇的微妙在于即使借助显微镜也见不到它，它高度的挥发性使它无法被触及；一旦纯净而且脱离了其他东西，它的活动性太强，静不下来，它就发散，与空气混合，进入所有挥发体共有的混沌之中。然而它在其中保持自己固有的性质，它在那儿飞舞，直到随着雪花、冰雹、雨水或者露水坠落；然后重新回到大地的怀抱，它用自己的富有生命力的种子给大地授精，它和雨水融合，重新成为某个动物或者某些植物的精华……”[①]这段文字很清楚地说明了强烈的气味现实性。对布尔哈夫来说，气味最独立的现实，不受我们的任何摆布。春夜玫瑰花散发的芬芳，随着清晨的露水重返玫瑰园。它是一种轮回转生，但决不会被摧毁，也决不会被改头换面地实现。当然，我们不能创造它。“在我们所知道的事物中，无一比这些芬芳的精华更难模仿，它们是每种植物所特有的，我们称之为*主导精神*：它们之所以到处引人注目，是因为它们自行在空气中弥漫……由此会产生多少令人惊讶的效果！这种美妙的宇宙灵魂转生说理应引发多少惊人的事情！”[②]是否有必要顺便

---

① 布尔哈夫：《化学成分》，第一卷，第 87 页。

② 同上书，第 494 页。

提一句，现代技术已经能在抽象的基础上增加气味的数量，实验室的气味比花园更为丰富吗？但是就我们的话题来说，关键在于指出，某个个别的气味得到强烈的增值，布尔哈夫热情洋溢的口吻已经让人感觉到这种增值了。

小物质引导大物质，这种想法也引人注目，显示出一种轻率的增值。油的主导精神是“灵活”。“它是火之子。它天生在油中、被油挽留、似乎与油结合，它给油带去一种独特的、相当有效而且在别处看不到的性质；可是它一旦被完全从油里面赶出去，就会使油几乎失去力量，以至于难以对油进行区别。”[①] 这就清楚地证明了物质精神的个性化作用以及随之产生的实际作用。反过来，人们认识到，失去主导精神的油被视为一种变质的、无功效的物质，总而言之是一种贬值的物质。

如果人们考虑主导精神这种系数化物质，人们就不会对前科学精神如此重视蒸馏感到惊讶。数百年间，这种操作向研究者的无意识提供了实现轮回转世梦想的真正的技术形象。在很长时期内，人们相信蒸馏能保存物质的特殊性质和根本性质。精髓的实在性自然不会引起任何质疑。蒸馏器经常被视为一种近乎自然的仪器，其实我们清楚地知道它人为的运作原理。甚至在 18 世纪中叶，有的作者依然写道：“大脑在我们的头颅中，装在我们身体的躯干上，

① 布尔哈夫：《化学成分》，第 767 页。

犹如蒸馏釜上的柱头，它不会以蒸馏的形式同等地接受这些精神，适应大脑的神经在此不会起着蒸馏罩喷嘴的作用。”[①] 其他作者在 18 世纪末从蒸馏的角度建立各种宇宙起源说，把宇宙解释成一个巨大的蒸馏器。此外，人们还知道蒸馏器在科学院的实验中起过重要作用，蒸馏过整篮的癞蛤蟆、大象肉以及各种各样的材料。我们不会着重强调这一点，因为人们早就揭露过前科学蒸馏的虚无性质。可是蒸馏器却值得深入研究一下。伴随这种仪器的使用而产生的大量迷梦会令人惊讶。人们就会理解缓慢蒸馏出来的产品所具备的强大增值能力。在这一点上，把分级蒸馏技术与蒸馏师的古老操作进行对比并不困难。人们将看到蒸馏器的普通用法与高级用法之间存在着断裂而不是延续。

## 9

滋味同气味一样，可以给实体论以最初的保障，这些保障随后成了化学实验的真正障碍。譬如，尽管酸碱功能在化学的最终演变中成为对总体分类非常有用的逻辑原则，但不能忘记，酸碱的化学性质首先被看成是味觉的直接属性。因此，当这些通过前科学精神而与物质深深挂钩

---

① 佚名:《关于整个自然的物理新论，或者关于全部身体的思考、冥思，医学从中获得最大益处以治疗人体》，1742 年，第二卷，第 152 页。

的内在属性——比如甜味和酸味——被掩盖之后，人们就像面对变体[1]那样深感惊讶。许多伪问题就是出自神秘的味觉印象。1667年《皇家科学院历史》刊登了《从辛辣物质中提取淡盐的实验》，让我们援引该文的概述："著名的玻意耳在他的著作《各种形式的起源》(*De formarum origine*)中给所有化学家出了一个谜，即找到一种被他称为非常规的(Anomal)盐，这种盐因其不规则的性质而当之无愧。它的味道平和，尽管它的成分或者比盐卤更咸更辣，或者比酸醋更酸。"[2]杜克洛致力于解决玻意耳提出的谜："他推测这种奇怪的盐就是施罗德(Schroëder)提到的那种盐，它由普通盐的淡晶体构成，经过蜜蜂酸炮制而成。"如此神奇地调和相反的感官性能之后，这种非常规盐自然能够治愈多种疾病，还能彻底溶解黄金了：那是实体论价值的双重标志，它常常给渴望财富的灵魂、给始终期盼研究某种实际的人带去物质存在的基本证据。一种物质有价值，那就是财富。这种功效能够而且必须表明自己的权威。在这一点上，没有什么东西比矛盾更有价值。玻意耳的盐甚至不缺少作者援引《圣经》时隐约看到的这种历史价值："玻意耳先生提出的这个谜与参孙[3]

① [译注]圣餐中面包和葡萄酒变为耶稣的身体和血。

② 《皇家科学院历史》，第23页。

③ [译注]参孙(Samson)：古犹太人领袖之一，以身强力壮著称。

让非利士人[1]猜的谜语——温柔出自力量（*de forti egressa est dulcedo*）——有些关系。”为了避免冗言，我们顺便指出，增值化思想如此积重难返，似乎允许我们在下一章讨论中对实体论作必要的精神分析。

我们现在只要记住，各种矛盾感觉的聚合经常取代现实。根据这个极其简单的、非常物质的例子，人们也许能够理解并评判那些希望现实在根本上是非理性的哲学论点。人们甚至可以反过来理解这些哲学：只要积累非理性的东西，就能炮制出现实的幻觉。现代小说家不就是这么做的吗？一旦表现得不合逻辑、前后矛盾、行为混杂，一旦把细节与法则、事件与计划、新颖与个性、温和与辛辣混淆起来，他不就被视为创造者了吗？但这儿不是审判这种伪心理客观性的地方。我们提到这一点只是为了说明，现代小说家常常只是个粗糙的化学家，文学心理学还停留在前科学的化学阶段。

## 10

可以这么说，一种宝贵的物质必须成为深入寻觅的对象。它隐藏在种种包裹之下。它被粗糙的物质和矸石所淹

---

① ［译注］非利士人（Philistines）：起源于爱琴海的一个民族。公元前 12 世纪在以色列到达前不久定居巴勒斯坦南部海岸地带。公元前 1050 年占领以色列的部分山区，最后被以色列打败（公元前 10 世纪）。

没。人们通过反复蒸馏、长期浸泡、长时间“消化”之后才得到它。经过如此的提炼、浓缩、净化之后，它成为精华，是一种精髓。饮食或者治疗法则包含在小的体积中，这就是通常的理想，很容易诱惑实体论思维。这种实体浓缩的神话不经讨论就被人接受了。朗东（L.Randoin）女士和西莫奈（H.Simonnet）先生在那本关于维他命的著作中强调了这一点，把它称作“人类精神自有文明以来的倾向，即设法做到浓缩所谓的营养原则，摆脱一切似乎没有用处的，甚至会——人们这么想——扰乱消化行为的东西”①。我们随后将找到对这种消化力意志进行精神分析的机会。在这儿简单地提一句，也许是有意思的：人们当时也能将片剂食品作为人类的理想提出来。这就相当清楚地显示了片剂的增值。

从这个角度看，盐与一种类型的浓缩联系在一起。通过多余物的挥发，在盐的溶液中很快出现了根本的、宝贵的物质。这种神话当然被内在化直觉推到了它的极端。就像尼古拉·德·洛克所说的那样，“盐始终是内在的内在”②。换句话说，盐是精华的精华、物质的物质。由此我们获得了不容争议的实体价值的理由。有时候，戒盐就等于不进食。奥尔登博格（Hermann Oldenberg）认为，“不

① 朗东和西莫奈：《维他命》，巴黎：Armand-Colin 出版社，1932 年，第 7 页。

② 尼古拉·德·洛克：《涉及混合物体系统的自然哲学初步》，第 156 页。

管出于何种动机，禁盐的迷信几乎到处可见”[①]，他举了古代吠陀戒盐的几个例子。

盐的功效是如此巨大，以至于被人们纳入生命的源头。尼古拉·德·洛克在另一本小册子中毫不犹豫地写道：“如同大地是宇宙的磁铁，吸引天体的全部影响……同样，盐是处在一切物体中的圣洁之地，它是吸引一切能维持个体生命的磁铁。”[②] 这种圣洁的物质隐藏在每个事物的中心，给我们提供了一个明显的例子：先验地受到偏袒的材料对忠实的经验论思想形成障碍。

盐变成受到青睐的物质，其中一个原因，也许在于用少量的盐就可产生巨大功效。工匠人有时是个腌肉商。他从腌肉缸里得到直觉。他像腌肉那样思维。一位年代不太久远的作者——布莱兹·维热内尔[③]——在1622年这样写道：“所有的体液、血、黏液、尿和其他东西都是咸的，不然的话，什么都会随时变质。”[④] 贝尔纳·帕利西[⑤] 作了同样

---

① 奥尔登博格：《吠陀的宗教》（*La Religion du Véda*），译著，巴黎，1903年，第352页。

② 尼古拉·德·洛克：《血的磁功能：论治疗疾病中血的内部和外部用途》（*Les Vertus magnétiques du sang. De son usage interne et externe pour la guérison des maladies*），巴黎，1664年，第20页。

③ ［译注］布莱兹·维热内尔（Blaise Vigenère, 1523—1596）：法国炼金术士、作家、史学家、外交家。

④ 布莱兹·维热内尔：《论火与盐》，巴黎，1622年，第25页。

⑤ ［译注］贝尔纳·帕利西（Bernard Palissy, 1510—1590）：法国陶瓷艺术大师、化学家、地质学家。

的分析，不过形式更加普遍，当然，总是没有证据："假如把大梁、搁栅、檩条中的盐提取出来，房屋将轰然倒塌，化为齑粉。铁、钢、金、银以及所有的金属都是如此。"[①] 一旦将某种秘密的功效赋予某个物质，增值推理肯定就不受限制了。将所有这些事例用无意识的演变关系串联起来，人们可以看到如何从盐腌保存肉膘，推断到通过类似的合适制品来保存黄金。

能保存就能生产。维热内尔认为盐并非"不育"，反而能导致"生育"。[②] 请看"证据"：它激发性欲，"维纳斯据说在海中诞生"，因此人们"给动物吃盐，从而进一步刺激它们……人们凭经验还发现，黑鼠和小灰鼠在运盐船上繁殖得比在别的船上多"。盐还防止大地僵化和便秘，"这种便秘会妨碍青草萌发"[③]。积累了如此荒唐的观点之后，维热内尔最后还大胆地推导出至高无上的忠告："对于圣洁的事物而言，盐更应该受贬责，必须禁止任何淫荡。"我们毫不迟疑地抄录这一派胡言，因为它表明了这些最杂乱的价值之间的逐渐转变以及进入主导价值的需要，其实后者与经验价值毫不相干。

当然，基本盐是一切物质的基础，海盐只是它的一种外在的形式。假如有人想研究这些根本性增值所带来

---

① 贝尔纳·帕利西：《论不同的盐》，第 203 页。

② 布莱兹·维热内尔：《论火与盐》，第 265 页。

③ 《论不同的盐》，第 266 页。

的信念，读一下涉及炼金术的书就行了。“一切来自盐和太阳”（*Cum sale et sole omnia*）这句格言，反复出现在绝大部分著作中。尼古拉·德·洛克在 1665 年仍然写道：“谁工作不用盐，谁就是在射无弦之箭或者是在拉无弩之弓。”

盐也作为非常活跃的物质多次出现在转生理论中，这种理论在 18 世纪风靡一时，令人诧异。人们认为动植物的灰烬能够再生它们原先的物体。譬如，德·瓦勒蒙（de Vallemont）神甫连篇累牍地证明这些基本盐的作用：“从植物中提取的盐包含那些植物的思想、形象和幽灵。”再有，“每个混芽的种子功能都浓缩在它的盐里面”[1]。

> 这个秘密告诉我们，尽管躯体死亡，
> 而形状使灰烬成为它们的住所。

瓦勒蒙神甫由此得出结论说：“人们常常看到亡者的阴影在墓地出现，这些阴影是自然的，因为它们是葬在此地的尸体的形状；或者说是它们的外形，而不是灵魂……在发生战争的地方，它们肯定出现得更加频繁。这些阴影只是死尸的形状，受到暑气或者微风刺激，在空气中升

① 德·瓦勒蒙神甫：《农业植物生长的自然和技艺奇观，使它们得到改善的园艺》（*Curiosités de la Nature et de l'Art sur la végétation ou l'Agriculture et le Jardinage dans leur perfection*），巴黎，1709 年，第 279，284 页。

腾。”[①] 因此，通过德・瓦勒蒙神甫的实体论直觉，奥斯特利茨[②] 战场上雏鹰的幻觉就合乎情理了。

最后，既然任何价值都能被否定——这是增值思想的特征之一，人们就可以找到一些从贬义的角度评判盐和灰烬的性能的文献。譬如，在皮埃尔・法布尔（Pierre Fabre）看来，唯一与盐匹配的名称是“世界的油脂和元素的厚度”[③]。那就是粪便。从某种意义上说，盐实现了不纯洁性。

## 11

任何长时间的节奏性工作都要求完成一系列单调的操作，势必把工匠人引入梦幻。于是，他把自己的梦幻和心曲掺入炮制的物质之中；他为长时间加工的物质设置系数。局部的努力、基本的动作不再勾勒物体的几何界限；那是动作在时间轴上的汇合，节奏成为明确和欢乐的认识。药剂师在捣臼中欢乐地转动臼槌，他的动作已经告诉我们，他真的是多么看重他制作的药丸。科学思想必须摒弃这种

---

① 德・瓦勒蒙神甫：《农业植物生长的自然和技艺奇观，使它们得到改善的园艺》，第 294 页。

② ［译注］奥斯特利茨（Austerlitz）：今捷克共和国布尔诺附近的斯拉夫科夫。1805 年拿破仑在此击溃奥、俄联军，瓦解了第三次反法同盟，确立了拿破仑在欧洲的军事统治地位。

③ 皮埃尔–让・法布尔（Pierre-Jean Fabre）（蒙彼利埃大学医学院博士）：《化学秘密概论》（*L'Abrégé des secrets chymiques*），巴黎，1636 年，第 83 页。

巨大的梦幻包袱，摒弃因长时间加工而导致的物质增值。如果人们想对科学认识作精神分析，那就必须贬低耐心加工出来的产品的价值。关于这个主题，人们可以通过一个很简单的例子，来相当清楚地说明科学精神与前科学精神的区别。

对我们来说，研磨是一种机械手段，我们立刻就能理解它的性质。18 世纪却不然，在此之前的几个世纪更是如此。那时候，研磨是一个形态多样的操作，几乎类似于深奥的化学操作。据《百科全书》记载，布尔哈夫认为“研磨具有分解某些物体的神奇力量，使它们变得像被火熔化般柔顺”。朗杰罗特（Langelotte）博士甚至能把黄金研磨得“跟用火加工一样的柔顺，单靠转动风磨就制成可供饮用的黄金”。正如莱昂·布伦瑞克（Léon Brunschvicg）敏锐地指出的那样，朗杰罗特因此发现了胶态黄金，这并不重要。他是为我们而不是给他自己发现的，莱昂·布伦瑞克不允许自己——我们也一贯如此——抱有在科学史家那里司空见惯的乐观情绪，他们常把新价值贴在过去的发明之上：“只要人们不知道自己在做那件事，即使那件事做成了，也不能说人们认识它了。”[①] 增值体系在此不同于我们的评判角度。它取决于一种研磨的狂热。而在我

---

① 莱昂·布伦瑞克：《论认识自我》（*La Connaissance de soi*），巴黎，1931 年，第 68 页。

们看来，研磨只不过在为更重要的操作做辅助准备，而在 18 世纪，它被视为一种在各种截然不同的领域提供充分解释的操作。人们如果关注一下有关胃消化的论战就能看到这一点。长期论战使人们分裂成发酵派和研磨派。皮凯（Pitcairn）博士提出的研磨理论延续了多年。像布尔哈夫这样的名医也毫不犹豫地写道："在赛跑者的身体中……鱼和鲜肉……很容易腐烂，因为它们受到的摩擦力太大。"[①]这位为《百科全书》撰稿的作者指出，希伯来人从事研磨，《圣经》中有一节诗予以记载。圣·保罗（Saint Paul）把它当作一则比喻。传统以它的分量给实体论实验带去一种额外的价值，而这种价值在真正的科学精神的形成中是行不通的。

人们能把只需花时间的操作——比如文火慢煮，与一个只需耐心的操作——比如研磨挂起钩来。汤羹在 18 世纪的营养学中频繁使用，它们的种类繁多、特色各异，之所以深受喜欢，也许应该部分地归功于这个观念，即长时间烹饪是浓缩物质精华的必要条件。

但是，时间最大的增值功效尤其体现在某些有着时间结构的实验中。由此出现了经过 7 次重复操作获得产品价值的说法，很能说明实体论增值的神秘主义特征。布尔哈夫还说过："必须将铜矿石熔化十多次，使之在锤击下容易

---

① 布尔哈夫：《化学成分》，第一卷，第 101 页。

延展。”[1] 但是这个精确的观察没有描写逐步精炼的过程。在现代化学中，当操作时间长、步骤多的时候，人们会具体地说明理由。人们尾随冶炼就像关注推理步骤那样。当代的冶炼就是一种推理：用抽象的命题来解释工业的操作步骤。诸如分馏这种比较单调的操作完全算数化了：几乎就像几何推进似的运作。所以说，现代的科学精神不采纳神秘的重复。

为此，无论从哪方面来看，*再蒸馏*这种操作如今势必让人觉得不可理解。人们知道它葫芦里卖的什么药：好不容易通过蒸馏把挥发物质与固体物质分开，然后重新混合，再次进行蒸馏，或者按照相当增值的语言说“给沉渣添精神”。耐心和一再周而复始成为最终产品价值的保证。马凯将*再蒸馏*提到“往日的化学师们怀着如今已被忽略的极大耐心和热忱从事的活动”的高度。所以说，虽然再蒸馏业已过时，但这并不足以使它在马凯的眼里失去价值。

## 12

物质轻而易举地得到了如此强烈的吸引力，当人们打量它而忽视抵御无意识幻想侵害的时候，人们最终会承认

① 布尔哈夫：《化学成分》，第一卷，第 10 页。

它保存着其栖身处所具备的性能。18 世纪的医学毫不犹豫地以如此晦涩的原则作为自己决策的基础。说到汤羹，《百科全书》写道，长期患病后变得虚弱的胃“常常难以消化动物的精髓，而鲤鱼、冬穴鱼、青蛙等等则比较合适……而且给血液带来一股地面动物或者飞禽所不具备的活力”。后面紧跟“等等”的列举——正如我们已经指出的那样——表明实体论的归纳发生在具体的实验之前，而不是在实验之后。这种归纳的基础是对精髓的实体论解释，精髓“能把它们的活力带进血液”，想到鱼和两栖类动物在冷水中长期存活，它们的活力就很显然了。

1669 年，科学院解剖麝猫，与先前研究过的海狸进行比较。结论如下：“海狸香的味道重，不太好闻，而来自麝猫的体液绝对柔和，人们认为这种差别可能来自海狸的湿冷，它其实等于半条鱼，而麝猫性格热烈、干燥、饮水少，通常生活在非洲的沙漠中。”

人们通过物理实验也许能够更好地评价自然现象中的这种地理痕迹。18 世纪末叶的时候，人们曾经就皮埃蒙特[①]的青蛙是否比普罗旺斯[②]的青蛙更善于带电而长期争论不休——那真是以山为界的有趣的客观性！在阿尔卑斯山这边带电，山的那边则呈中和状态。

① ［译注］皮埃蒙特（Piemonte）：意大利地区，位于阿尔卑斯山东麓，首府为都灵。

② ［译注］普罗旺斯（Provence）：法国南部地区，位于阿尔卑斯山西麓。

## 13

总体来说，任何实体论价值都被生命——尤其被动物的生命内在化了。生命深刻地吸收性质，它把性质与物质牢牢地联系起来。一只动物的禀性和自然性质是如此直接地贴合，以至于人们可以打着特异性质的幌子，认可最为荒唐的论断。1722 年，杜勃瓦在《物理年表》中记述了他对弥尼翁（Mignon）的实验。弥尼翁是某某女士的一只鹦鹉，这位女士十分热衷于电学："所有动物都或多或少地分享这种吸引力，它之所以更多地体现在鹦鹉的羽毛上，那是因为鹦鹉的体格比别的鸟更枯瘦、更合适。这种假设有一个明显的证据，就是它们本能地厌恶饮水。这种厌恶常常十分强烈，只消几滴水就能把鹦鹉弄死。哈特曼（Hartmann）先生极为巧妙地解释了这种现象。他说，鹦鹉始终保存着自身固有的电量，它饮水的时候只会感到不适，因为那时候这两种东西叠加，它会受到一种与莱顿实验有着诸多关系的震动。"[①] 这不是孤立的谵妄。1781 年，一位匿名作者——也许是图弗内尔（Thouvenel）——在一大本关于占卜棒的书中老调重弹，然后总结道："人们知道有些鸟的电性极强，比如鹦鹉这类鸟，它们本能地厌恶水，

① 杜勃瓦:《物理年表》，第 157 页。

尤其讨厌饮水……可以推想，根据对电液的这种细腻感觉，存在许多亲水或者躲避水及其流液的其他动物。恐水动物之所以如此，也许是因为它们处在最活跃的自发的动物电状态，不少征兆显示出这一点。”[①] 作者从中看到了对著名的水源占卜师布莱东（Bleton）所代表的现象的解释。伪科学自然会沆瀣一气。布莱东笃信当时的物理学，一旦踩在绝缘玻璃上，他对隐蔽水源的感应就戛然而止。

这种无稽之谈当然不可能染指当代的科学书籍，哪怕是写得很差的普及读物。可是在 18 世纪，它充斥、阻碍了科学文化。学术殿堂没有等级之分。在实验面前，观察者声称人人平等。所有事实都可以被作为“自然界的轶事”来引用。这种发散性的经验主义、这种没有抽象努力的具体实验接受所有个人的奇思异想。只要找到一个特殊的性质、一种实体的活动，就足以解释实验的全部特点，然后推而广之，解释所有的偏见、所有的传闻、民族智慧的所有疯癫。

## 14

人类自然成为得天独厚的内在化因素。人似乎能直

---

① T * * * D. M. M.：《物理和医学论文，揭示占卜棒、磁力和电的关系》（*Mémoire physique et médical, montrant des rapports évidents entre les phénomènes de la Baguette divinatoire, du Magnétisme et de l’Electricité*），伦敦，第一卷，1781 年，第二卷，1784 年，第一卷，第 94 页。

接感觉和理解其躯体的内在性能。晦涩的我感到压倒明确的我看到。通过自己躯体的隐约感觉，人意识到自己是一种物质。我们曾经提到过贝托龙神甫的名声，我们来看看他 1786 年在实体内在化的何种程度上解释电对人体的作用："激情影响健康是最为确凿的真理；它导致动物体内结构的紊乱已经通过无数事例而尽人皆知，谁都不会试图怀疑这一点。因此，为了降低血液沸腾以及整台机器弹簧的音色，对那些深受强烈激情的折磨，败坏绝大多数人——至少构成社会精英阶层的那些人——的情绪，令他们心碎的人们，建议他们使用负电，那绝不是胡言乱语。这种方法直接对抗激情造成的不良后果，减少每每因情绪动荡而引起的这种有害的压力，极能使人心平气和；考虑到精神和肉体互相依赖，假如抨击肉体，道德也会被削弱。所有这些保持健康的措施当然恪守最可靠的原则，人们不会质疑它们的效率，除非出现最明显的自相矛盾。"[1] 我们觉得这种文章显示了前科学思想停滞的典型特征，它紧紧抱住经过主观印象强化的文字的会聚点。假如没有用动荡这个词来描写激情产生的作用，它就不会建议用电来使之平息；假如没有使用负极这个词表示一种电现象，也不会提议用负电来减少过于巨大的内心压力。很显然，在这篇文字中，贝托龙神甫的思路是在语言层面上展开的。人们用

① 贝托龙神甫:《论健康和病态的人体中的电荷》，第一卷，第 205 页。

约定俗成或者隐喻的方法命名一些局部现象、某些极为特殊的实验侧面，这些名称成为实词，成为具有实体的名词。

贝托龙神甫毫不犹豫地用电来指称个人，从而让每个电的标记带有一个真正实体论的基本特征：“在建立这些自然关系——缺少这些关系，社会将无法延续——的时候，人们应该格外重视性格的电品质。两个体内电液都十分充沛的人，他们的健康就不如其中一人电能较弱的那两个人完善。两个电液过弱的人与另外两个电效应不相等的人相比，情况也是如此，因为一个人的弱点必须被另一个人的强势所摧毁：这种场合下的正确补偿，哪怕通过简单的共居，不断地打击性格中占上风的缺陷。通过种族的这种电匹配，每个人都获得了健康，国家也因此赢得更多更有活力的民众，每天的观察都在向窥视自然的哲学家证明这一点；始终令人赞叹的自然，它最普通的成果都令人赞叹不已。”① 因此，电财富在这儿被视为是一个本身明了的概念，具有足以在最广泛领域作解释的价值。这位电学家几乎一字不易地阐述了夫妻性格差异之益处，这种庸俗的精神分析依然流行。难道还需要再次总结说我们时代的文学心理学正处在 18 世纪的电“科学”阶段吗？这种心理学也对“构成社会精英阶层的那些人”的激情颇感兴趣。当然他们

① 贝托龙神甫：《论健康和病态的人体中的电荷》，第 206 页。

的内在性也许更深刻一些。丰富的个性容纳最多样化的性格。此外，人们还看到，如此容易的实体论直觉只解决一些伪问题，不管在科学领域还是在文学心理方面。

# 第七章

# 对唯实论者的精神分析

## 1

如果我们试图很好地说明实体观念吸引力的特征，我们就必须大胆地到形成这种牢固偏好的无意识中去寻找其原则。实体观念非常清楚、非常简洁、鲜有争议，它必定建立在一个比其他任何体验都更为内在的体验之上。

因此，我们从几个立刻显得非常夸张的事例出发。在我们思考的初期，它们也使我们感到吃惊。然后，我们没完没了地阅读炼金术书籍，在各种长期的教学过程中做心理调查，使得我们面临非常淳朴的实体论信念，我们不再犹豫，把唯实论变成一种本能，并提议对其做一次特殊的精神分析。因为唯实论的基本信念不仅没有经过探讨，甚至不曾被传授过。因此唯实论完全有理由被称作——我们认为这不是得宠的理由——一种先天的哲学。为了做出正确的评价，甚至必须超越知识的范畴，必须知道某件物体的实体被视为个人的财富。人们从精神上拥有它，就像人们拥有某个明显的好处。请听听一位唯实论者的论述吧：他立刻胜过了对手，因为他认为自己拥有现实，因为他拥有现实的财富，而他的对手是一位精神浪子，追求虚幻的梦想。从天真、感性的形式来看，唯实论者的坚信出自守财奴的欢乐。为了阐明我们的论点，我们就用论战的口吻来说吧：从精神分析和过于天真这两方面看，唯实论者都是吝啬鬼。反过来，吝啬鬼统统是唯实论者，这话不带任何保留。

为了治愈实体论，必须重新进行精神分析，这是对占有感作精神分析。必须打消的是蝇头微利的情结，可以简称为阿巴贡[1]情结。正是这种蝇头微利的情结吸引了对丁点儿小事的注意力，而这些小事是不应该被丢失的，若丢失了就再也找不回来了。因此小物品受到了格外精心的保护。易碎的花瓶成了存续时间最长的花瓶。所以，不丢失任何东西首先是一条规范。规范随后成为一种描述，从强制规定变成正面的东西。最后，未经验证的唯实论的基本公理——无所失，无所得——这是守财奴的说法。

传统的精神分析已经对蝇头微利情结作过诸多研究。我们只从它构成科学文化障碍的角度，从它抬高某一类个别知识的价值的角度，从它给材料和性质增值的角度加以分析。而且我们不得不非常迂回地展开辩论，首先强调貌似客观的增值。因此，宝石在我们的社会里当然具有不容

① ［译注］阿巴贡（Harpagon）：法国喜剧家莫里哀笔下的守财奴、吝啬鬼。

争辩的物质价值。但是在认可这种社会性价值的同时，我们觉得十分有意思的是，它逐渐转移到了与原先价值无关的领域，譬如药房。这种转移经常被人们提及，但是人们也许没有揭示这种二次转移的感情方面的细腻差异。我们将在第一部分扼要地说明这种价值首次变换的特征，为考察更加明显的主观性增值作准备。因此，那些不太引人注目的文献所作的贡献将被放在后面几页论述，那些作者浓厚、隐秘的感情将在那儿显示出来。此外，我们的阐述不可能面面俱到，因为考虑到本书的性质，我们不能作*直接的精神分析*；我们只有作*折射精神分析*的权利，如同来自对认识理论之思考的精神分析那样。因此，我们必须在认识行为的本身发现占上风的占有感所造成的紊乱。我们必须在那儿——而不是在可能给我们提供很多证据的日常生活中——发现这种直接和无意识的吝啬，这种不懂算术、扰乱一切计算的吝啬。此外，我们谈到泛灵论障碍的时候，将在消化神话中再次看到它的一种也许更为原始的形式。为了完整地考察这个问题，读者可以参阅诸如 R. 阿兰蒂和 Y. 阿兰蒂（R. et Y. Allendy）两位作者写的那本有趣的著作《资本主义与性征》。

## 2

首先令人惊讶的是，“珍贵原料”在前科学的探求中长期占据优先地位。批评精神即使在问世之际，依然尊重被它抨击的价值。只要浏览一下18世纪的《论医学原料》论著中有关宝石的长篇大论，就能感到古老信念异常牢固。假如我们追溯到更为久远的年代，那会方便我们的论证，但是论证的意义就比较小了。我们来看看前科学精神面对明显的狭隘之见时所感到的尴尬。即使那些信念被斥为迷信，我们也应该仔细看上两遍，弄清楚作者确实把迷信抛弃了。他首先觉得必须把迷信记录下来，因为闭口不谈迷信也许会让民众失望，会失去文化的连贯性。可是接下来的问题就比较严重了：作者常常把部分地纠正迷信视为己任，就这样在荒谬的基础上进行理性化，我们已经依照琼斯的精神分析法指出过这一点。这种部分理性化对于经验论认识的作用等于本能升华在美学创作中的作用。但是在这儿，理性化损害纯理性的研究。实际上，博学思想与实验思想的混合是妨碍科学精神的重大障碍之一。人们无法完善一种自己没有重新完整地做过的实验。人们不可能拥有一种没有经过个人努力而全部获得的精神财富。科学把握的首要标志，在于这种把握在其分析和综合中同样被体验到。

我们不顾激烈的批评举几个或多或少正确的实验，最终与完全错误的传统结合的例子。乔弗洛瓦的《论医学原料》代表着深厚的文化，在18世纪流传极广，书中写道："（绿宝石）除了我们暂按不提的那些迷信的功效之外（一般认为它可止血、治痢疾、治痔疮流血)，可用于同其他宝石碎末一起制成蜜丸药，用红锆石和蓝宝石制成红锆石蜜药丸。”[①] 迷信是一种古老的智慧，只要翻新、修剪枝条，就能从中发掘新的价值，此话真是说到家了。

既然这个传统归根结底还有些真实的东西，那么人们就提出质询，做答复，而不更多地关心实际的实验。乔弗洛瓦写道：“有人不同意，说这些（绿宝石）碎片异常坚硬，常常抗得住硝镪水，因此胃酵母融化不了它，只能照原样排泄掉。可是这种异议没有什么分量。因为放在炽热的煤炭上，绿宝石会像硫黄那样燃烧，它的绿色随着火焰蒸发，绿宝石呈半透明，无色，如水晶一般……很显然，凡是火焰能引发的……人体的自然热量和胃淋巴液也能引发。虽然这些宝石的晶体不会融解，但是其含硫和金属的成分会从晶体中释出，能在人的体液里发挥它的功效。”[②] 因此，期待中的药效通过某种精髓、某种染色的中介来实现，这种染色在某种程度上把宝石最珍贵的部分实体化了。正如我们所见，这种功效是打着一般的可能性的幌子露面的，因为人们从未见过绿宝石在胃的作用下“褪色”，我们认为，这种功效不过是对直接价值的取代，是对人们凝视

---

① 乔弗洛瓦：《论医学原料或者药效、单纯药的选择和使用史》(*Traité de la Matière médicale ou de l'histoire des vertus, du choix et de l'usage des remèdes simples*)，巴黎，1743 年，第一卷，第 157 页。

② 同上书，第 158 页。

绿宝石的绿色温柔光泽的那份快乐的取代。无论在药剂学还是在诗歌中，它的身价都被提高。药剂师的隐喻并不比莱米·贝罗[①]的隐喻更为现实，他这样歌颂绿宝石的色泽和功效：

色彩聚集和联合
因太冗长和突然的注视
而变得虚弱的视力，
它用温柔的火焰，抚慰
我们暗淡、疲惫或迟钝的
目光，当它们散乱时。

因此，可能性以及对无意识起作用的梦幻就足以使乔弗洛瓦要求人们尊重古老的智慧："所以不可无缘无故地禁止宝石入药，它早就被采纳而且被长期和高度的耐心所认可。"[②] 尊重一种人们并不理解的科学！这就是用主观的价值来取代实验认识的客观价值。这是玩弄两种不同的评价。医生要求病人服用绿宝石配方，医生已经确知病人了解一种价值，即这东西的商业价值。医学权威只要强化现存的价值就够了。病人与医生思维方式的契合在心理上的重要

---

① ［译注］莱米·贝罗（Remy Belleau, 1528—1577）：法国学者、七星诗社成员之一，擅长歌颂自然景色和爱情。

② 乔弗洛瓦：《论医学原料或者药效、单纯药的选择和使用史》，第159页。

性，怎么强调都不为过，这种契合在前科学时代是容易取得的。这种契合带来特殊的明显事实，从而猛增某些医疗实践的价值。

权威人士在说教中借助于*所以*和*因此*，把古老的偏见与日常的习俗联系起来，对此做一番研究也是颇有意思的事。譬如，乔弗洛瓦谈到黄玉时写道:“古人赋予它太阳的性质，因此，人们以为它能够降低夜晚的恐惧和悲伤，它能强健心脏和精神，它与噩梦相悖，它能止血。人们用它来制作红锆石蜜药丸。”[①] 人们对这种心理和物理的双重特性没有做过足够的研究。我们现在知道，某些药品通过器质性作用来缓解某些忧郁症，我们也了解心理医学。我们至少不再相信具有双重特性的药方了。这种双重特性始终是不纯洁增值的标志。

事实上应该强调指出，前科学的精神承认绝大部分宝石对内心和精神都会起作用。这就是财富欢乐和健康欢乐聚焦的一种征兆。某种药一旦以止血出名，也就是当人们认为它会阻止最宝贵的财富——鲜血——流失的时候，它就成了完全意义上的*滋补剂*。乔弗洛瓦提醒说，肉红玉髓——正如贝罗所说——带有肉红色:“古人认为肉红玉髓使精神愉快、驱散恐惧、增加勇气、防止着魔、保护身体不受任何毒药伤害。碾成粉末的肉红玉髓在体内凝结，阻

① 乔弗洛瓦:《论医学原料或者药效、单纯药的选择和使用史》，第 160 页。

止各种淌血，不过至今很少被使用，因为人们有其他效果更佳的药物。”[①] 可见限制不是全面的。人们坚持某种折中，显示出对于健康的科学方法的抵抗。

有时候，宝贵材料完全起着心理方面的作用。迪格比骑士[②] 说得很干脆，就像理所当然似的：“钻石、石榴石、绿宝石……会激发内心快活。”[③] 人们清楚地感到是何种快活被实体化了。尼古拉・帕潘（Nicolas Papin）——也许是德尼・帕潘[④] 的父亲——补充道：“蓝宝石、绿宝石、珍珠和别的宝石促使贞洁。”这话有些令人费解。医生与诗人又一次相遇了，莱米・贝罗也在称颂绿宝石的贞洁：

> 总之，它如此贞洁和神圣
> 一旦感到某种
> 爱情行动的伤害
> 它便恼怒，便破碎

---

① 乔弗洛瓦：《论医学原料或者药效、单纯药的选择和使用史》，第 153 页。

② ［译注］迪格比骑士（Chevalier Digby）：真名为 Kenelm Digby（1603—1665），是英国著名的博物学家、物理学家和外交官。

③ 迪格比骑士：《在涉及交感粉末治疗伤口的著名集会上演讲：后续关于交感粉末的论文》（*Discours fait en une célèbre assemblée touchant la guérison des plaies par la poudre de sympathie. Comme su ite, ily a une Dissertation touchant la poudre de sympathie*），译自布鲁瓦市医学博士帕潘先生的拉丁文，译者洛奥，巴黎，1681 年，第 169 页。

④ ［译注］德尼・帕潘（Denis Papin，1647—1712）：法国著名物理学家、工程师，发明高压锅，并首次提出由气缸和活塞组成蒸汽机的设想。

为自己困于某种肮脏的感情
而无地自容。

阿拉伯人的科学当然也和古人的科学一样，同样值得尊重。此外，相当有意思的是，甚至在今天，给我们带来沙漠沉思的阿拉伯科学始终享有一种有利的偏见。说到黄金，乔弗洛瓦写道："从前，希腊人不知道金子的医学用途。阿拉伯人首先推荐了黄金的功效，他们把黄金做成金箔后加入配方。他们认为黄金健心、活神、取悦灵魂，因此他们保证黄金能治疗忧郁症、颤抖和心悸。"[①] 在更加唯物的时代，这种信仰需要更加物质的理由来支持。所以"化学家们补充说黄金含有最强烈的固定硫，内服的话，它不会被腐蚀；与血混合，它能保护血不受任何腐蚀，它恢复和激活人的本性，就像太阳——它是这种硫永不枯竭的源泉——令整个自然界复活一样"。谁能举出更漂亮的参与式推理的例子？它在此将金子、太阳和血融入同一种价值之中！接受这样的趋同，乔弗洛瓦也许犹豫过，但是这种犹豫正是前科学精神的特征。这种犹豫使得我们认为，前科学精神在此面对一个尚未被克服，但即将被克服的障碍。正是这种犹豫需要精神分析。此前的几个世纪，人们闭着

① 乔弗洛瓦:《论医学原料或者药效、单纯药的选择和使用史》，第一卷，第54页。

眼睛接受。此后的几个世纪，人们不会再读这些无稽之谈。但是事实不容回避：乔弗洛瓦在18世纪的鼎盛时期写作，他重申自己尊重阿拉伯学派；正如他自己所说的那样，他最终不同意“把金子从所有的滋补药剂中赶走”。

赶走金子！平静地说金子不带来健康，金子不给人勇气，金子不止血，金子不驱逐黑夜的幽灵，金子不打消来自昔日和过错的沉重回忆，金子不是保护内心和精神的双重财富！那需要有真正的精神勇气；那需要一个经过精神分析的无意识，也就是一种脱离任何无意识增值的科学文化。18世纪的前科学精神没有实现做出这种评价的自由。

我们原本可以轻易地枚举这些珍贵药疗法的例子，诸如夏拉斯的胭脂红药皇家蜜药丸、夏拉斯的普诺尼克粉、红锆石蜜药丸、欢乐粉、清凉珍珠粉。我们看到贵重的医药材料与一般的医药材料形成的对立。我们将能理解某些药剂师提出的根本性忠告的重要性，他们建议用金或银的、象牙或大理石盒子存放这些珍贵的药剂，或者说比较朴素的建议要求给药盒子上色或者描金。[①] 与其说是为了把药剂保存好，不如说是为了更好地进行展示，使得商人和客户都明白药剂的珍贵价值。

同样，我们也很容易指出具有清凉作用的珍珠粉尤其具有无意识的活动力，因为珍珠粉表示一种更有意的牺牲。

---

① 索南：《1803年前拉罗谢尔城的化学》，第79页。

它的增值是模棱两可的，在无意识和意识之间起作用。珍珠粉对吝啬的资产者比对挥霍无度的王公贵族更见效。人们如此地珍爱珍珠和宝石，因此把它们放在研钵里粉碎，在瓶里溶解，理应值得奖赏。人们牺牲了一种宝贵的客观财富，于是就坚定地等待某种主观的财富。宝石对于无意识的价值在知性意识的评价中转变成科学价值。这种混淆如今仍然频繁出现。人们常常不重视廉价的药方，但是善于盘算、善于交易的无意识不是原始的无意识。一个手中拿着珠子，手指上套着钻戒，做着遐想的无意识的人是一个心灵有沉重负担的人。牺牲自己的珠宝，其实是把他实体的一部分，把他最甜蜜的一部分梦献给了祭祀。

3

但是，现在到了更强烈、更直接地突出拥有者的欢乐以及运用某些物质所带来的客观安全的时候了。宝石体积很小，但是价值高昂，它浓缩着财富。因此它能够集中拥有者温馨的沉思。它把蝇头微利情结显示在光天化日之下。蝇头微利情结通常从不起眼的小东西发展起来——那是拉菲特（Laffitte）捡别针的情结。但是这种偏差不应使我们误解聪明吝啬的原则：以较小的体积占据大量的东西。我们又回到了浓缩财富的需要。马卢万（Malouin）认为，“化学的长处之一，就在于有时候压缩药物的体积而不减少它的功效”。直到今天，半数的放射科医生情不自禁地告诉病人说小小的一管镭价值十万法郎。以前，炼金术士把点金石粉保存在小盒子里。他们认为金子是功效的浓缩。“金子……在它的体内压缩着太阳发散的功效。”[①]德·洛克也说：在金子里，“大自然几乎聚集了无穷无尽的功效”[②]。通过这最后一句措辞，人们清楚地感到，无意识在黄金中找到了导致它所有梦想的偶然原因。

除了小体积和高价值的内在矛盾之外，还存在另一对矛盾：宝石既闪烁又隐蔽。它既炫目又藏而不露，既是挥霍者的财富又是守财奴的财富。没有这种财富的凝聚，藏匿财宝的神话就不可能产生。这个神话鼓舞了一代又一代人。维利埃·德·列尔-阿达姆的父亲毕生在寻找祖先们藏匿的宝藏。维利埃·德·列尔-阿达姆通过写《阿克塞尔》（*Axët*），实现了父亲的夙愿。凡是稀有的东西都“偷偷地”落户。黄金自己躲藏得不亚于人们对它的藏匿。东西越好，藏得越深。因此有的炼金术士认为大自然的行为像守财奴。托马·索内（Thomas Sonnet）说（不过没有拿出证据）：“大自然挑选了一个异常封闭、暗藏在大地深处的矿区来孕

---

① 《哲学信函。深受喜爱神秘真理的人士尊重》（*Lettre philosophique. Très estimée de ceux qui se plaisent aux Vérités hermétiques*），安托万·杜瓦尔（Antoine Duval）译自德语，巴黎，1723年，第47页。

② 尼古拉·德·洛克：《炼金术秘诀和普通溶剂的哲学因素，它们的功效、性质和作用》（*Eléments philosophiques des arcanes et du dissolvant général, de leurs vertus, propriétés et effets*），巴黎，1688年，第49页。

育黄金。”[①]

因此，黄金熠熠生辉，黄金吸引人。但这种吸引力和光辉是不是隐喻？马卢万在 1755 年出版的《医药化学》中写道：“我在御花园注意到，听众们看到展示在他们眼前的黄金，脸上露出某种欢乐，随后黄金将被溶化掉。”[②] 我自己也常有同样的观察经历：每次讲到用氯水溶化金箔一课的时候，我都会遇到一连串的问题和疑惑：金箔会不会丢失了？一种完美的、无可争议的财富的毁灭给课堂带来一阵慌乱。面对这种急迫的关切之情，人们的解释要比马卢万继续安之若素的肯定更为简单，他说：“黄金（马蒂奥利[③]评论迪奥斯科里德斯[④]）有一定的吸引作用，从而使目睹黄金者心里感到轻松。”那不是单纯地引经据典，因为马卢万说的是自己的感受：“黄金神奇地强健内心。”[⑤] 就这样，这位 18 世纪杰出的化学家不动声色地从脸上露出的微笑——

---

① 托马·索内：《讽刺江湖郎中和伪经验医生》（*Satyre contre les charlatans et pseudo médecins empyriques*），巴黎，1610 年，第 194 页。

② 马卢万（Malouin）：《医药化学》（*Chimie médicinale*），两卷本，第二版，巴黎，1755 年，第二卷，第 5 页。

③ ［译注］马蒂奥利（Mathiole）：意大利医生、植物学家。其《论迪奥斯科里德斯的学说》（1544）是迪奥斯科里德斯《药物论》的评注译本，帮助医生、药师和草药医师学会鉴定和运用草药，为现代植物学的发展提供了基础。

④ ［译注］迪奥斯科里德斯（Pedanius Dioscoride，约 40—约 90）：希腊医生，药理学家。他的《药物论》为现代植物术语学提供了最经典的原始材料。该著作详尽描述了近 600 种植物，论述了近千种简单药物，直至 15 世纪末一直作为药理学的基本教材。

⑤ 马卢万：《医药化学》，第二卷，第 6 页。

标志一种含糊的慰藉——来到了对最高贵的内脏的积极强身作用。再往前走一步，假如敢这么说的话，他会消化他的欢乐，以提醒我们，消化是最温和、最可靠的财产的标志。马卢万确实写过：黄金是“一帖治疗痢疾的良药”。

培根大法官不蔑视财富，他在《自然史》中写道：“可以肯定，宝石具有细腻的精神，它们的光辉显示了这一点，通过交感作用，这种精神以活泼惬意的方式影响着人们。最容易产生这类效果的宝石有钻石、绿宝石、红宝石和黄玉。”必须聚集信念的全部力量，才能理解这种论断的全部意义。拥有的快乐实体化了。这种快乐给人一种内心体验、一种使得客观的验证变得毫无必要的安慰。效力顺序纯粹是个人喜好的顺序。人们在这种观点中看到了心理经验和医学典故的汇集，换句话说，就是真感情与错误观念的融合。于是，真的感情阻碍了对伪观念的纠正。为了解释这种不纯洁的总和，假如人们认为是书本和课堂使这种令人难以置信的偏见代代相传，那么还应该指出，这种相传是很容易和忠实的。事实上，无意识的立刻赞同肯定了这种偏见。

在某些作者那儿，黄金的诱惑力自然成了一种物质吸引力。一位匿名作者于 1640 年这样写道：“黄金光彩夺目，色泽纯净，本身具有摄人心魄的磁力，大自然倾其所有，把最好的东西都赋予了它。”①

① 《包含三条哲学原理的物理著作》，海牙，1640 年，第 90 页。

众所周知，对占星学家和炼金术士——必须综合两者的思维方式才能很好地理解前科学精神的心理——来说，星宿影响的确是物质的影响，是物质的引力。假如人们只把这些影响看作标志和象征，那就大错特错了。因此——我们仅举一个例子，一位名叫 R. 迪卡尔（R. Decartes）的作者这样写道——我们最近在一篇文章中研究过他的思想——“满月向海洋送去某种物质，作为它的酵母，像发酵面粉似的发酵海洋，海洋发酵之后形成潮汐。”[①] 在这种精神中，太阳和黄金的呼应被物化了。所以巴西勒·瓦朗坦（Basile Valentin）罗列这种物理反应的“例证”：“太阳和黄金也有着特殊的呼应，互相之间有着某种吸引效力，因为太阳在黄金中起过作用，黄金充当强有力的斡旋者，将这颗崇高太阳的三种原则牢牢地聚集和结合起来，这些原则在周围也有自己的磁力，这块金属臻于高度完美的境地，人们在那儿发现三种原则具备极大功效，黄金的形状就是由此而来的，因为它是三种原则完美融合的产物，因此黄金的起源是天体的金黄色磁力。”[②] 我们之所以抄录这么一段不成形的文字，是因为其中积累了最模糊、最不纯的印象。

① R. 迪卡尔：《天体和月亮影响的真正认识》（*Les véritables connaissances des influences célestes et sublunaires*），巴黎，1667 年，第 430 页。（译按：这位 R.Decartes 和哲学家笛卡尔并非同一人。）

② 巴西勒·瓦朗坦：《揭示七种金属的基本颜色之谜》，Israel 译，巴黎，1648 年，第 51 页。

这位作者不但没有归纳例证，没有作理性化的解释，反而将各种价值叠加在一起。

另一位作者看似论述清晰，可是其论据同样杂乱的言论表明，价值仍然在互相渗透。尼古拉·德·洛克认为，黄金“如同一个充满全部天体效应的地球，影响着所有的金属，就像心脏使身体各器官具有生命那样。它感应人和太阳，使太阳和人之间互相爱慕和吸引，从而受到万灵药的尊重，黄金因此成为把太阳的功效与人类联系起来的强大中介……黄金治疗花柳病、麻风病，它强心、健脑、助记忆，刺激生殖”[①]。强心、健脑、助记忆，这些作用已经相当清楚地表明了黄金入药的心理特征。最后，无数书籍还记述了黄金刺激生殖的作用，这足以揭示那个钱袋里塞满金子的人的狂妄大胆。

还有一位作者觉得这种比较是一目了然的：“正如灵魂在体内的时候使肉体发热，当黄金与水银真正结合的时候，它也会去除它的寒气，使之温和起来。”[②] 谁没有被一把黄金提过神，就像喝了一杯烧酒那样？难道葛朗台[③]还不够出名

① 德·洛克：《涉及混合物体系统的自然哲学初步》，第二卷，第127页。

② 加斯东·勒·杜（Gaston Le Doux，又称德·克拉夫［de Claves］）：《金银三重配制的哲学论》（*Traité philosophique de la triple prèpasation de l'Or et de l'Argent*），巴黎，1695年，第81页。

③ ［译注］葛朗台：巴尔扎克小说《欧也妮·葛朗台》中的主人公，吝啬成性，临死前恋恋不舍地望着黄金。

吗？桑巴特[①]说，左拉在《金钱》[②]中极为细腻地为我们描述了“萨卡尔（Saccard）老是回到给金锭打印记的场所，数百万枚金币每天在那儿被制成金条，他尽情地听着神秘的叮当声，那声音抚慰着这位投机家的心灵——所有生意中都回响着黄金的乐音，仿佛神话故事中的天使之声”[③]。在我们看来，这种对具体财富的回归，对无意识而言，比抽象的汇票更温馨，会给灵魂留下深刻的烙印。这种回归是一种倒退。

好感从来都是相互的。J.-B. 罗比纳写道：“假如我担保，黄金、白银和……宝石在某种程度上能够享有我们给予的尊重，人们还会指责我吗？”[④]还有：“黄金真的对它享有的尊贵一无所知吗？”罗比纳把璀璨的红宝石与看见光芒的眼睛做了比较，然后总结说：“发光的能力肯定有比接受光的能力更完美的地方。”[⑤]事实上，给予比接受更困难，因此红宝石的作用比眼睛的接受作用更加有价值。实体论的基本原则也在此展示，它同时是守财奴的格言：“万物皆给不出它所不具备的东西。”（*nullum potest dare quod non habet*）罗比纳继续写道：（发光的能力）意味着“物质更加

---

① ［译注］桑巴特（Werner Sombart, 1863—1941）：德国经济学家、社会学家。1902 年出版《现代资本主义》一书。

② ［译注］《金钱》是法国作家左拉的长篇小说，写于 1891 年。

③ 韦尔纳·桑巴特：《市民》（*Le Bourgeois*），译著，巴黎，1926 年，第 378 页。

④ 罗比纳：《论自然》，第四卷，第 192 页。

⑤ 同上书，第四卷，第 190—191 页。

纯粹，各部分之间更加匀质，结构更加细腻。人们把灵魂称为不可见之光，把光线称为可见的灵魂”。由此可见，客体与主体的价值能够对调。结论总是一样的：这些熠熠生辉的宝石“难道不是照自己的方式行使这种能力吗？它们对此没有任何意识吗？它们行使的时候没有任何的满足感吗？”假如把这些情形颠倒过来，用叔本华的直觉，改从悲观的角度来表述它们，你们就会得到一种不会被人称为愚蠢的形而上学，不像罗比纳这种不知趣的乐观主义那样。你们得到的不是这种快乐给予的唯实论，而是意志保存的唯实论，得到一种生活的渴望、一种拥有的渴望，那是一种在物质深处进行吸收的能力。这种苦涩的感觉使人觉得它是深沉的，因为这种感觉把人引向无意识。只要伤心，您就能成为哲学家。罗比纳的著作则相反，它如今挑战最大胆的认识论著作。可是我们现在对这些如此可笑的著作所作的评价，忽视了它们在情感方面的实际重要性。我们的援引来自罗比纳著作的第三版。这位作家在 18 世纪非常出名，作品广为流传。

## 4

通过黄金，人们可以轻而易举地理解实体论内在性神话，它是实体论哲学的一个重要神话。四海为家者写道：“通过精确地剖析金属，人们还看到它们内部具有黄金的属性。那是因为人们首先观察到，这些金属内部包含一种易腐蚀、坚硬粗糙、来自可恶的大地的物质；也就是一种从矿石中带来的肮脏、石质、不纯和尘世的物质。其次，一种腐臭的水，足以致人于死地。第三，在这种臭水中饱受凌辱的污泥。最后是一种恶毒、垂死、盛怒的性质。但是当金属摆脱所有这些可恶的污垢，清除它们内部的杂质之后，人们就看到了黄金的高尚本质。”[①] 由此可见，这儿的确涉及某种核心增值，必须穿越一层又一层的污垢和毒物，忍辱负重，付出艰辛的努力，才能找到至高无上的价值。无意识就是这样通过内部财富进行沉思的。

如此深刻的增值冒着如此长期的风险才实现，很容易得到过分的夸奖。德·洛克这样说道：“黄金是最纯的、最有灵性的、最耐蚀的，也是各种主体里最温和的东西；鉴于大自然赋予其天地的全部精华，黄金蕴含的成分如同处在它们尽善尽美的中心；最后，黄金作为普遍灵魂的宝座，而灵魂包含着万物的性质、功效和能力，完全有理由认为黄金是一种包治百病的良药，包含着炼金药液和神奇精华的功效。”[②] 既然这些功效丝毫没有得到证实，那就必须得出结论说，这些功效只显现出无意识的价值。假如这种价值被一种适当的精神分析所贬低，那么大量针对客观认识的

---

① 四海为家：《四海为家或新的化学之光：旨在阐明自然的三原则》，第 278 页。

② 德·洛克：《炼金术秘诀和普通溶剂的哲学因素，它们的功效、性质和作用》，第 48 页。

伪问题也将烟消云散。

有时候，人们清楚地看到在实验基础上得到增值的理由。钻石就是明显的例子。它的光辉和它的“纯净”一眼可见，立刻得到赞美。皮瓦蒂这么说过，通电的钻石“放射炫目的光辉，它的光芒代表小规模的霹雳和闪电”[①]。甚至可以推测，要不是人们赋予钻石那么大的价值，如此夸张的形象也不会跟钻石沾边。博内（Bonnet）认为纯洁与实体论价值并行不悖。“地球构成天然水晶的基础，尤其是钻石的基础，它被看作最纯净、最接近原初地球。”[②] 当然，这种纯净的论断不以客观分析为基础；它更多地来自精神分析，人们被淳朴的观赏快乐所打动。于是有人说原初的地球也许是一块纯净的水晶，是一颗璀璨的钻石。

## 5

珍贵的物质很容易结亲。它们导致价值变换而不是物质的变换，这最终证明前科学思维方式对物质的增值。

在解释长明灯——那些在陵墓尤其在西塞罗[③] 之女蒂

---

① 佚名：《医学电力文集，汇总各种学者发表的用电击治疗病人的重要文章》，第 17 页。

② 查理·博内（Ch. Bonnet）：《凝视自然》（*Contemplation de la nature*），《全集》第七卷，纳沙泰尔，1781 年，第 65 页。

③ ［译注］西塞罗（Marcus Tullius Cicero，前 106—前 43）：古罗马政治家、演说家和哲学家。

利耶（Tullia）陵墓长明不衰的灯火——神话的时候，古塞（Gousset）作了如下的“预测”：“尽管我把钻石看成未来的加工材料，提取永恒发光的物质；可是考虑到它们的火花和光芒来自金属的色彩，我丝毫不怀疑，人们也能从这些同样的金属身上提取光辉的精神，尤其从那些被我们称作完美的金属——譬如黄金和白银——身上提取。”[①] 既然黄金耐火，同时又能发光，为什么人们不提取一种能发出光线和火花、自己又不会衰竭的液体呢？古塞认为，也许不出多久，人们就能获得这种“黄金油”，造出长明灯。五花八门的实体化来到这儿汇集：宝石的永远的光芒与黄金的不变性相结合。没有任何东西能够阻止唯实论者将各种完美堆积在一个现实之上。价值是最隐蔽的神秘性质。人们最后才驱逐它，因为它被无意识最长久、最死死地抱住。

## 6

人们经常指出，追求财富的野心支撑着炼金术士长年累月的工作。我们在前面一章作了另一种解释，形式的、教育的、道德的态度被视为一种心理解释的理由。说

---

① 古塞博士：《利用提取某种露水盐的方法，从葡萄酒中提炼万灵药的神秘解释，论陵墓长明灯》（*Révélations cabalistiques d'une médecine universelle tirée du vin avec une manière d'extraire le sel de rosée et une dissertation sur les lampes sépulcrales*），亚眠，1735 年，第 106 页。

实在的，原初的思维方式是双重性的，只有能够容纳互相矛盾的论点，才能圆满。换句话说，永恒的炼金术实验可以被看成是一场反对激情的战斗，也可以被视为一场为了激情的战斗。梅斯杰女士写得非常精彩："激情不会长时间朝同一个方向起作用，假如它不在被它诱惑的人的脑袋里遇到同谋。"[①] 在别的场合，人们完全可以把这种关系倒过来："思想不会长时间朝同一个方向起作用，假如它不在听从思想之光引导的人们的激情里遇到同谋。"假如人们唯独支持其中的某一个论点，就会失去从思想真实的活力——我想说，从思想的根本分歧中——理解思想的可能性。事实上，热爱真实与认识真实几乎是对立的，这一对辩证关系来回往复，永无止境。奥斯卡·普菲斯特（Oscar Pfister）牧师敏锐地注意到两种相悖的倾向在同一个无意识中共存的情况。"每个人的内心都有一种促使他夺取外部世界、把它引向自己、使它屈服于他的目的的倾向，同时有一种希望把自己抛弃在外部世界的倾向。"[②]

无数炼金术士多次谈及的一个主题可以给我们展现这两种矛盾倾向的重叠，那就是断定人们寻找的黄金不是庸俗的黄金。譬如尼古拉·德·洛克这么说道："你们看得清楚，我在此不想谈论通常的黄金，而是在光辉心灵中那种

① 埃莱纳·梅斯杰：《法国的炼金术学说》，第 102 页。

② 奥斯卡·普菲斯特：《供教师们使用的精神分析》（*La psychanalyse au service des éducateurs*），伯尔尼，1921 年，第 109 页。

精盐般的黄金，在崇高的精神世界可饮用的黄金。”[①] 这样形成的升华允许各种矛盾的存在，它在玩弄表象与真实这个主题：表面上，我似乎渴望财富，贪婪黄金；其实您看错了，我在寻求另一种黄金，一种理想化的黄金。因此，升华就在这儿发生，似乎发生在对象的层面上。对象必须给升华提供理由。同样，一切吝啬行为都以阻止远期的挥霍为借口。照守财奴的说法，他之所以热爱黄金是出于对浪费的深恶痛绝，是出于对秩序的需要。通过种种特征，人们可理解占有感的双重性。

## 7

我们还觉得参与性推理同样属于占有感的精神分析范畴。实际上，参与能在特定的对象上积累各种各样的能力。因此一个简单的符号便被赋予了许多的实体价值。

假如我们不能证明参与性推理在被迅速归入科学思想的精神中很活跃，那么在此指出参与性推理的影响当然也就毫无必要。我们将从培根的著作中举例予以阐述，这种例子在培根那儿简直俯拾皆是。

范·斯文登在 1785 年感到必须反对培根记录的以下事实，它表明在伟人盛名之下得到保存的偏见所起的阻碍

---

① 德·洛克:《涉及混合物体系统的自然哲学初步》，第二卷，第 127 页。

作用。[1] 培根称，众所周知，假如我们让摩擦赘疣的物质腐烂，就能把赘疣治愈，培根甚至亲自为这个事实担保。他补充说，他自己也经历过："他从小手指上就有一个疣，到巴黎以后，还长着很多疣。英国大使夫人开始替他治病，先用肉膘摩擦疣，然后把这条肉膘挂在窗外晒太阳，让肉膘腐烂，结果七个月以后赘疣悉数消失，手术大获成功。"英国大使夫人如此细心照料，岂有不痊愈之理！只要让这种"推理"接近原始思维方式的某些"思想"，就能做出"现代经验主义创始人"的诊断了。下面是列维-布留尔讲述的一种习俗。为了对抗毒箭的作用，原始思维想到*处理*毒箭而不是伤口，就像培根那样*处理*肉膘而不是治疣。假如箭头留在伤口中，人们把它取出来，放到一个潮湿的地方，或者用新鲜的树叶包起来。于是，人们可以期待伤口发炎很轻，迅速消肿。[2] 由此可见，无论在哪种场合，人们让客观的物质肩负并不属于它的性质，尤其是物质很容易获得善与恶的属性。发生鼠疫的时候，培根建议人们携带装满水银或者砒霜块的袋子，"不是说这些物质具有健神的功效，而是它们本身有*毒性*，会吸引让人们心神混淆的*鼠疫毒性*，用这种方法纯净心神"。

直接解释中的性质至上会导致性质*功效*的过度*实现*。

---

① 范・斯文登:《电与磁力的类似》，第二卷，第369—370页。

② 列维-布留尔（Lévy-Bruhl, 1857—1939）:《原始思维》（*La mentalité primitive*），第九版，巴黎，1922年，第385页。

《林木集》[1]第704节写道："假如能够一下子消除万有引力，人们将看到铅吸引铅，黄金吸引黄金，铁吸引铁，连磁铁都用不着。但是这同样的重力和引力运动——它是一般物质所固有的、共同的——可以说杀死了对方，除非它自己被一些猛烈的运动所摧毁。"这时候，穿透木头最好用木箭。为了使人在床上出汗，人们会使用"灌满热水的瓶子"，这比较容易解释，但是令人难以解释的是培根补充道：假如在暖壶中"放一帖发汗草煎剂"，效果会更好。

此外，人们看到，实验几乎克服不了对物质功效的这种夸张。一种炫耀能够直接认识某种性质所产生的影响的精神，总是能够在性质的细微差别中找到避免核查的方法。这时候，细腻精神离诡计精神就不太远了。

我们认为，假如广义的精神分析确认客观的演绎重于纯粹个人的信念，那么它必须非常仔细地审视那些提出躲避讨论与检查之证据思维方式。而躲避客观讨论的最佳办法就是以物质为挡箭牌，让物质带上五花八门的细微差别，把物质变成我们主观印象的镜子。唯实论者在欣赏自己个人印象的无数细腻差别的过程中构成的虚拟形象，属于最难消除的形象之列。

---

① [译注]《林木集》是培根的遗作，于1627年发表，书名为拉丁文 *Sylva Sylvarum*。

# 第八章

# 泛灵论障碍

## 1

我们想在本章谈论以下这个明确的问题：生命的直觉——我们已经指出它在到处蔓延——怎么会被局限于自己的领域中呢？尤其是自然科学如何摆脱泛灵论的教诲呢？知识的层次是如何在排除对我们身体——这个享有特权的物体——的原始器重后被理顺的呢？

我们的研究必须限制在很小的范围内才会有用。我们尤其不打算在真正的生命领域研究生命；当这种直觉针对生命现象本身的时候，我们不会对活力论者直觉旳正当性提出任何批评。只有当它对物理现象学的客观性构成障碍时，生物学认识才引起我们的关注。因此生物学现象只是在生物科学站不住脚的时候，当这门多少还算稳固的科学去答复人们并没有对它提出的那些问题，才跟我们有关系。简而言之，在纯物质科学的客观性遇到的堪称正常的阻碍之外，还加上了一种盲目的直觉，它把生命当作明确和普通的材料。随后在这种直觉的基础上建立起一门普通科学，它对自己对象的一致性充满信心；这门科学呼吁初生的生物学援助已经获得积极成果的化学和物理学，那是代价昂贵的支持。这时候，人们看到形成一种真正的生命拜物教，颇有科学风度，它在某些时期和某些领域经久不衰，居然没有激起公愤，令人感到意外。于是，我们绝大多数例子都取自 18 世纪的科学，这已经成为本书的一条几乎绝对的原则。假如从古代或者中世纪入手来揭示生命与材料的混淆，实在太容易了。只有处在直觉发生分裂，客观思想收缩、变得准确，科学精神努力分析和鉴别，确定自己方法的确切范围的时候，我们的工作才会有用。

## 2

生物现象的不合理性最明显地表现在突出自然三界的概念以及重视动物界和植物界，贬低矿物界。

人们常常看到化学家们声称生物体比惰性物体简单。1738 年乔弗洛瓦就是这样展开研究活动的，与实证主义的复杂秩序背道而驰。他说："与植物和动物相比，金属物质的纹理更细致、更黏合、更顽强，假如人们希望区分它们的原则，辨认它们之间的差别，需要有更长时间、更具韧性的工作。"

18 世纪末，甚至在 19 世纪初，化学家倾向于直接研究有机物质。1788 年，拉瓦锡[①]仍然同时用氧化硫酸铁蒸馏蜡、油、象牙、淀粉、肉。在富克鲁瓦[②]的化学中，直接研究有机物质占据着重要的位置。贝采利乌斯[③]的化学也是如此。

凡是以三界类比为基础的东西总是贬低矿物界。从一界向另一界的过渡中，目标而不是原因成为主导题目，因此，这种过渡遵循一种增值的直觉。拉瓦锡关注三界之间的呼应。他写道："大自然以何种方式实现三界之间的美妙沟通呢？它如何使用根本不具备那些功能的材料，形成可燃物质、可发酵物质和易腐烂物质？这是一些迄今难以解释的秘密。然而人们隐约发现植物化和动物化应该是与燃烧和腐烂相反的现象。"[④]顺便提一下，我们在贝特洛著作中摘录的这段文字，克罗德·贝尔纳[⑤]在他的《生命现象课

---

① [译注] 拉瓦锡（Antoine-Laurent de Lavoisier, 1743—1794）：法国化学家、现代化学奠基人，开创定量有机分析，证明氧在物质燃烧和生命呼吸中的作用，据此驳斥燃素说。

② [译注] 富克鲁瓦（Antoine-François de Fourcroy, 1755—1809）：法国化学家、政治家。

③ [译注] 贝采利乌斯（Jöns Jacob Berzelius, 1779—1848）：瑞典化学家，他的杰出成就有：原子量的测定，现代化学符号的发明，电化学理论，几种元素的发现和分离，经典分析技术的发明，对于同分异构现象和催化的研究。

④ 贝特洛：《化学革命，拉瓦锡》（*La Révolution chimique, Lavoisier*），第二版，巴黎：Alcan 出版社，1902 年，第 168 页。

⑤ [译注] 克罗德·贝尔纳（Claude Bernard，1813—1878）：法国生理学家，实验医学的奠基人之一。发现胰液能够分解脂肪以及肝脏的糖原生成作用。他是法国第一位得到国葬之礼的科学家。

程》中也引用过。[1] 这样的观点表明，一旦听从纯生物哲学的典型命题，一位实验名家的思想会在何种程度上偏移到界限不清的通论上来。在坚实的惰性物质研究领域，与燃烧相反的现象不是植物化而是*还原*：炭与氧在燃烧过程中结合，而还原正好相反，它实现炭与氧的分离。但是 18 世纪的人认为，植物是非常重要的实体，它应该构成基本化学反应的基础。同样，假如没有生命和死亡的增值，动物化和腐烂的虚假辩证关系是无法解释的。

人们不断地从一界进入另一界，连细小的功能也是如此。蓬斯莱神甫写道："腐烂之于植物就像咀嚼之于动物。"[2] 而且人们看到，这样的类比没有得出任何扎实的认识，也没为任何有用的实验做准备。

人们还始终想着对自然的三界——有时候对一些非常特殊的现象——进行比较。那不是一场单纯的类比游戏，而是出于按照人们臆想的*自然方案*进行思想的真正需要。假如没有动物界和植物界的参照，人们会觉得工作很抽象。于是萨热（Sage）在 1786 年认为有必要区分火成玻璃和动物玻璃。[3] 火成玻璃包括植物玻璃、矿物

---

① 克罗德·贝尔纳：《生命现象课程》（*Leçons sur les phénomènes de la vie*），第一卷，第 128 页。

② 蓬斯莱神甫：《味觉与嗅觉的化学，或者轻松和廉价炮制甜酒和香水的原则》，第 68 页。

③ 萨热（科学院院士）：《化学分析和二界的一致性》（*Analyse chimique et concordance des trois règnes*），三卷本，巴黎，第一卷，第 286 页。

玻璃、金属玻璃、混合玻璃。人们马上看出这种区分很糟糕。萨热自己也承认，“动物玻璃外表上与火成玻璃没有任何区别”[①]。然而用“炭粉蒸馏之后，它会分解，产生磷”。萨热还记录道：“被绞死者的骨骸产生了27盎司的动物玻璃。”他还把黏土区分为植物黏土、动物黏土、矿物黏土。[②]三界显然成为被过度增值的归类原则。任何生命的产物都携带着初始的生命标志，作为一种不容置辩的价值。

一致性的需要是如此强烈，以致人们在三界之间提出了类比和过渡，提出一种完善的等级，这些类比和过渡不久就造成了极度的混乱。于是德·布鲁诺（de Bruno）——这位杰出的观察家曾经仔细地描写过无数次磁场频谱实验——在1785年写道：“磁石为我们提供了使生命之物和无生命之物相接近的细微差异；这细微差异在石头和金属的结合中显示出来，在金属中，生命的原则展现得更为强烈。这种惊人的磁石表现出了我们在淡水珊瑚虫——这种植物或确切地说这种把植物类和动物类联系起来的稀奇动物——中所欣赏到的奇迹。磁石，正像珊瑚虫那样，可以沿着其轴线平行地或是横断地切割，每个新切开的部分成为一块磁石。……具有活力的自然在静悄悄地、不为人所

① 萨热（科学院院士）：《化学分析和三界的一致性》，第291页。

② 同上书，第二卷，第206页。

见地起作用。”[①] 在博内看来，石棉构成从毛坯固体到有机固体的过渡，他说从石棉到块菰的距离并不遥远。这种对建立关联的关注很清楚地表明，人们非常频繁地想到自然现象，把它们套用于最显眼的、更形象的生命现象。

## 3

自然界的各种现象已经被卷入一种关于生长和生命的普通理论之中。1722 年，亨克尔[②] 在莱比锡发表一部名为 *Flora saturnisans* 的著作，阐述了植物界与矿物界的类比关系。这一类书并不少见。它们都具有普通哲学书的一成不变的特征。1760 年，霍尔巴赫[③] 男爵翻译了这本著作。植物给人们上了分类课，然后提出了分类的指导思想。奥古斯特·孔德后来还说过，谁没有生命科学的实验经验，谁就理解不了完美分类的原则。他要求哲学化学家向生命科学学习。[④] 这种对复杂性渐强的秩序的颠覆，相当明确地表明了人们持续地、或多或少故意优待生命的现象。

---

① 德·布鲁诺:《关于磁流方向的研究》(*Recherches sur la direction du fluide magnétique*)，阿姆斯特丹，1785 年，第 15 页。

② 亨克尔（Johann Friedrich Henckel, 1679—1744）：德国化学家，被称为“无机化学之父”。

③ [译注] 霍尔巴赫（Paul-Henri Thiry d’Holbach, 1723—1789）:《百科全书》撰稿人和哲学家，无神论和唯物主义的著名阐述者。

④ 奥古斯特·孔德:《实证哲学课程》(*Cours de Philosophie positive*)，巴黎：Schleicher 出版社，1908 年，第三卷，第 50 页。

任何在不知不觉中生长的东西都被归于植物化。博尔德[①]竟然在人体内部发现了自然的三界，把“指甲、头发、体毛”归于植物界（1768 年）。

植物似乎成了无意识顶礼膜拜的对象。它体现着宿命地平静成长这个主题。假如人们愿意系统地研究这个颇受优待的成长形象，人们就能更好地看到一种完全泛灵论的、完全植物的哲学的前景，就像我们眼中的叔本华哲学那样。

被视为天才哲学的普遍泛灵论，在医生们的笔下显得极为贫穷。1787 年，波尔多医生德塞兹（Desèze）冒冒失失地将各种各样的现象归纳进“一种特别的物质，他称之为活性物质，这种物质贯穿整个自然，与布封已经提及的火性物质大致相同；不过后者只假设他的火性物质具有给予生命的能力，并不把生命本身赋予它。德塞兹则相反，他正式宣称，自身具有活力的物质根据自己被使用的结构组织，或多或少地行使自己的性能，在整个自然中通行无阻，就像火物质，像热卡那样”[②]。

对于生命普遍性的信仰，一旦变得明确起来，就会产

---

① ［译注］博尔德（Théophile de Bordeu，1722—1776）：法国医生，以研究温泉和腺体而著名，是生机论创始人之一。

② 居维叶（Georges Cuvier）：《从古至今的自然科学史》（*Histoire des Sciences naturelles depuis leurs origines jusqu'à nos jour*），五卷本，巴黎，1844—1845 年，第四卷，第 321 页。

生令人难以置信的流弊。加斯帕尔-弗雷德里克·沃尔夫（Gaspard-Frédéric Wolf）1759年在哈雷[①]被授予博士，他认为“胚胎不是其父母的产物；它是整个世界的产物，大自然的全部力量同心协力促成了胚胎的形成”[②]。1682年生于纽伦堡的阿尔贝迪（Alberti）断言：“当胚胎快速成长的时候，父亲开始消瘦，这大约在第八个月左右，从那时候起，胚胎的发育总是伴随着父亲的消瘦。”因此，生命不局限于生命体本身。生命不仅沿着时间的轴线代代相传，而且像物理能量和物理的热量那样在空间蔓延。

某些来自物理现象的直觉证实了生命的*物理*性质。致信给沃森（Watson）的作者遗憾地认为，人们根据某个特殊的物质（电子 = 琥珀），“用电这个词来称呼这个如此奇妙的、其实应该被视作大自然首要原则的现象。*活泼*也许是个不错的叫法”。那不是一个普通的词，它想要忠实地体现可以解释电现象的火和生命的直觉。由此出现了这段非常典型地说明了文字影响到思想的文字：“我们看到，年轻人比老年人更多地拥有我们所谓的*火*和*活力*……然而，假如动物生命与电火花有着相同的起因，让老年人与孩子同床睡眠的危险就不难想象了，因为衰老的躯体中的火比年轻人少许多，它会吸收后者体内的火，年轻

① ［译注］哈雷（Halle）：德国萨克森-安哈尔特（Saxony-Anhalt）州较大的城市，位于萨勒（Saale）河右岸。

② 居维叶：《从古至今的自然科学史》，第四卷，第277页。

人因此失去其自然的力量，陷入萎靡不振的境地，在儿童身上的实验一再证明了这一点。”作者依靠“活泼”理论，轻而易举地继续解释人怎么得风湿病、树怎么得瘟病的。

“生命”成了魔幻般的词。这是一个增值的词。当人们抬出生命原则时，任何别的原则都黯然失色。德·特雷桑伯爵在著作（共两卷，每卷400页）中围绕活力材料指挥死亡材料的唯一直觉作了汇总，把所有的相关现象全部汇聚起来。因为电流就是这种活力材料，因此它使整个宇宙——星辰和植物、心胸和萌芽——充满生气，活跃起来。它是一切飞跃、一切发酵、一切生长的泉源，因为它“推斥它自身”。在这种作品中，人们可以轻易地发现一种强度似乎不确定的无止境的直觉，作者依靠它把生命价值浓缩在一种无限微小的材料之中。作者毫无证据，仅仅由于增值断言的诱惑，就把无限的力量归于一些因素。避开实验，这本身就是一种力量标记。“死亡的物质是惰性的，不具备有机形式，活性物质比死亡物质最小的颗粒还要小一百万倍，用最好的显微镜能让我们看清它们……”人们在德·特雷桑伯爵的大部头著作中怎么找都可以，就是永远找不到能证明这种微粒的东西，也看不到能为这种生命冲动实体化作辩解的理由。只能再一次地看到那儿只有诱人的生命隐喻。那不是一个作家的直觉。拉塞佩德伯爵于1781年写下了这条公认的原则：“扩展性无论如何不适用于死亡物质。”[①] 任何冲动都来自生命。

生命给它激活的物质带上无可辩驳的价值记号。一种物质生命停止的时候，它会失去某种本质的东西。一种物质离开生物就失去一些重要的性能。“蜡和丝绸就属于这种情形：因此两者都无法带电。假如进一步推论的话，蜡和丝绸其实只是曾经活过的物体的排泄物。”[②]

## 4

生命被视为普遍属性，它导向一个颇有吸引力的哲学命题，但条件是不明确表达这个命题，让它得到隐秘交感的支持，这种交感把宇宙的全部生物汇集起来。于是，提醒人们实际应用这种命题，几乎肯定会激起哲学界的谴责。似乎有人在嘲笑深刻的信念，嘲笑令人尊敬的信念。与普遍生命的命题可以毫无拘束地明确起来的时期相比，差别是多么大啊！我们将展现几个不合时宜地明确命题的例子，以便很好地解释一种业已消失的心态。我们将在这一章汇总各种将生命赋予矿物质的言论。梅斯杰女士没有忘记指出这种赋予行为。她看得很清楚，17、18 世纪的化学和矿物学是“覆在生命物质上的无机物”，这正是我们展示的论点，我们把泛

① 拉塞佩德伯爵：《论天然电和人造电》，两卷本，巴黎，第二卷，1781 年，第 32 页。

② 同上书，第二卷，第 13 页。

灵论直觉称为物质现象中的障碍。我们再谈这个问题，是为了指出它的扩张性。我们认为，生命直觉具有感情特征，我们应该强调这一点。它不像梅斯杰女士想象的那么理智。它持续的时间也更长，在一些引起梅斯杰女士注意的书籍之后问世的著作中，也能看到它的踪影。在精神文化领域，过错发生的年代越近，它的罪孽就越深重……

在一个确实比较久远的年代，1640 年，纪尧姆·格朗热（Guillaume Granger）[①] 发现我们加工的金属与自然状态中的金属有差别。他说，在研究它们属性的时候，必须注意到它们现“处在它们的母胎和自然处所之外，完全得不到大自然的监管和保护”。尼古拉·德·洛克在 1664 年阐述了同样的主题：“矿物的疾病来自比元素更远的地方……它们还来自它们的外形以及依附于外形的功能，而功能来自星辰以及它们母胎的缺陷。”[②] 然后，他列举了一系列先天性畸形。在同一个时期，人们还能看到像格劳贝尔这样著名的化学家也持同样观点。铁从大地被开采出来之后，“不再从那儿得到养料，在这种状态下，完全可以把铁比作一个佝偻的老年人；就像植物和动物界那样，大自然在金属方面也维持从生到死的循环”[③]。

---

① 纪尧姆·格朗热，第戎人，皇家御医：《金属生命的悖论》（*Paradoxe que les métaux ont vie*），巴黎，1640 年，第 18 页。

② 尼古拉·德·洛克：《涉及混合物体系统的自然哲学初步·论发酵》，第 58 页。

③ 埃莱纳·梅斯杰：《法国的炼金术学说》，第 124 页。

在距离我们年代较近的一位著名作者那儿，我们也能看到如此不可思议的论断。布尔哈夫声称百慕大的空气使得“金属都会马上灭绝”[①]。

明显的增值导致一些奇怪的道德评判。于是乎，众多作者认为铁锈是一种缺陷。一位作者在1735年断言：在亚当犯错误之前，“在地层深处的矿物和金属是不生锈的”。

疾病概念被视为明确和绝对的实体，套用在物质世界的物体上。18世纪末期，德·布鲁诺于1785年在一本经常非常精确的实验著作中写道：“锈蚀是铁易患的一种疾病……磁铁受铁锈侵蚀就失去磁力。人们给受到疾病袭击的磁铁的表面除锈之后，可以看见磁铁恢复部分的磁力。”[②]

1737年，一位具有相当批评精神的匿名作者写道：“在某些矿场中，尚有缺陷的金属在自我完善；末了，人们常常封闭藏有未完全成型的金属物质的矿穴；在以后的年代，人们在那儿找到了非常富有的矿藏。”[③]1738年，科学院以其权威担保如此具体的论断属实：人们几个世纪以来在贝里（Berry）的采石场开采燧石。尽管长期采掘，“燧

---

① 布尔哈夫：《化学成分》，第一卷，第504页。

② 德·布鲁诺：《关于磁流方向的研究》，第123页。

③ J.-B. 塞纳克（J.-B.Senac）：《遵循牛顿和施塔尔原则的化学新课程》（*Nouveau Cours de Chymie suivant les principes de Newton et de Sthall*），巴黎，1737年，第二卷，第4页。

石却从来没有被采尽，一旦采尽，采石场就关门，数年后，又能同以前一样在那里发现燧石……因此，枯竭的采石场和矿场会再次充实起来，矿藏依然很丰富”。

生产观念占据上风，连容量小于容器这样极为简单的关系都会被肆无忌惮地推翻。R. 迪卡尔——他的名字与大哲学家[①]的名字同音——从厄尔巴岛[②]开采的铁矿砂足以堆起两三座山。1682 年，另一位名叫德杜（Dedu）的作者说道“一些矿，不管开采的数量多少，矿物不会减少，因为旁边的空气会取代矿石的位置并获得它们的性质。我们拥有好几座这样的矿：在威尼斯国有一座硝石矿，在厄尔巴岛有座铁矿”。

因此必须让金属保留自己再生的秘密，避免过早地开掘矿藏。“假如打开一个矿，有可能会发现尚未形成的金属；由于发掘矿藏中断了自然的作用，这些金属就有缺陷，永远不能完美，矿藏蕴含的金属种子都会丧失它们的力量和功效，失去繁殖能力，不出产东西。”[③]

另外一位重要作者——他的著作 1751 年由西班牙语译成法语，被无数铸造师研读——也提到了厄尔巴岛铁矿的

---

① ［译注］指法国哲学家勒内·笛卡尔。

② ［译注］厄尔巴岛（Ile d’Elbe）：意大利西部沿海托斯卡诺群岛中面积最大的岛屿（223 平方千米），古罗马人在此开采铁矿。1814—1815 年拿破仑被放逐于此，现以拿破仑放逐地而著名。

③ 佚名：《炼金术篇章和绿色沉思》（*Le Texte d’Alchymie et le Songe verd*），巴黎，1695 年，第 52 页。

多产，还补充说人们在波托西[①]从一些矿里“发掘出数年前遗留下来的含银的矿石，因为当时矿石还不含银。这种事每天都在发生，而且持续多产，人们只能把它归于银的植物性种子的作用”。有时我们会发现一些通过简单比较、进行理性化解释的尝试。[②]照埃凯（Hecquet）的说法，“矿物质像植物那样生长、再生，因为植物的插条会生根，矿石的碎屑或者经过切割的钻石埋在地里，几年之后会重新产生别的钻石和矿石”。

这样的论断在 18 世纪末仍然是可能的。1782 年，波特（Pott）曾多次讲到矿藏多产的情况：“这些事情证明了金属的连续再生，从前开采过的那些老矿经过一段时间能够重新充满金属物质。”[③]克洛赛·德·拉沃姆利说，在某些国家，人们在废矿里扔撒“铁屑和铁碎块”[④]，简言之，人们在播撒铁块。播种后等待 15 年，“到那时候可以采出大量的铁……毫无疑问，数量激增的铁是因为被人们留在地里

---

① ［译注］波托西（Potosi）：玻利维亚西南部省份，矿物资源丰富。

② Ph. 埃凯（Ph. Hecquet）：《论消化和胃病，以研磨和破碎系统为原则，不借助酵母或者发酵，以及后者在健康和疾病领域的不可能性》（*De la digestion et des maladies de l'estomac suivant le système de la trituration et du broyement, sans l'aide des levains ou de la fermentation, dont on fait voir l'impossibilité en santé et en maladie*），巴黎，1712 年，第 136 页。

③ 波特：《元素，或者论空气、水、火、土的性质、性能、作用和用途》，第 372 页。

④ 克洛赛·德·拉沃姆利：《最为奇异的故事之后，发现、解释古代哲学最为隐蔽的秘密》，第 119 页。

的旧铁块腐烂之后，在雨水的作用下，与同一座铁矿里的种子酵母混合起来；旧铁块的种子被溶化、摆脱了囚禁它们的锁链，如同别的种子逐渐地起作用，像磁铁那样吸引土地中的空气、水、盐，把它们变为己有，随着时间的推移，它们转变为铁块。”

尽管作了相当多的研究，但是在19世纪的书籍中我们尚未见过类似的说法。矿物多产的神话显然同科学精神是不相容的。恰恰相反，它给前科学的精神留下了深刻的烙印。此外，研究胚芽这个概念之后，我们还会再谈这个问题。届时，我们可以证明矿物多产的神话属于精神分析的范畴。此时此刻，我们只管引起现代读者的惊讶，因为他会看到生命的概念如此具体地进入一个显然与之无关的领域。

## 5

撇开这些笼统的哲学观点不论，某些技术仍然是在突出对生物现象的优先解释过程中取得进步的。因此，显微镜最早用来研究植物和动物。它的原初对象物是生命。显微镜用于研究矿物质只是出于偶然，而且用得很少。但人们可以从现实中理解一件习惯性工作所起的认识论障碍的作用——显微镜能揭示出生物神秘的内在结构吗？于是马上出现了一种奇怪的对应关系：假如说显微镜在某矿物中揭示了一种结构，那么这种结构对于前科学的精神来说是一种或多或少隐晦的、或多或少变缓慢的、处于睡眠或等待中的生命的标志。有时候，这种标志不骗人——当人们发现珊瑚的动物渊源时，就会觉得这种发现是十分自然的。但是有的时候，这种标志会导致彻底的偏移。譬如罗比纳正在将各种推测联系起来："我在星彩石上看到一些纤维导管，呈弓形，就像胃室的膜表面那样。我可以让人们在最结实、最僵硬、可谓最原始的物体中，看到众多血管、毛发、纤维、乳头、丛生的腺体……既然动物的固体组织只是由布满小腺的毛细纤维组织构成，它们呈块状、网状、条状、片状、冠状、拱状、螺旋状，具有不同的紧张度、硬度和弹性，那么遇到具有这类结构的物体，人们不就得把它看作真正的结构体吗？"[1]我们上面提及的对应关系显然非常天真地得到了扩展。

从这种对细微结构的敏锐博学的直觉出发，罗比纳的学究式想象纵横驰骋，漫无边际，积累各种增值。"矿物拥有保存自身的存在——也就是获得自身养料——所需的全部器官和全部官能。它们没有任何运动能力，就像植物和某些诸如牡蛎、茗荷儿的甲壳类动物那样。因为它们不需要运动能力去寻找自己的食粮，食粮会来找它们。这种能力根本不是动物所必需的，对那些有此能力的动物而言，它只是一种生存的手段……既然它们以较少的手段，实现同样的目标，因

① 罗比纳：《论自然》，第一卷，第202页。

此，我们可以把那些无此能力的动物视为受到格外优待的生物……经过这番解释，我把矿物看作得天独厚的物种难道错了吗？矿物用不着挪地方，张口就能吃到食物。倘若它们缺乏食粮，它们就会痛苦和萎靡，不用怀疑，它们会有饥饿痛苦的感情和消除饥饿的快乐……倘若食物中掺进别的东西，它们会提取自己所需的成分，剔除变质的部分：不然的话，永远不会产生完美的黄金，也不会产生晶莹剔透的钻石。此外，和其他动物一样，它们体内具备过滤、蒸馏、制作食物并将食物送达各个部位的器官。”[①]

显微镜根本性的增值在于它发现了显露之下的隐秘，揭示出贫穷后面的富有，显示了寻常背后的神奇，它导致某些极端。其实，布封关于生命粒子的假设几乎是顺理成章的。物质与生命的二元性可能存在于高度发展的形式中，但是这种二元性在无穷小之中就变得微乎其微。布封的弟子蓬斯莱神甫明确指出，显微镜的发明使人可以在生命和呆滞之间建立起关系，他认为那些关系是准确的。当眼睛贴在显微镜后面的时候，人们将看到泛灵论的想象仍在继续进行。“发明显微镜以前，人们只根据非常模糊、可触感的、非常粗线条的关系判断物质，譬如它的范畴、可分割性、密封性、它的外形等等。可是自从这台令人赞美的仪器发明之后，人们发现了迄今无人知晓的新关系，为哲学

① 罗比纳：《论自然》，第四卷，第184页。

展开了极有意思的前景。人们一再变化观察、重复观察，从各种角度全方位观察，几乎能够无止无休地分析物质。人们确实看到散布在各处、始终在运动、始终有活力的粒子，也看到了可谓死去的、毫无生气的粒子。人们从中得出结论，物质从本质上讲具有两种力量，积极的力量和抵触的力量，人们可以把它们看作大自然的两个主要动因。”① 这样就毫无根据地把生命和活动等同起来，活跃的运动便是有生气的标志，因而是有生命力的标志："我承认——这是令人惊讶的事——这些粒子的运动似乎是难以摧毁的，因为在这些粒子似乎失去运动的情况下，譬如它们必须在液体中游动才能显露自己，而这些液体万一干涸了，只要给它们提供新的液体，比如说普通的水……人们就能使它们死灰复燃，让它们恢复生机，清楚地看见它们活泼地游动，就像在运动中止前那样，而这种情况发生在它们表面上被摧毁半年、一年、两年之后。”② 仰仗显微镜实验的泛灵论增值，蓬斯莱神甫可以说："物质的活动粒子和原始粒子存在很大的默契：这种默契、这种倾慕、这种倾向的目的只能是保存个体——然而这种倾向与欲望何其相似……”③ 由此可见，这就是早于叔本华半个多世纪问世的生命意志

① 蓬斯莱神甫：《味觉与嗅觉的化学，或者轻松和廉价炮制甜酒和香水的原则》，第 17 页。

② 同上书，第 19 页。

③ 同上书，第 59 页。

的直觉。它在此出现在前科学研究的范畴之内，从而使之具有浅薄的特征。实际上，对物理学家和形而上学者来说，这种直觉具有相同渊源：它来自无意识。无意识把任何延续性都解释成内在持续时间、生命意志、欲望……只要泛灵论直觉保持在笼统的水平上，就能感动我们、说服我们。在蓬斯莱神甫的笔下，在粒子的层面上，这种直觉显示出自己的不足。这种直觉应该在这儿得到检验，假如那是一种客观检验的话。但是实际上，问题的关键仍然只是用显微镜提供的新形象，继续世代相传的梦想。人们如此长时间地、以文学形式赞叹这些形象，就是人们在做梦的最好证明。

## 6

不过，我们要从那些解释方式的完全颠覆入手，设法把我们的观点说得更具体一些。实际上我们将指出，在前科学发展的某个阶段，生物学现象充当了解释物理现象的工具。这种解释不是简单地参照晦涩的生命直觉以及生命满足的默默激动；它是一种将物理现象运用于生理现象的详细阐述。扮演教员角色的还不是客观机械论，而是人体机械论。有时候——我们将举出许多例子——广义上的人体成为一台物理仪器、一架化学探测仪、一种客观现象的模型。

我们先以解剖方面的优先形象为例。譬如我们遇到的静脉和体毛的例子。弗斯（Fuss）这样极为能干的实验家在18世纪末保留的直觉与笛卡尔有关磁铁的直觉同样天真。弗斯制造出当时最高质地的磁铁，但是他用“在磁体毛孔中……”运动的液体来解释“磁性的不同作用”，“……人们一致认为这些毛孔由平行、长毛的相邻管道组成；就像静脉和淋巴管以及其他用来在动物构造内输送体液的管道那样，短绒毛或者活瓣朝同一个方向倒伏，让体液顺畅地流过，慢慢渗入毛孔，一切逆向流动的体液则无法通过”。[①] 因此，他像抚摸他的猫那样抚摸他的磁铁。他的理论不比他的动作走得更远。尽管动作做得很艰难，可是弗斯强调这个形象：“硬度较高的钢较长时间地拒绝这些管道的合法支配，必须付出很大的代价才能激发出包围天然磁铁那样的旋涡。”[②] 在雅德罗（Jadelot）神甫看来，头发是一类十分明确的目标：“大家知道，铁丝在弦乐器上用来发出最尖锐的音调。然而它能够承受这种巨大的张力，似乎表明这种金属是由能拉丝和编织的头发制成的，就像我们的大麻那样。”[③]

---

① 尼古拉·弗斯：《关于人工磁铁的实验与观察，主要涉及制作磁铁的最佳方法》（*Observations et expériences sur les aimants artificiels, principalement sur la meilleure manière de les faire*），圣彼得堡，1778年，第6页。

② 同上书，第9页。

③ 雅德罗神甫：《自然的机械论或者建立在火的力量之上的世界体系，之前为牛顿体系考察》（*Mécanisme de la Nature ou système du monde, fondé sur les forces du Feu, précédé d'un examen du système de Newton*），伦敦，1787年，第201页。

1785年，德·布鲁诺指出，惠更斯和哈特索克[1]认为磁铁由许许多多让磁性物质通过的空心棱柱组成。他补充说："欧乐[2]先生采用了他们的意见，将这些空心棱柱与动物体内的静脉和淋巴管作比较。"[3]一位具有科学精神的人会思忖欧乐的比较在哪方面说明了惠更斯提供的第一个形象。在前科学的精神看来，泛灵论形象总之比较自然，所以更有说服力。然而这显然是一种错误的解释。

现在请看一个作为测量原则的生物现象。生命法则极有规律，人们对此极为信任，以至于把脉搏作为测量某些实验的秒表。培根为这个不准确的时间参照，贡献了许多非常能说明前科学精神特征的细节。人们在《林木集》中读到："火焰在不同条件下的燃烧时间值得研究。我们首先谈论不借助任何灯芯之类的东西而直接燃烧的物体。一调羹热葡萄酒的酒精燃烧时间为116次脉搏；加上1/6调羹的硝石，等量的酒精燃烧94次脉搏；加1/6调羹的盐，燃烧83次脉搏；加上1/6调羹的火药，燃烧110次脉搏；一块蜡放在葡萄酒酒精中燃烧87次脉搏；一块火石（！）燃烧94次脉搏；加上1/6调羹的水，燃烧86次脉搏；加上

① [译注] 尼古拉·哈特索克（Nicolas Hartsoeker, 1656—1725）：荷兰天文学家、地质学家、物理学家。他发现精虫，改良显微镜和望远镜。

② [译注] 欧乐（Leonhard Euler, 1707—1783）：瑞士数学家。在几何学、微分学、理论流体动力学和数论等方面都有开创性贡献。

③ 德·布鲁诺：《关于磁流方向的研究》，第22页。

一调羹水，只燃烧 4 次脉搏。”难道需要顺便指出无论从原则还是从测量的角度而论，这些实验没有一项是针对某个明确的科学问题的吗？

我们看到在整个 18 世纪，有许多记载电作用于脉搏的文献。根据这种作用，人们甚至声称区分出两种电。莫迪（Mauduit）认为正电能将脉搏的速度提高 1/7，阿利巴尔（Alibard）则认为负电能将脉搏减速 1/40，灵敏度高了许多。其他作者不作这种区别，这表明这种测量缺乏客观性。卡瓦罗说：“正电或者负电将脉搏的速度提高 1/6 左右。”

要弄清楚伽伐尼派和伏特派之间的争论，弄清生物电和物理电之间的争论，我们得写一本书。但是不管这些实验家属于何种学派，他们都越来越多地做生理实验。人们的兴趣首先集中在这些实验上。雷诺（Reinhold）研究了对味觉的作用。关于嗅觉，卡瓦罗（根据休［Sue］的记载）说：“将一根银线尽可能深地插入鼻孔，然后在舌头上放一块锌，两者接通之后，他闻到一种腐臭味。”[1]

雷诺举了大量的有关视觉的例子：“人们在右眼放银块，左眼放锌块之后，可以看到非常清晰的亮光。”

有时候，实验的构想简直令人难以置信，然而我们所指的这个实验被很多作者重复过，而且是在各种实在不可

① 保罗·休（P. Sue）：《直流电疗法的历史》（*Histoire du Galvanisme*），四卷本，巴黎，第一卷，第 159 页。

想象的条件下进行的。我们仅举几个例子吧。"洪堡[①]甚至制定了……四种制造这种亮光的方法（那只是光感）。最引人注目的那个令人非常明显地看到亮光的方法是：他在舌头上放了锌块之后，将银块深深地塞入直肠。福勒（Fowler）说自己不但明显地看到了亮光，还发现瞳孔收缩，别人也有同样的反应，他认为这证明了电流对虹膜起了作用。"[②]人们承认这种作用确实是间接的，我们很难想象这种实验的重要性。我们无法找出人们是通过什么途径想出这个动用全部消化道的实验的。也许是根据消化现象非常直观地表达的内在化的神话。阿夏尔（Achard）重复了这个实验，除了光亮之外，他还记录了"想上厕所大便的欲望"。洪堡用朱顶雀、青蛙、两只金丝雀重新试验过。作用非常显著，洪堡不慌不忙地总结说："假如能够找到一种在人的直肠上大面积地敷设电枢的合适方法，它肯定比用烟草味抢救溺水者更见效果。"[③]

当人们给生物特征增值时，伏打电疗法的实验清楚地代表着泛灵论障碍的特征。这时候，复杂的现象声称自己为解释简单的现象提供帮助。洪堡这样说道："一根与某些

---

① ［译注］洪堡（Frédéric-Alexandre Humboldt, 1769—1859）：德国自然科学家、自然地理学家，近代地质学、气候学、地理学、生态学创始人之一。

② 保罗·休：《直流电疗法的历史》，第一卷，第 158 页。

③ 洪堡：《论直流电疗法以及肌肉和神经纤维的刺激》（*Expériences sur le Galvanisme et en général sur l'irritation des fibres musculaires et nerveuses*），J.-F.-N. 雅德罗医生翻译，巴黎，1799 年，第 335 页。

肌肉纤维有机连接的神经，显示出两种金属的质地相同还是不同，是处在纯的合金状态还是已经氧化；表明矿物的颜色取决于碳分子还是取决于氧化。这种方法很容易确定钱币是否有合金成分。作为肌肉和神经的电枢用在虚弱的动物身上，两枚旧路易或者两枚共和国金币几乎不产生任何刺激，普鲁士弗里德里希新金币也一样。但是新的老路易钱币就不同……”[①] 他又说："活的神经纤维能指出某座矿蕴藏着合金还是氧化金属。假如一种有组织的物质接近动物性质……它就是一架活生生的煤炭探测仪、一种几乎与燃烧和强碱的作用同样可靠的发现煤碳的方法。"[②] 受到这种观点的诱惑，洪堡的批评精神锐减，几乎到了接受对"那位集显示水文、煤炭和金属的能力于一身的神奇的图弗内尔（Thouvenel）人的传说"[③] 的地步。有时候只需要初步理性化或者借口理性化，最有学养的人也会接受魔术棒变出来的"科学"。

洪堡在自己身上做实验来确认电疗法的特点，这样就把泛灵论直觉与实体论直觉合为一体了。他给自己提出下面这个问题：某些动物的电流是否与别的动物有本质差异？他的答案如下："几个电枢放在我赤裸的背脊上，一根铁丝把分散的电枢联系起来，结果在几位观看实验的人

① 洪堡：《论直流电疗法以及肌肉和神经纤维的刺激》，第 183 页。

② 同上书，第 184 页。

③ 同上书，第 449 页。

的味觉器官上产生了非常明显的刺激，而用青蛙大腿重复同样的实验，却从未产生过这种刺激。之所以有这种差别，难道不是因为人体器官更容易受热血动物的体液的影响，而受冷血动物体液影响比较小吗？人们难道不应该想象，就像因动物类型而异的生物体的所有体液那样，积聚在神经和肌肉中的非常细微的体液，也可能有差异，不仅仅是不同种类之间的差异，而且还根据每个人的性别、年龄以及生活类型而有所差异吗？”[①] 由此可见，人们非但没有朝客观的方向研究这些现象，反而在泛灵论直觉的驱使下，倾向于把现象个体化，倾向于突出生命物质的个体特征。

正如人们在 18 世纪常说的那样，“人体是最宽敞的电物质贮藏器之一”。阿尔梯尼把“每个生物体都看成动物电池”，他认为电流“对我们所有的体液以及分泌器官产生作用，我们还不了解这种作用产生的后果。人们还可以走得更远，把我们的腺体都看作电流的储藏库，这种电流在某处的积累比较多，自由程度有大有小，经过各种方式的改变，使得流经整个腺体系统的血液，具有通过不同分泌承受一切变化的能力”。阿尔梯尼在这些泛灵论观点的引导下，毫不犹豫地认定各种不同物质在人体内产生的电作用。于是，“鸦片、奎宁等其他类似的刺激物对动物系统的作用很大，还能增加电池效应……我用布朗（Brown）推荐的各

① 洪堡：《论直流电疗法以及肌肉和神经纤维的刺激》，第 476 页。

种刺激物制作溶液；用纸板蘸上溶液，放在普通电池的金属片之间，我看见这些物质提高了电流强度”。人体确实是最初的化学探测器。

动物探测器的复杂性使人们研究一些确实是次要的甚至是稍纵即逝的变化情况。伽伐尼拿活的和死的动物、热血动物和冷血动物做实验。他发现“动物年龄越大越容易表现痉挛动作”[①]。拉塞佩德走得更远：“我觉得骨头特别具有电性质，在过了青春期的动物身上尤其如此，它们的骨头不再那么柔软，开始变硬。”伽伐尼在给斯帕兰札尼[②]的信中写道：“动物电不是普通的电，不同于人们在所有体内看到的那种电，而是一种经过改变、与生命原则结合的电，它因此获得了一些独一无二的特征。”而且人们看到，整个伽伐尼学派的研究都被他们所使用的生物探测器的特殊性干扰。伽伐尼学派未能进入客观研究的领域。

库仑天平上指针的运动是一种机械特征微弱的运动，而对伽伐尼学派来说，肌肉痉挛是一种得天独厚的运动，富有特征和含义，从某种意义上说是一种经过体验的运动。依此类推，人们就认为这种生物-电运动比任何别的运动都更能解释各种生命现象。阿尔梯尼在问自己，电痉挛的实

---

① 保罗·休：《直流电疗法的历史》，第一卷，第 3 页。

② ［译注］斯帕兰札尼（Lazzaro Spallanzani, 1729—1799）：意大利生理学家、实验生物学奠基人，首次成功地对狗进行人工授精实验，在微生物及感觉、消化、呼吸等方面均有贡献。

验能否“导致对昆虫构造更准确的认识？也许实验能告诉我们这些动物身上的哪些部位特别具有痉挛能力”。阿尔梯尼对佐诺蒂·德·波罗涅（Zanotti de Bologne）的实验记忆犹新：在被弄死的知了身上，人们立刻得到了痉挛和蝉鸣，小萤火虫死后，“它的磷光变得更加明亮，发出比自然状态下更亮的光辉……粗大萤火虫也发出更强的亮光，而且人们还在遍布全身的每根毛的顶端看到一颗很亮的小星星”。就这样，前科学的精神没有朝健康的抽象的方向走去。它寻求具体的、非常个性化的实验。

但是电的问题首先在生物基础上形成，人们可以原谅生物学家伽伐尼继续从事自己的本行，因为他遇到的是属于另一个未知的新领域的现象。因此，我们试图在一个比较自然的主题上说明泛灵论障碍的特征。我们将另辟一章，专门研究消化主题给客观认识所带来的虚假的明了。

# 第九章

# 消化的神话

## 1

消化是一种颇受青睐的功能，它是一首诗或是一出悲剧，是赞美或是祭献的源泉。因此它在无意识那儿成为一种解释性的主题，主题的增值是直接而且扎实的。人们习惯于说乐观和悲观是胃的问题。可是人们在社会关系中关注的是好情绪或者坏情绪：叔本华在人类那儿寻找支持自己理论体系的理由，或者照他的特征如此明确的说法，寻找恨世者的食粮。事实上，对物和对人的认识出于同样的诊断，就某些特征而言，现实首先是一种食物。孩子在认识东西之前，会把东西放进嘴里来认识它们。舒适或不适的标记可以被一种更决定性的标记抹去，即唯实论占有的标记。消化其实等于一种无比明确的占有，一种无懈可击的可靠的占有。它是最强烈的唯实论和最贪婪的吝啬的源头。消化确实是泛灵论吝啬的功能。消化的全部体感是内心神话的渊源。这种“内在化”有助于推测“内在性”。唯实论者是一名食客。

这种占有功能在某些前科学著作中的确十分明显，略提一下就不言而喻了。譬如，德·拉·尚布尔朝拥有的方向强化食欲："口味在嘴里、在门口……可是食欲在接纳入内之物的场所，况且占有作为食欲的结局和目标，食欲必定渴望占有者，因此接纳食物的胃必定也有食欲。"[1]

这种占有成为整个增值体系的对象物。固体和黏稠的食物立即得到优待，与吃饭相比，饮水什么都算不上。若智慧随着手抚摸固体而发展，无意识则在满嘴嚼着面团之中变得根深蒂固。在日常生活中，人们很容易理解固体和面团的优越性。人们也能在前科学的许多著作中看到它的痕迹。匿名发表《论解除封斋期斋戒》的埃凯认为，饥饿非常自然，而口渴则始终违背自然："发烧时，他们感到口渴，痊愈后，他们感到饥饿。"（*febricitantes sitiunt, esuriunt convalescentes*）"饥饿来自强健的胃，它感到自己的力量，激励自己的力量，它排空了汁液，但是充满着活力……口渴来自无所事事的神经纤维，干涸使之变得僵硬，动弹不得。"[2]因此，饥饿是那种占有固体的、持久的、全部的、可吸收的食物——即力量和威力的真正

① 德·拉·尚布尔:《关于消化的新推测》(*Nouvelles conjectures sur la digestion*)，巴黎，1636 年，第 24 页。

② 佚名:《论解除封斋期斋戒》(*Traité des dispenses du Carême*)，巴黎，1710 年，第二卷，第 224 页。

储备——的天生需求。骆驼也许把水存起来，以便穿越沙漠。“也许它们具备在喝水前老是把水搅浑的本能，水因此变得更泥泞、更沉，保存的时间更长，以后才流进胃里。”

当然，人们从增值的角度进行思考的时候，离价值的矛盾就不远了。但是这种矛盾乍看只涉及理性因素。事实上，矛盾只活跃在滋味与倒胃口的辩证关系上。在这方面，18 世纪关于面团的喋喋不休的辩论令人颇受教益。狄德罗这位堪称与卢梭旗鼓相当的人，将给我们提几条卫生建议，那是科学辞藻和无意识增值的奇怪的混合物（《百科全书》的条目*糊状物*）。“人们习惯在孩子出生后 2 至 3 年间，用牛奶与面粉搅和煮熟，即那种被称为稀糊的东西喂孩子。没有什么比这种喂养法更有害了。”这儿就是一个学究式的证据：“实际上，孩子的肠胃消化不了这种粗劣的食物。那是不折不扣的糨糊，一种黏胶剂，把乳糜流入血流的狭道堵死，而且它往往最容易堵塞肠系膜腺，因为食物中的面粉尚未发酵，会在孩子的胃里变酸，继而黏液把胃覆盖住，在那儿产生寄生虫，引起各种威胁他们生命的疾病。”这么多的理由、推论、推理，目的是要告诉我们狄德罗不喜欢黏糊！城里人对饮食的理性思考比什么都多。什么东西都不如物质的标志。凡物质就是有营养的，凡有营养的就是物质。迪拉德（Durade）在一本于 1766 年荣获柏林科学院物理学奖的著作中，简练地评价了物质消化的基本原则：

“唯有物质给予滋养，其余的都只是配料。”[1]

通过消化吸收同类的东西是最持久的神话之一，人们能在各个科学时代看到它顺应当时流行的科学，找到它的踪迹。为了揭示其预想特征，最好找一个比较早期的作者。蒙彼利埃的法布尔博士用自己的哲学语言说：“诚然，食物起初有别于他所吃的食物，但是他必须抛弃这种差别，通过各种变更，使自己与被吃的食物相似起来，然后把它吃下去。”[2] 现代的饮食理想并不比这篇文章进步多少。它依然还是*唯物的*。人们要孩子吞咽磷酸酯，让他们长骨骼而不考虑吸收的问题。即使某个实验是真实的，人们也从错误的哲学角度加以思考。人们始终希望同类互相吸引，同类需要类似之物才能生长。这就是消化吸收给人的教导。人们想当然地把这些教导移植到对无机现象的解释中去。法布尔就是这么做的，他以消化吸收为基本命题，推出了一系列化学和普通医学课程。

## 2

增值使人赋予胃一种极其重要的作用。古代人把胃称作“肺腑之王”。埃凯无比崇敬地讲到它。然而在他的理论

---

① 迪拉德：《营养的生理和化学论》（*Traité physiologique et chymique sur la nutrition*），巴黎，1767 年，第 73 页。

② 法布尔：《化学秘密概论》，第 15 页。

中，胃不过是负责搅碎食物的器官而已。可是，尽管如此，它是多么神奇啊！“这架哲学的、充满活力的磨无声无息地研磨，不用火就能融化，不用腐蚀剂就能溶解，而所有这一切都由一种既惊人又简单而且温和的力量来完成；因为尽管它的功率超过一架好磨，它低调地起作用，平静地运动，蠕动时没有痛感。”1788 年，鲁瓦・德容凯特（Roy Desjoncades）只观赏了胃部所在的位置，不过激动之情已溢于言表！“胃——这尊消化壶——所处的位置、它的形状、它的直径、胃壁的厚度、分布在它四周的助理，一切都安排得极为对称井然，以保持这个生命热源……脏腑、肌肉、四周的动脉和静脉血管都堪称炽热的火炭，使这团火生生不息。肝脏呵护着它，温暖它的右侧，脾脏在另一侧也起着同样的作用。心脏与横膈膜在它的上方担任同样的角色。腹肌、大网膜以及腹膜从前面给它送去热量，最后主动脉、干腔静脉会同脊柱肌也从后面为它效力。”①

胃热量的增值本身也是非常发人深省的。它频繁地出现在前科学时期的著作中。人们在 1673 年出版的《科学院历史》中读到以下这段文字：“我们的胃像火那样制作植物的提取物，对它们的改动也不小。譬如，它从葡萄酒里面提取出一种会令人头晕的酒精，消化之后产生部分燃烧物

---

① A. 鲁瓦・德容凯特（医学博士）:《用于医学物理原则以及促进人类福祉的自然法则》（*Les loix de la nature, applicables aux loix physiques de la Médecine, et au bien général de l'humanité*），两卷本，巴黎，1788 年，第一卷，第 97 页。

以及挥发性硫化物质。但是在胃功能与化学功能的关系中最惹人注目和最令人满意的，在于人们在某些例子里看见它以自己的温和、湿润的热量构成或者获得一些物质，而同样的这些化学物质只有用旺火才能获得。人们正是用后一种方法从貌不惊人的催吐粉中获得轻盈物质；胃则缓慢而轻松地得到这些同样的、唯一能刺激和干扰它的物质。”[1]毋庸讳言，当胃的化学与“人工化学”出现差别的时候，由于前者*在活体内*，人们始终认为它最自然，因而也是最巧妙的。

在这儿，我们接触到了被前科学精神无休止地环绕着的那种*轴心*特性。消化是一种缓慢、温和的烧煮，因此，任何长时间的烧煮都是一种消化。若要理解泛灵论思想的方向，我们应该好好思考这个逆命题。那不是一个简单的隐喻。实际上，在前科学的精神之中，化学企图从观察消化现象的过程中增长知识。

首先，人体的*形状*不就是明显地勾画了一个炉灶吗？16 世纪末，亚历山大·德·拉·图莱特（Alexandre de La Tourette）在一篇年代较远的文章中给我们天真地描绘了他的遐想：“我们也看到，上帝这位卓越的炼金术大师造就了这个结构多么完美的炉灶（即人的身体），让人挑不出任何毛病：炉灶有必要的通气孔和调节器，即嘴巴、鼻子、耳

---

① 《科学院的历史》，第一卷，第 167 页。

朵、眼睛，以在其中保持适当的热量和持续的、透气的、明亮的和调节适宜的火，便于在炉子里从事各种炼金术操作。”

消化——18世纪的一位作者说——是“一场小火灾……食物必须与胃的消化能力成比例，就像柴禾的长短必须与炉膛匹配那样”。如今把食物的价值折算成卡路里，这样做不一定比这些简单的形象更恰当。

对于前科学的生物学家来说，胃烧煮的程度足以确定物质的特性。同一位作者还说：“请你们相信，牛奶和乳糜之间……只有烧煮程度或者说消化时间长短的差别。”[①]

帕潘锅——实际上是一种地道的挪威锅——不是无缘无故被叫作帕潘蒸煮器的。人们解释它的现象时，想到了胃的消化功能。尤其令人惊讶的是，用文火煮六分钟到八分钟之后，肉“变得酥软，更确切地说成了完美的肉酱，假如火头再大一些，或者照原样多烧几分钟，最硬的骨头都会酥软或者变成肉冻。人们认为这种效果是锅子关得密不透风的缘故；由于空气既不能进也不能出，肉体内空气膨胀和振动所引起的颤动是一致和非常有力的”。人们在此认出了胃研磨的理论。而且这篇文章继续说：“这项实验似乎与胃的作用极其类似，因为，尽管这个内脏器官的消化

---

① 佚名：《关于整个自然的物理新论，或者关于全部身体的思考、冥思，医学从中获得最大益处以治疗人体，人们将从中看到一些未曾出现的奇怪现象》，第二卷，第40页。

作用一般来说没有这样激烈和强劲，但说到它的热量和构造，德拉克（Drake）先生认为效果完全相同。”[1]

为了捍卫胃研磨的理论，埃凯先生指出，巧克力的优质、细腻、可靠，在于它得到了很好的研磨。“糕点业可以提供上百万个（证据），因为发酵、和面的手法不一样，成分相同的面粉可以做出不同的糕点。也许应该隐去这个通常令哲学家们不满意的细节，因为除了崇高或者神奇，没有任何东西能打动他们。”这种推论方式很好地展示了从烹饪到消化的延续性。人们常说消化始于厨房，高深的理论亦如此。符合生物智慧的工匠人是个厨师。

以前，一些对我们确实毫无意义的行为也带有消化的神话的烙印。《百科全书》仍然把 buccellation 一词解释成一种“以一口之量分割不同物质，以便对它们进行加工的行动”。化学操作的泛灵论历史因此就从捣臼开始了。消化的隐喻将在整个操作期间支持客观思维：身体的体验将在生物实验的层面上起作用。有些炼金术士甚至赋予食粮这个概念以其全部的力量和全部的准确含意，可是他们其实在对材料进行加工。他们采用进食这个词，打算用牛奶、面包为某种化学反应提供养料，来加速这种反应。1722年，克洛赛·德·拉沃姆利还在说什么“给成分进食、喂

① 《百科全书》，“蒸煮器”条目。

奶"[1]。有时候这是一种形象化的表达，有时候则是现实，有人把牛奶倒进曲颈瓶里。说实在的，泛灵论的直觉混乱到了白色粉末均可起到面粉作用的地步。在 1742 年，有一位作者就这样正式承认过面粉在某些矿物质中的特性。当然，"各种面粉的营养效果不尽相同"，但是兑了水之后，一种"面粉变成了奶。相比之下，与人们从奶牛身上挤出来的奶液……也没有差别"。由此可见，营养食品这个在无意识中极明确和十分有价值的概念不知不觉地潜入到前科学化学的推理之中。

古老的渗碳法明显地从属于多少有些神秘的进食。人们在《百科全书》的"淬火"词条中看到，理性化不妨碍承认原始的食粮想法的痕迹："炼钢是要使铁含尽量多的燃素或是燃烧成分。为产生这种效果，人们给待炼成钢的铁加上各种各样的油腻物质，其中包含大量的易燃成分，这些物质把它们传递给铁……人们根据这条原则，使用属于动物界的物质，譬如骨头、劣质肉、鸟爪子、皮革、羽毛等。"未开化的人将装满羽毛和皮毛的小盒子放在炼矿石的炉膛附近，等待奇迹。前科学的冶金者则更加唯物，把羽毛和皮毛投入坩埚。蒜汁淬火技术即使不属于消化神话，至少也与佐料神话相关联，后者扮演解释微量因果关系的

① 克洛赛·德·拉沃姆利:《最为奇异的故事之后，发现、解释古代哲学最为隐蔽的秘密》，第 21 页。

角色。人们可以在《百科全书》中看到这种炼高等级钢的淬火方法："把大蒜切成小块；浇上烧酒，在某个热的地方存放24小时，让大蒜消化；然后，用布包起来挤压，把汁保存在瓶内，把瓶口封严，以便给最棘手的工具淬火时酌情使用。"狄德罗身为刀剪匠人的儿子，没有对这种方法做出反响，给这个条目放了行。父辈的技艺是不该受批评的。

不过，炼金术自然首当其冲，成为消化神话泛滥的场所。数量众多的隐喻源于炼金术的消化器官就在情理之中了。因此，"普通的腐蚀剂饥肠辘辘，想方设法吞食金属，疯狂地攻击金属，以填饱肚子"①。锑是"一头饿狼"。很多作者都是这样刻画它的形象："这种晶盐像个饥饿的孩子，你们愿意给什么精华油，它就吃什么油，很快融入自己的体内。"② 整个活动被当作进食来写："就像碱与精馏的酊剂必须合为一体那样，一方似乎吞噬了另一方。"这些在科学精神看来毫无用处的形象数量庞大，这相当清楚地表明，对于前科学的精神而言，它们起到了足够的解释作用。

## 3

既然人们把胃与曲颈瓶联系起来，然后把整个生物现

---

① 伯勒曼：《关于哲学家硫黄之神秘的新医学之光》，第22页。

② 勒贝尔杰：《阿尔克莱斯特或者凡·海耳蒙特万能溶剂，在众多发现其秘密的论著中》，第二卷，第156页。

象和整个化学现象放入同一个单位，人们就会把类比关系推向极致。在某些前科学的宇宙起源论中，大地被当作一架庞大的消化机器。我们在前面粗略地提过大地的生活，现在来仔细谈谈。德·拉·尚布尔说得很干脆：对于植物来说，食物“别无其他消化器官，大地就是它消化食物的胃”[①]，“动物形植物……除了大地，没有别的消化器官”。所以说，动物有胃，“有些在它们体内，属于身体的一部分，有些则不是这样”。不过其他作者说得更多。一位作者同时提到三种在大地、厨房或者在胃中进行的消化。“矿物原料的产品是植物和果实，它首先是在地里酝酿成的，大地就像胃，它得到阳光的温暖，烧煮和消化矿物；然后厨师们接着上场，可以说是置身于大地和我们的胃之间；通过他们灵巧的消化、研磨、浸解、发酵、烧煮、油氽、焙炒，以及其余的佐料，来补充果实成熟所需要的东西……然后，胃置身于厨师和静脉之间，以自己的发酵来增强这些物质精髓的活力，我指的是这种食物水银，或者说是湿润的根基，它们给各个部位提供营养：最后，静脉的发酵置身于胃的消化、体液的吸收，或者说它们向各部位的物质转化之间。”[②]假如消化的神话失去其光辉，这种世界观当然会立刻土崩瓦解。

---

① 德·拉·尚布尔：《关于消化的新推测》，第 15 页。

② 于诺（Hunault）：《从人体角度论近年来猖獗的高烧》（*Discours physique sur les fièvres qui ont régné les années dernières*），巴黎，1696 年，第 16 页。

人们在埃凯那儿也能发现同样的*超越*。胃通过研磨进行消化已经满足不了他。他企图表明整个宇宙都在研磨和消化。[①]他在著作中用了整整一章来证明“研磨在植物和矿物的消化中占据相当大的份额”。枝条上一个个的节都是“压榨机或者一颗颗小的心脏”。“空气拍打、摇撼它接触的任何东西……化学家称之为大地的*羊毛*。”可是任何东西都无法阻止学究的幻想：“尤其是月亮，还有星辰，这些巨大的物体围着自己的中心滚动，全都沉重地压在空气上，它们践踏空气、晃动空气、磨砺空气、粉碎空气。”月亮推动空气；空气推动水；水是不可压缩的，于是导致大地内脏的压力上升，从而促进*矿物质的消化*。“在矿物质的消化中，想象研磨的作用也许不那么容易，但这种消化是植物化过程，而我们刚刚看到，植物化是以研磨的方式实现的。此外，大自然使用各种手段孕育同一种类的物质，我们何必寻找那些手段之间的差异呢？”[②]埃凯重复了大地静脉理论之后，又补充道：“大自然似乎依照人体来临摹大地。”[③]可见在不到200年前，学术界居然容许如此令人愤慨的本末倒置。

此外，在阅读某些文献时，人们还能发现一些很具

---

① 埃凯:《论消化和胃病，以研磨和破碎系统为原则，不借助酵母或者发酵，以及后者在健康和疾病领域的不可能性》，第126页。

② 同上书，第135页。

③ 同上书，第136页。

体的形象与最隐秘的泛灵论灵感之间存在联系。1742 年，有位作者在科学院宣读自己撰写的论文，他认为："大地有自己的肠子、内脏、过滤器、沟渠。几乎可说有它的肝、脾、肺和其他用于准备食物精华的部分。大地也有自己的骨头，就像一具结构很规整的骨骸。"面对这样的文章，假如不采取一种诙谐的态度，假如稍微接受其幼稚的诱惑，听从令人喜悦的灵感，人们马上就会在感受到不合时宜的具体形象后形成了一个模糊的理念。这种模糊而又强烈的理念就是大地乳娘、大地母亲的理念，它是被丢弃者的最初和最后的避难所。这样，我们更透彻地理解了兰克（Rank）在《诞生的创伤》一书中所阐述的精神分析主题；人们终于可以将一种崭新的意义赋予一个痛苦而胆怯的人所感到的那种需要了，他需要重新找到生活，找到属于他的生活，并且像雄辩的哲学家所说的那样融入总体中。生活的奥秘深藏在中心；凡是隐藏的东西都是深刻的，凡是深刻的东西都是至关重要的、有生命力的；创造性的精神是"地下的"。"无论在大地中还是在我们的体内……当外在的一切皆工于装饰，或者充其量做一些不太棘手的操作的时候，内在则忙于最困难、最重要的工作。"

罗比纳在 1766 年仍然写道："一种液体在地球的中心流淌。它驮着泥土的、油脂的、含硫的要素，把这些要素送到矿山、采石场，为它们提供养料，加速它们的生长。

实际上，这些物质转化为大理石、铅、银，就像食物在动物的胃中变成它自己的肌肉一样。”人们可以看到一种无意识的宇宙理论的一些要素，这种理论以对食欲旺盛的坚定信念为基础。暴食是同一性原则的一种体现。一切都可以食用。同样，一切都被食用。罗比纳继续写道：“各种东西互为食物……保存自然总是以牺牲自然为代价。总体的一半吞噬另一半，然后自己被另一半吞噬。”[1] 对这种相互吞噬很难进行理性的解释，甚至难以设想这种吞噬。而消化者却是很容易作此遐想的。

不过，在我们考察比单纯的消化神话更有力、更诱人的大地繁殖神话的时候，我们将很快有机会强调所有这些观点，对它们作出真正的精神分析的解释。

## 4

显然，同消化的神话相联系的是有关粪便的重要性。许多精神分析学家描绘了肛门阶段在孩童心理发展中的地位。R. 阿兰蒂和Y. 阿兰蒂指出：“弗洛伊德在1908年，琼斯在1921年，亚伯拉罕（Abrabam）在1921年都长时间研究了刻意强调这个以肛门为特征的消化阶段对成年人

① 罗比纳：《论自然》，第一卷，第45页。

产生的后果。”[①] 人们在他们的著作《资本主义与性征》中可以读到对此很透彻的研究。在阅读这部著作时，人们会感到有必要用对占有感的精神分析来充实传统的精神分析，正如我们前面所指出的那样，这种占有感具有原初的消化性质。我们不能就这个主题展开论述。我们只想指出，面对如此荒诞的增值，科学性的客观认识也感到困惑。

几乎不可设想，在 18 世纪的药典里还保留着如百花水和狗屎这类药物。百花水只是蒸馏奶牛粪便的产品。马卢万专门为此写了一章。但愿人们不要相信蒸馏把药物净化了，医生就可被原谅了。他们还打着百花水的幌子，让人喝尿。“人们选牝犊的尿或者健康的褐色小乳牛的尿，这些乳牛吃着 5 月或者 9 月的肥美牧草长大，清晨……他们把热腾腾的尿端给必须空腹的病人……这种肥皂沫般的液体能有效地化解因胆汁过稠或其他体液黏滞所形成的梗塞；它可大量催泻，有时甚至还会让人呕吐……”马卢万建议患哮喘、水肿、偏头痛的病人服用此药。“吃牧草的奶牛拉下的新鲜牛粪具有缓解伤口和肿瘤炎症的功效……公牛的体温与雌牛的体温不一样，因此人们就不能否认公牛粪与奶牛粪在某些方面有差异……公牛的粪主要用于维系松弛

① R. 阿兰蒂和 Y. 阿兰蒂（R. et Y. Allendy）:《资本主义与性征》(*Capitalisme et Sexualité*)，巴黎：Denoël 和 Steele 出版社，1932 年，第 47 页。

的子宫，防止子宫下垂。”[1]我们顺便注意到，性别的过度限定被视为一条明显的原则。在以恶臭的物质固定子宫的过程中，我们还注意到理性化的方法，这种方法与我们根据精神分析家琼斯的理论已经指出过的方法是相同的。值得指出，马卢万没有提到任何批评意见。乔弗洛瓦的《医学材料》一书同样缺乏批评，他建议用老鼠屎来治便秘，用它在体外治疥疮，用蜂蜜和洋葱汁调和在一起可以使人长头发。

*Album graecum* 就是狗屎。《百科全书》对它作了如下的描述：“几位作者——尤其是埃特姆勒（Ettmuller）——将许多功效赋予狗屎；他们称赞狗屎可以发汗、缓解、退热、伤口敷药、软化、补水，对治疗痨子颈、咽峡炎及各种咽喉病有特效。”由于原料本身令人不屑一顾，由此可见这是多么强烈的多功能增值。这篇文章的作者似乎有些疏远这种疗法：“给我们治咽喉病的时候才使用它，适当地用于漱口剂，计量为半个格罗[2]或者一个格罗。”对往日用途极广的狗屎的这种限制在为理性化作准备，理性化势必让我们感到认识论障碍的抵抗。除了缩小障碍、转移障碍，人们不相信还有别的办法能克服障碍。人们不觉得障碍在于精神本身。被无意识抬高价值的一些谬论长期以来仍然

① 马卢万：《医药化学》，第一卷，第 112 页。

② ［译注］格罗（gros）为旧时的重量单位，1 格罗合八分之一盎司。

颇有市场。因此作者做了如下的“理性化”阐述：“确切地说，狗屎是一块动物土壤，因此有吸收能力，类似于加工过的象牙、经过炼金术加工的鹿角等。狗的消化液以及用于制作这种狗屎洗剂的水消耗被狗咬碎、吞咽的骨头，或者说溶化了它的淋巴物质，几乎就像炼金术用开水消耗鹿角那样。因此，与同类的吸收性物质相比，看不出它占什么优势。”这种腼腆和未竟的贬值，再次相当明确地说出了这种怪药的原初价值。

粪便成为许多蒸馏的对象。“翁贝尔（Homberg）先生从粪便中提取出一种白色无臭的油，他的方法令人好奇，由于它所能提供的观点和思考的主题，这种方法理应在此获得一席之地。”① 马凯没有告诉我们这是一些怎样的观点和思考，但是他不说我们也能够猜到，假如我们想象一下增值的需要。实际上，蒸馏去除“臭味，后者变成一股平淡的气味……翁贝尔先生认为这种水具有美容价值：一些脸部、颈部和手臂皮肤暗淡、干燥、粗糙、起疙瘩的女士每天涂一次，可以受益。长期使用这种水，皮肤显著地变细变白”。人们在乔弗洛瓦的《医学材料续集》中看到一篇更为详尽，因此也就更令人难以置信的故事。② 对这篇故事需要作一次详细的、其实很简单的精神分析。乔弗洛瓦不否

---

① 马凯：《实用化学成分》，第二卷，第 406 页。

② 乔弗洛瓦：《医学材料续集》，第六卷，第 474 页。

认效率也不否定厌恶。“我们深信，这种温柔滑爽的液体确实能滋润美化皮肤。但是沦为美丽容貌的奴仆，乃至用如此肮脏如此令人恶心的东西来维持美貌，岂不荒谬？”

只有神志昏聩的无意识者才会建议这些用法。为了理解这种错乱，不应该只顾阅读这些胡言乱语的人，而必须找到最早作尝试的那个人。寻找美容品的念头——比如翁贝尔或者乔弗洛瓦提及的夫人——是怎么产生的？只有通过反向增值才能做到。人们不愿意相信一种天然产品的臭味至关重要。人们欲把一种客观价值，赋予我们已经克服个人厌恶这个事实，人们欲赞赏并受人赞赏。一切都有利于甚至让反价值获得一种价值。

埃凯已经答复了那些希望用某种腐烂来解释消化的作者：“那是用怪诞的念头来看待一个如此美丽、如此充满艺术和神奇的行动。”消化产生的体液实际上“完美、甘甜、有益健康”。“营养体液发臭是不合适的。”[①]消化难以解释清楚，“那是大自然高贵的确凿证据”，可是对于前科学的精神来说，消化只有在价值范畴中才能得到解释。这种解释将不再授人以反驳的把柄。热爱相反的性质才是由衷的深爱。

---

① 佚名：《论消化和胃病》，第 38 页。

# 第十章

# 力比多与客观认识

## 1

同繁殖的神话相比，消化的神话就大为逊色了；同生成相比，占有和存在算不了什么。强有力的灵魂希望占有以便生成。因此，传统的精神分析家有理由指出，力比多统帅欲望。欲望比较粗鲁，但是力比多更有力量。欲望是即刻的；力比多则相反，需要长时间的思维，长期的打算和耐心。一位情人可以像学者那样耐心等待。肚子饱了，欲望就渐渐消失。力比多刚有所满足马上又再生了。它需要绵延。它就是绵延。力比多涉及一切直接或间接地在我们身上绵延的东西。它就是时间增值原则的本身。无偿的时间，空虚的时间，一个休息哲学的时间就是被精神分析的时间。这个问题我们将在另一本书中研究。我们只需记住，耐心是一种模棱两可的品质，哪怕它有着客观的目标。假如精神分析家的确希望在精神生活方面拓展研究，那么他所要做的工作比他想象的要多。

事实上，传统的精神分析家主要关心人际心理学，即由社会生活、家庭生活所决定的个人的心理反应，他没有把注意力转向客观认识。当某人离开人们走向物体的时候，当尼采笔下的超人离开他的鹰和蛇，登上更高的山，在岩石中生活的时候，他看不出有什么特殊之处。然而，多么奇怪的命运啊，在我们所处的世纪显得更加奇怪！眼下，所有的文化都在“心理化”，对人的兴趣充斥着报纸、小说，不求别的，只要故事新颖，肯定每天都能找到孜孜不倦的读者；可是突然间，我们发现居然有人还念念不忘硫酸盐！岩石思想的回归，在心理学家看来，也许是生命在逐渐矿化，生命在退化。存在和生成属于他们，充满未来和神秘的人性属于他们！对于客观和理性生活的这种贬值需要深入的研究，这种生活从未参与科学思想，却从外部宣布科学的破产。但是我们的工作要渺小得多。我们必须在科学研究的细节上让人感受认识论的障碍。我们要在这一点上揭示力比多的影响，由于它早被排除在外，而且在科学任务中，更容易也更有必要压抑，因此力比多就更为隐蔽。当然，在科学这个故意冷漠无情的领域，力比多的显示往往很不明显。因此我们恳求读者的宽容，请他考虑到这项任务的艰巨性：简而言之，这项任务旨在分析铁石心肠的敏感性。

本章内容复杂，以下是我们打算展开的提纲。在这个对科学无意识的精神分析中，我们准备沿用从模糊到精确的方法。实际上，在力比多范畴里，越模糊就越有力。精确已经是祛魅了。任何理智化，即使这种理智化仍然不容置疑地携带着情感的痕迹，已经是对这种情感的放弃。我们将找到良好的研究场所，在炼金术中研究模糊性欲，在大地繁殖中考察巨大性欲。至于具体的性欲，我们将在18世纪的药典以及同时代的电学研究中找到不胜枚举的例子。最后，正如大家可以看见的那样，为了形象地说明主要的认识论障碍，我们举了一些具体例子：为了说明一般形象构成的障碍，我们研究了海绵现象；说到实体论障碍，我们研究了黄金，这也给了我们对唯实论者作精神分析的机会。至于力比多构成的障碍，我们将通过研究*发芽*和*播种*的概念来具体表明我们的观点。届时我们将会看到*特殊的生成*——一种物质化的生成——究竟是什么。最后，我们会提供几页文章，作为练习，供大家作精神分析。

## 2

人们没办法长时间琢磨一种奥秘、一个疑团、一种化学行动，假如不把它们的原则及其波折悄悄地与性挂上钩。究其原因，也许是因为对孩童来说，最大的奥秘就是出生问题。父母亲了解生殖的秘密，他们笨拙地、诙谐地或者心怀鬼胎地，微笑着或责骂着掩盖这个秘密，他们因此被视为专断的精神权威。基于这个事实，父母在孩童的眼里成了说话留一手的老师。因此，孩子必须独自寻找答案。他独自发现最初的解释是荒诞的。他很快意识到这种荒诞属于智力性的恶意，是人们企图在智力上监护他的证据；由此导致他的精神觉醒，而且是朝着人们原本企图禁止的方向觉醒。一种互逆的命题很快在正在形成的精神中出现了。既然力比多是神秘的，那么一切神秘的东西就都是力比多。于是人们立刻爱上了神秘，人们需要神秘。很多文化因此变得幼稚，丧失了对理解的需求。且不说永远，至少长时间内，人们呼吁神秘题材的读物，那些读物必须摆出一大堆陌生的东西。神秘还必须与人类有关。最后，整个文化变得“小说化”。前科学的精神自身也受到了影响。一种拙劣的普及活动不断企图将一些未经定义的、神秘的可能性与具体的法则挂钩。它迎合了对神秘的这种需求，而我们已经看到其源头是不纯的。归根结底，它阻碍了抽象思维的发展。

炼金术士像我们对待孩童那样对待新的信徒。在启蒙之初，暂时的、支离破碎的无稽之谈取代了理性。这些谬论从象征物入手。取自炼金术体系的象征物只是一些自圆其说的谬论。它们用于搬弄神秘，也就是说要弄神秘。总之，炼金术的秘密在于汇聚各种神秘：黄金和生命、占有和生成通通汇合在同一个曲颈瓶里面。

但是，正如我们在前面指出的那样，为获得点金石而进行的冗长操作增加了探索的价值。耗费大量时间的加热常被视为成功所做的牺牲。这是增值的耐心，是一种无用但可爱的针脚细密的刺绣，是一块珀涅罗珀的挂毯[①]。时间必须载入作品中，因此出现了时间期限和规定的重复。假如启蒙的信徒还记得自己的过去，他应该告诉自己，在全部的生活奥秘中，只有出生与作品的奥秘是同样坚韧的。

于是孤独给人出坏主意。熬夜炼金者面临的那种持久孤独，抵挡不了性的诱惑。从某些角度可以说炼金术是一种隐秘的邪恶。精神分析家很容易从《费解的胜利或者胜利的点金石》这部论著的某些篇章中看出手淫的内容。点金石自以为比雄性黄金与雌性水银的简单结合更为优越，它这样炫耀道："它自我迎娶、自我怀孕；它从自我诞生，溶解在自我的血液中，它重新跟自己的血凝结，得到坚实的质地；它自行变成白色，变成红色。"[②]现代化学家在石头的自我联姻中找到客观意义和实验意义，这对于我们的诊断来说并不重要。象征本身就足以说明其特征了。

几百年间，不断有炼金术士说动物的精子不能为构成金属效力。人们觉得这种说法十分奇怪，因为原初的思维

① 珀涅罗珀（Penelope）：希腊神话中奥德修斯的忠实的妻子，丈夫远征离家后拒绝无数求婚者，20年后终于等到丈夫归来。"珀涅罗珀的挂毯"引申为"永远做不完的工作"。

② A. 利莫荣·德·圣-笛迪埃（A. Limojon de Saint-Didier）：《费解的胜利或者胜利的点金石，迄今最全面、最清晰的关于费解的灵丹妙药的论著》（*Le triomphe hermétique ou la pierre philosophale victorieuse, traité plus complet et plus intelligible qu'il y ait eu jusque ici, touchant le magistère hermétique*），阿姆斯特丹，1710年，第17页。

方式欣然同意植物变成人、雕塑获得生命、人变成一堆盐。17 世纪的一位作者[①]不建议在炼金术中使用血和人的精液。为什么有必要不建议这么做呢?

点金石在某些著作中显示出真正的力量情结。“假如艺术家把他们的研究带到冥间，假如他们仔细研究哪位女子适合我；假如他们找到她，让我跟她结合；那时候，我将能够千百倍地染色，可是他们非但没有这么做，反而把我跟毫无关系的东西混在一起，彻底毁了我固有的特性……”可见这是婚姻不幸者的哀叹。不难想象，这些话出自离家朝实验室走去的学者之口，他到“科学美人”身边寻找失宠的妻子拒绝给予的心旷神怡。此外，这也是对巴尔扎克小说《寻求绝对》的一个有效的解释。

当欧多克索斯[②]解释这一段落的时候，人们梦寐以求过的女人隐喻咸集于此：与点金石般配的女人是“这眼活泼的喷泉，它源于天穹，泉心正在太阳和月亮上，送出这股清澈珍贵的智慧之水……它是天国的仙女……贞节的狄安娜[③]，她与点金石结合的精神纽带没有玷污她的纯洁和

① 马克-安东尼奥·克拉斯拉姆（Marc-Antonio Crasselame）:《自行冲出黑暗的光明或者真正的点金石理论》（*La lumière sortant de soi-même des Ténèbres ou Véritable théorie de la Pierre des philosophes*），译自意大利语，第二版，巴黎，1693 年，第 30 页。

② ［译注］欧多克索斯（Eudoxe，前 400—前 350）：古希腊柏拉图时代最伟大的数学家和天文学家。

③ ［译注］罗马神话中的月亮女神。

贞操”。这种天地联姻不断地反复出现，时而模糊，时而清晰。

许多炼金术的操作被冠以各种乱伦的名字。很显然，炼金术士的水银饱受俄狄浦斯情结之苦。“他比母亲——水——年长，因为他臻于完美的年份更久。因此他有理由乔装为大力神，因为他战胜了远离金属的怪物，杀死了魔鬼。他使父母重归于好，摒弃他们昔日的敌意；他割下国王的脑袋……以获得他的王国。”[①]

人们在别处能更清楚地看到这种情结：

> 先做父后为子，我使母亲生产，
> 母亲没有父亲，把我怀在腹中
> 根本无需任何食物营养。
> 我雌雄同体，是男又是女，
> 我战胜最强者，挫败次强者
> 天穹之下找不出一个
> 如此英俊、如此善良和完美的脸庞。

在别的文章中可以看到阉割的主题。“水银是不育的。古人指责它不育是因为它冰冷而潮湿；但是水银经过必要

---

① D***：《针对矿物精神的罕见实验，为金属体的准备和蜕变》(*Rares expériences sur l'esprit minéral pour la préparation et la transmutation des corps métalliques*)，巴黎，1701年，第二部分，第61页。

的净化和加工，并且用它的硫加热，它就不再是不育的了……老人想用镰刀割断犹太人亚伯拉罕水银的双腿：这是用白色或红色的酏剂来固定智者水银（具有挥发性）；割断水银的双腿等于使之丧失挥发性，酏剂只有经过很长时间才能奏效，老人就是这个时间的代表。”[①] 假如研究一下经常伴随这类文字的插图，人们就不会对我们所作的精神分析解释产生任何怀疑。炼金术思维与遐想或者梦想有直接的关系：它把客观形象和主观欲望融为一体。

许多线索表明，我们还能将一些不可告人的习俗归属于水银。炼金术士与水银在《四海为家》中的对话活像出自普劳图斯[②] 笔下，尤其是师傅训斥滑头奴隶的那段话："可恶的家伙，无赖，叛徒，吝啬鬼，没教养的人，魔鬼！"人们驱逐他，就像避开毒蛇那样：Ux，Ux，Os，Tas！只要参看普劳图斯的《安菲特律翁》（*Amphytrion*）第一幕第一场就能看到炼金术士泛灵论的意义。水银有时候抱怨道："我的身体受尽鞭挞、搜查，遭人唾弃，就连一块石头都会可怜我。”炼金术士对水银，就像是个吃醋的人，他打老婆责问老婆。此外，一旦实验失败，炼金术士“就打老婆”。这是一种常见的说法。这个说法十分含糊：是在作坊还是在卧室里打骂呢？

---

① 《炼金术词典》（*Dictionnaire hermétique*），巴黎，1695 年，第 112 页。

② ［译注］普劳图斯（Plaute，前 254—前 184）：古罗马戏剧家。

人们相当频繁地主张雌雄同体的特征是一种优势。[①] 点金石自夸拥有雄性和雌性种子。“这股硫火是精神种子，圣母即使保住自己的贞节，也没有得到它……是这种硫黄使我们的大力神成为雌雄同体。”[②]

雄雌的性别矛盾克服之后，其余的矛盾就都在掌控之中了。于是，相反的性质在同一个物质身上堆积起来，人们获得了完全的增值。水银“不沾湿手，摸上去很冷，尽管它的内部炽热，一种包含生与死的水，一种既流淌又凝固的水，非常湿润和非常干燥的水，白色、非常黑和色彩各异的水，它没有气味，可是又具有世间的所有味道……非常沉重又很轻盈，像滑石粉和珍珠那般含金属性和闪亮，像绿宝石那样呈绿色，还在这层绿颜色下面，保存着雪的洁白和罂粟的鲜红”[③]。总之，它是一个波动起伏、变化无常的生物，一颗充满激情的人类心脏。

对于精神分析家来说，这些文章俯拾皆是，它们清楚地显示出一些卑鄙的做法。我们将它们系统地归纳起来，也许令人感到吃惊。人们尤其会提醒我们说，我们已经在前一章对炼金术作了类似的阐述，力图证明炼金术可

① A. 利莫荣・德・圣−笛迪埃:《费解的胜利或者胜利的点金石，迄今最全面、最清晰的关于费解的灵丹妙药的论著》，第 21 页。

② N. 朗格莱・杜弗莱诺神甫:《炼金术神秘哲学的历史，真正的菲拉莱特》，第三卷，第 53 页。

③ 德・洛克:《涉及混合物体系统的自然哲学初步》，第 26 页。

以是一种高层次的道德文化。人们因此能指责我们前后矛盾。但是这种指责等于忘记了炼金术是在价值领域里发展起来的。正是因为出现了不纯的倾向，所以许多文章都大力主张需要纯洁或者净化。对不纯洁的炼金术士的痛斥，反映出他受到的诱惑的程度。炼金术的书既是一本道德书，也是一本科学书。它既要防止行为过错，又要防止认识错误。人们在现代科学著作中绝不会读到下面这样针砭不纯洁的炼金术士的文字："神圣的智慧怎么会待在藏污纳垢的猪圈，用礼物妆点它，在那儿留下自己的形象？它们里里外外展示的只是孔雀的高傲、猪的吝啬、狗和牛的其他恶习，这些令人发指的形象涂抹、镶嵌在那儿。"[①] 顺便指出，之所以说吝啬的猪，那是因为猪贪吃——贪吃确实是泛灵论形式下的占有，我们已经在"消化的神话"中提到过。

道德的说教通常比较平和，但是它出现在大多数著作中。它深受自然财富以及依附于自然财富的概念的影响。譬如，《四海为家》里写道："自然探索者必须跟自然一样，也就是说必须率真、朴实、有耐心、有恒心等，但关键是要虔诚，敬畏上帝，无论如何不伤害他人。"[②] 因此，炼金术比现代科学更深地卷入道德价值的体系之中。炼金

① 伯勒曼：《关于哲学家硫黄之秘密的新医学之光》，第 161 页。

② 四海为家：《四海为家或新的化学之光，旨在阐明自然的三原则》，第 7 页。

术士的心灵投入到他的作品中，他沉思的对象物获得了各种价值。操作漏勺的确需要具备道德理想。炼金术的技艺必须把“任务、垃圾与三大基本原则”区分开来，“向它们提供物质、场所或者一种更为合适的容器，而不是自然操作的场所，那儿满是污垢和各种各样的垃圾”。[①] 技艺去除“盐的糟粕和最粗糙的部分，水银多余的水分，硫黄中可被燃烧的部分”。因此，纯净化是在一种道德胜于客观的理想中进行的。它没有现代化学净化物质的那种基调。人们贬低被抛弃的东西。人们带着厌恶的神情摇动漏勺。

## 3

正常的性欲理所当然地成为无数炼金术著作的参照物。只消阅读《四海为家》的第四章就能知道此言属实，它的题目是“红色仆人与白色女人的结合”。考虑到这个方面已经有过大量的阐述，我们在此仅举几个例子。

炼金术的操作常常被描绘成交媾，这些交媾多少得到了仔细的观察：“当你在玻璃容器里看到各类东西互相混杂并且成为像凝固和烧焦的血那样的东西，你可以肯定，雌

---

① D.B. 神甫：《颂扬杰作或者炼金术士的酏剂，俗称点金石》（*Apologie du Grand Œuvre ou Elixir des philosophes dit vulgairement pierre philosophale*），巴黎，1659 年，第 49 页。

性受到了雄性的拥抱……因此，她怀上了王子。”[①]“这种黄金就在这儿，它在我们的作品中充当雄性，人们把它与另一种代表雌性种子的白色天然的金子结合，雄性在那儿投下精子，一根牢不可破的纽带将它们合为一体……”[②]说到联姻这个词，1758 年唐·佩奈迪（Dom Pernety）在《炼金术神话词典》中写道：“在炼金术士的笔下，没有哪个词比它使用得更频繁。他们说必须让日月联姻，让加贝尔丹（Gabertin）和贝亚（Beya）联姻，让母子联姻，让兄妹联姻。这一切归根结底是固定与发散的结合，必须在瓦罐里用火烧来实现。”《四海为家》希望“我们会按照自然来结合各种事物，免得把木头与人，或者把公牛或别的牲畜与金属撮合起来；不过同类则相反，它作用于自己的同类，因为自然不会疏忽行使自己的失职”[③]。四海为家自己也声称服从自然的同时也在指挥自然，但是他的服从几乎是女性式的，那是一种引诱。“你看看它通过什么、在哪些方面完善自己了……譬如，扩展了某个金属的固有道德……你应该采纳金属的自然，当然仍包括雄性和雌性，不然的话，你将一事无成。”[④]总而言之，做事别匆忙，要留意性的亲和力。一位搞炼金术又从医的作者写道：“由金属的外形或者

---

① N. 朗格莱·杜弗莱诺神甫：《炼金术哲学史，真正的拉菲莱特》，第 18 页。

② 同上书，第 9 页。

③ 四海为家：《四海为家或新的化学之光，旨在阐明自然的三原则》，第 7 页。

④ 同上书，第 8 页。

精神导致的金属疾病有双重性，或是因为它们性别的不同，或是因为它们外形的对立。”[①] 他认为硫酸金属为雄性，汞金属为雌性。另一位作者认为存在两种红宝石：雄性红宝石和雌性红宝石。当然，“雄性更漂亮，发出更多的光辉；雌性宝石的闪光稍弱些”。在距今较近的时代，几经踌躇之后，罗比纳仍然希望发现矿物的性别。“人们尚未承认金属性别的区别，大量的例子表明，对于繁殖来说，这种区别并非必不可少，尤其是化石类金属，它们能依靠破碎、粉碎、剥落的矿石生长。然而也不应该灰心丧气，人们总有一天会把雄性和雌性黄金，雄性和雌性钻石区分清楚。”[②] 因此，性别化在无意识中起作用，它想在同一块金属中、在诸如黄金的非晶质物体中找到性器官，或者至少找到不同的性能力。毋庸赘述，当矿石呈现形象的时候，耽于幻想的无意识明确地投射出自己的欲望。那是在某些偏执狂身上常见的习惯。罗比纳非常巧妙地让我们看到了他的幻想是什么色彩：“仔细观察象形的、带凹槽的、有刺的、磨光的石头，我不由自主地相信某些石头的小翘突，另一些石头的凹陷，都是精液荚……人们会发现很多空包囊；在这个场合，我邀请好奇者拿放大镜观察构成精液荚的碎石块，他们会发现碎石块上有小洞，精液就是从这些小洞射

---

① 德·洛克：《涉及混合物体系统的自然哲学初步》，第 60 页。

② 罗比纳：《论自然》，第四卷，第 189 页。

出的。”[1] 由此可见，假如预先作了精神分析，罗比纳的客观认识原本会从中受益匪浅。

## 4

但是力比多并不总需要如此具体的形象，将多少有些神秘的力量内在化就足够了。在内在化过程中，实体论直觉和泛灵论直觉相互巩固。得到胚芽补充的物质有了生成的担保。“尽管是一个极端完美和消化的物体，然而我们的黄金在我们的水银中重新回到原始状态，它在水银那儿遇到一颗倍增的种子，不但增加了它的重量，而且更加充实了它的道德和力量。”

更令人惊讶的是，炼金术士认为，任何内部都是肚子，一个应打开的肚子。一位作者写道：“用钢刀片打开你母亲的胸脯，在她内脏搜寻，直至她的子宫；你在那儿会找到我们的纯净物质，这种物质尚未染上它乳娘的任何坏脾气。”[2] 对这种神秘的矿物的解剖——“它有着与黄金相同的体积”——有时伴随着诱人的劝说。“用钢刀片打开它的腹腔，使用你温柔、曲意逢迎、恭维、抚爱、湿润、炽热的舌头。你用这种手法把隐蔽的、神秘的东西公之于众。”[3] 人

---

① 罗比纳:《论自然》，第一卷，第 214 页。

② 佚名:《论炼金术和绿色梦幻》，第 64 页。

③ 同上书，第 60 页。

们看到，炼金术士和所有鼓吹增值的哲学家一样，寻找对立物的综合：他通过钢铁和语言，通过水和火，通过暴力和劝说来实现自己的目标。皮埃尔-让·法布尔说，炼金术士不仅研究金属，“就连被我们称作四元素的四种普遍的物体——那是支撑世界的擎天柱，尽管它们高大坚固——也挡不住炼金术，它强行进入，看看它们的肚子里有些什么，看看它们在人所不知的中心的最偏僻的地方究竟隐藏了什么东西”[①]。对于幻想的无意识来说，在做实验之前，不存在平静的、沉着的、冷漠的内部，凡隐蔽的东西都在萌发。“智者的体液源泉……隐藏在石头底下。用神秘的火荆条抽打石头吧，一股清澈的泉水就会喷涌而出。”[②]对立物出自内部。内部必须美化外表。至少梦幻是如此希望的。因此，当意识清醒者驳斥无意识者的时候，在读完所有的著作之后，肉体是多么悲伤！小丑的真实面目始终令孩童失望，只有情人看透情妇时感到的幻灭，能与之相提并论。

## 5

我们不得不指出某些炼金术书籍很能说明问题的一个特征，那就是频繁地使用对话体。照马丁·布伯（Martin

---

① 法布尔：《化学秘密概论》，第 9 页。

② A. 利莫荣·德·圣-笛迪埃：《费解的胜利或胜利的点金石，迄今最全面最清晰的关于费解的灵丹妙药的论著》，第 144 页。

Buber）的说法，对话体证明思想更多地沿着“我—你”而不是“我—这个”的轴线展开。它不是朝客观而是朝个人走去。“我—你”轴线显示出无穷的性格色彩；对话者成为把握较小的信念的投影，他使怀疑、祷求、隐秘的欲望具体化。可是对话体通常没有准备好客观的辩证法。个性化方向给现实差异化打下太深的烙印。换句话说，对话双方看似谈论某个具体的题目，其实我们更多地了解到他们自身，而不是话题所涉及的对象。

从这个言谈思想、倾诉思想、窃窃私语思想的特征出发，应该指出某些炼金术士真的患有多言癖。实际上人们常指出，炼金术士用大量的不同名称来称呼同一条原理。然而人们似乎没有看到这些词语变化的心理含义。人们认为它们不过是用来恪守奥秘和秘密的手段而已，那么多费解的名字足以保守秘密了。我们认为，那不只是奥秘，还是一种廉耻心。因此有必要用别的类型来补偿某类东西。神话—炼金术的*物质*因此有时叫作女人，有时叫作男人。这种物质既是亚当又是夏娃。现代人很难把握这些变化。譬如，我们浏览炼金术哲学家们给他们的*物质*取的名字时，就会感到茫然。对“这种物质的物质”“这块非石头的石头”“这个金子的母亲”“非石头的精子”，我共数出有602个名字，很可能还忘了一些。用602个名字称呼同一个对象物，这就足以证明这个“对象物”是一种幻觉！用如此动人的辞藻赞美一个生物，需要充足的时间，需要一腔柔情。那是入夜之后，当炼金术士在熔炉旁做梦，对象物还是欲望和希望的时候，隐喻蜂拥而至。就像在怀里摇晃孩子的母亲，在用千百种昵称叫他。只有情人才能给他的爱人起600个名字。同样，只有情人才能在爱情表白中带来这么多的自恋。炼金术士不断地重复道：我的黄金胜过黄金，我的水银胜过汞，我的石头胜过石头，就像热恋者声称他的爱情最伟大，别人从未感受过那样。

人们也许会反驳我们说，这种多言癖针对的是没有定义的对象物，人们提醒我们注意，透过花哨的言语可以发现的一些具体实验。化学史家就是这样按部就班作研究的。他们觉得某些炼金术认识似乎因现实的、实证的、先验的解释而获得了不可辩驳的可靠性。从另一个角度看，文学努力使我们习惯于不负责任的形象、一时间的形象，习惯于那些不触及事物而只表达稍纵即逝的差异的形象。就个人角度而言，我们处在一种中间位置，介于史学家和诗人之间——对于炼金术实验的*现实基础*，我们不如史学家那样有把握，但是假如从具体心理那方面去寻找现实的话，我们则比诗人更务实。

事实上，在我们看来，隐喻始终携带着无意识的记号；隐喻是一些梦想，这些梦想的偶然起因是某种物体。所以说，当隐喻记号成为性欲记号本身时，我们认为应当从这些词的主要含义、完整含义上来解释这些词，把它们视为力比多的释放。我们认为，假如我们潜入灵魂深处，假如我们从某人漫长的劳作、从他的工作（一旦被掌握之后变得驾轻就熟）、从其娴熟的动作来重新体验一个人的话，我们就不能忘记，他的思想在梦想，他的声音传达出歌声对思想的抚爱。在一场单调的工作中——任何奉命从事的工作都是单调的，工匠人不是在解几何题，而是在作诗。我们觉得，古时候，酒农在嫁接葡萄树与小榆树时得到了半人半兽的森林之神的祝贺。

所以邓南遮[①]吟诵道：

榆木树万岁
葡萄树万岁
多产的榆树啊
养育者！[②]

## 6

人们还会说，所有的隐喻都已经过时，由于隐喻的迁移性，现代精神已经战胜了情感的诱惑，它们不再阻碍对物体的认识。然而，倘若要仔细地研究正在形成的精神面对一项新实验的情况，我们会首先遇到性思维，实在令人

---

① ［译注］邓南遮（Grabriele D'Annunzio, 1863—1938）：意大利诗人，小说家。
② 《火》，译文，第 85 页。（［译注］dell'olmo 原文为意大利文：Viva dell'olmo/E della vite/L'almo fecondo/Sostenitor！）

吃惊。明显的征兆是，一项由两个不同物质参与的化学反应因此马上会被性别化，有时候几乎直截了当，把一种物质定为主动，另一种定为被动。上化学课的时候，我发现讲到酸碱反应时，几乎绝大多数同学认为酸扮演主动角色，碱扮演被动的角色。人们稍微发掘一下无意识，马上就发觉碱是女性的，酸是男性的。由此产生中性的盐，这个事实在精神分析中不无反响。布尔哈夫还谈到雌雄同体的盐。这种看法形成了真正的障碍。因此，在初等教育中，让人接受碱式盐概念比接受酸式盐概念困难。酸在解释方面占有优势，就因为相对碱而言，酸被认为是主动的。

下面这篇写于17世纪的文章能导致同样的结论。“酸与碱产生发酵，因为它的小尖刺一旦插入某个毛孔，而且还没有失去运动能力，它就使劲往前顶。它以这种方式扩大地盘，使得进入碱体内的那么一丁点酸不再受紧夹，它与救星联合起来，同时用力挣脱自然强加在它身上的枷锁。”科学的精神，不管属于理性派还是实验派，不管他搞几何还是化学，在这种文章中找不到任何思想的素材，找不到任何合乎情理的问题，找不到任何描述性的图解。他甚至无法对此作出评论，因为形象化的解释与化学实验之间的距离实在太远了。精神分析家则能轻松准确地把信念的中心揭示出来。

假如能够掏出人们的心里话，让他们诉说努力获得客观认识过程中的精神状态，就能看到很多对某些化学现象产生纯粹的性好感的痕迹。儒勒·列那尔[1]在《日记》中记录了以下这个显然与小学时代的回忆相关的遐想:“写一首田园诗，反映两种金属之间的爱情。它们在红娘教师的手里，先是呆滞、冷漠的样子，然后看见它们在火的烧烤下混合，相互渗透，绝对地融为一体，最猛烈的爱情也绝对做不到那样。其中一方已经退缩，一头开始融化，化为白乎乎的、噼啪作响的液珠……”[2]对精神分析家来说，这种文字的含义十分明了，但是对于唯实论诠释来说就有些语焉不详。实际上，人们不容易界定儒勒·列那尔所目睹的现实。初等教育很少做合金实验，即使一头开始熔化，金属也不会如此轻易地退缩。因此，客观解释的路在此被堵死了，而精神分析法解释之路则敞开着。一位幽默作家居然如此不善于掩饰自己的欲念和学生时代的习惯，实在太有意思了。

## 7

可炼金术士不是个小学生，他甚至不是年轻人。总的来说，炼金术士是个老男人，是个老人。因此返老还童成为受炼金术青睐的主题之一。跟在别处一样，炼金术唯利

---

① [译注]儒勒·列那尔(Jules Renard, 1864—1910):法国作家,《自然纪事》《胡萝卜须》等作品都以童年生活为背景。

② 儒勒·列那尔:《日记》，第一卷，第66页。

是图的理论在此为伪诠释鸣锣开道。人们可能发觉有些炼金术士在兜售返老还童水，看到一些富有然而衰老的王公掏钱买水。青春无价，这点钱又算什么？有人之所以耐着性子熬漫漫长夜、长时间照看熔炉，之所以那么轻易地一掷千金，是因为返老还童的希望在后面支撑着，是因为有希望在黎明之际重睹自己青春的脸庞和炽热的目光。这批50来岁的人的心理是理解炼金术的关键，那是首次觉得性价值受到威胁的男人心理。为了消除这种阴影，为了抹去这个不祥之兆，为了捍卫最高的价值，谁会患得患失、讨价还价呢？结合人们的忧虑来阐释他们的行为，才能真正衡量这些行为内在的实际意义。一旦我们坚信炼金术士总是年届五十的男人，我们提出的主观和精神分析的阐述就变得十分透彻了。

炼金术物质应该让时间倒流，因此它的时间性很强。到了欲知“炼金术婚礼”最佳婚期的时候，人们在春秋之间、在萌芽与果实之间犹豫。他们希望能够囊括两个季节，把春季和秋季、青春与成熟都添加到同一份长生药中！炼金术士的绿宝石就能做到这一点。这种青春之水“是3月和9月的露水，翠绿晶莹，秋天的露水比春天的熟一些，因为它靠近火热的夏天，离寒冷的冬天比较远。因此，用这些水的人把秋天的露水称为雄性水，把春天的露水叫作雌性水”。[①]

---

① 《炼金术词典》，第53页。

用不着多少东西和多少理由就可以支持恢复青春的原则！最细小的引发因素都会唤起我们恢复青春的意志。在这种隐秘意志的支撑下，我们把客观的借口变成有效的理由。1669 年，沙拉斯在《论蝰蛇》这本确实显示了真正的观察素质的论著中写道："蝰蛇每年春天蜕皮，有时候甚至秋天也蜕皮，于是人们就有理由相信，蝰蛇有一种更新和保存力量的功能，能在那些把它用作保健品或者药品的人身上奏效。"他稍后又写道："人们还理所当然地把更新功能赋予蝰蛇……它能恢复青春，每年蜕皮两次，自我更新，换上新的皮，默默证明了这种能力。这与蝰蛇的细腻的内部构造与它机灵大胆的目光相吻合，古人认为它有明目、增强视力的功能，确实恰如其分。"[①] 人们在这儿看得很清楚，整个推理其实就是使蜕换现象内在化并不断增加，使这种现象成为一种实体的和有生命力的功能，它不仅同整个生命相连，而且同生命的每根纤维、生命的整个物质相连。希望恢复青春的无意识，它的要求也不过如此。

## 8

但是，当按照融合天地的宇宙模式构想泛灵论力量的时候，这种力量就获得了全部价值。这时候，大地不仅

① 沙拉斯（Charas）:《论蝰蛇》（*Fraité sun la Vipère*），第 135 页。

仅——像我们在消化的神话中阐述的那样——被视为乳娘，而且被视作孕育所有生命的母亲。我们将汇集前科学阶段的一些文章，它们将表明这个题目是何等轻易地把最不客观的幻想积聚起来。

法布尔认为："一切为大地劳作，而大地为她的孩子们劳作，因为它是万物之母。世界的普遍精神喜爱大地，似乎胜于其他任何元素，尤其因为它来自天穹的最高处，它离开那儿的席位、它的宝座、无数钻石红玉镶嵌的金色天宫，住进地上最深邃的牢笼、最黑暗潮湿的洞穴，在那儿化成那部分最污浊的盐，在它造就的所有物体中，这种东西最卑微、最受人鄙视，大地就是由此构成的。"[①] 就这样，生殖是善与恶、爱情与罪孽这些高贵与卑下价值的妥协。换句话说，生殖等于低等物质的增值。法布尔没有把它看成隐喻。凡是从天而降的，真的就是一种只需要汇集起来就能得到*万灵医药*的物质。必须在它迸发、在它诞生的时候，在它的源头获得它，当现代心理学家过分热情地赞美新鲜直觉、初生直觉的时候，人们可能从他们的笔端读到了这些建议。但是在17世纪的医生看来，凡是*开始*，就是生殖；凡是生殖，就是实现力量的物质。这种天国的物质"必须在它从天而降之际就获得它，让它只能温柔地、含情脉脉地吻自然混合构成物质的嘴唇，对自己孩子的母爱使

① 法布尔:《化学秘密概论》，第80页。

它流下最清澈晶莹的泪水，相比之下，珍珠、黄玉的光泽犹如被潮湿的黑夜笼罩着”[①]。此外，人们看到这种性唯物主义的作用范围，它体现春天的激动，将清晨的露水作为天地联姻的精华收集起来。

海洋也一样，常被看成是包罗万象的子宫。尼古拉·德·洛克说，它形成“一个水质的湿润养殖场和一种咸的精液生殖物质”[②]。然后，描写了一个更具体和更能说明问题的形象：“正如妇女在受孕或者精子变质的时候发现、感觉自己的神色改变、食欲减退、心浮气躁，等等，当风雨大作的时候，当海洋在体外产盐，用来孕育它所繁殖的东西的时候，海洋也会咆哮、翻腾。”

生殖行为是一种解释性念头，也是一种萦绕心头、挥之不去的念头，换句话说，尽管它满载着来自无意识的疯癫，顽固的概念是一种明确的概念。《四海为家》是这样表达的：“一切——包括男人的精液——都在肾脏中有自己的中心或是适当的容器；同样，四种元素在持久的、不懈的运动中……把它们的精液投入大地中心。精液在大地中心被消化，又被运动推向外面……”“正如男人把精液射入女人的子宫，但是精液根本不留在子宫中，因为子宫适当留取一部分之后，其余的都被扔掉了。大地的中心也发生着

① 法布尔：《化学秘密概论》，第 120 页。

② 德·洛克：《涉及混合物体系统的自然哲学初步》，第二卷，第 17 页。

同样的事情，某处某部位的磁性吸力把能够生殖某物的东西吸到自己身边，其余的东西被推到外面，成为石头或别的渣滓。”①

在这些例子中，我们还可看到对立的价值，即好与坏、纯与不纯、甘美与腐烂之间的斗争而造成的增值影响。于是，生殖产生于腐烂，便成为主导理念。炼金术士说自己到“腐烂的肚子”里寻找珍贵的物质，就像矿工到大地肮脏的肚子里挖宝一样。只有胚芽腐烂了、败坏了，生成行为才会在母体或者在大地的胸怀里发生。这种对立的增值非常说明问题。在生殖之外的其他动机中也能看到它的踪影。于是，臭味为香水铺平道路。黑颜色和臭味这条途径给炼金术艺术家提供了证据，证明他走的是正道；闻到地下的异味，矿工就能肯定自己来到了大地既腐臭又孕育生殖的地段。

滋味不好、气味难闻的药被认为是最好的良药。苦口的东西均对身体有益。整个前科学思想可以说都围绕着善恶二元论的辩证逻辑展开。

9

但是，假如我们查阅年代较近的文献，所有这些多少

① 四海为家：《四海为家或新的化学之光，旨在阐明自然的三原则》，第10—11页。

裹着传统诗意的模糊的性欲中心主义就会变得具体起来。请相信我们，对涉及18世纪电学的文献作一番考察是一件令人获益匪浅的事。人们将确认这个概念，即所有新生的客观科学都得经历性欲中心的阶段。由于电的原则很神秘，因此人们必须考虑它是否属于性欲中心主义。人们由此对被阉割者做了一系列实验。起因消除，效果消失。[①] 范·斯文登性格谨慎，他的看法如下："有人声称无法让电流从被阉割者身上通过，假如某个阉人加入的话，电流震荡圈就会中断——我可以证实，在狗和阉鸡身上没有出现这种情况（范·斯文登援引埃尔贝［Herbert］类似的说法），但是我还没有机会在人的身上做同样的实验。"[②] 他接着指出这些实验是由著名的实验家西戈·德·拉封[③] 完成的，他的著作闻名遐迩。"西戈·德·拉封拿法兰西国王唱经班的三个艺人做了这项实验，他们的身份确凿无疑。这些人感到了电击，在由二十人组成的人链的任何部位都没能截住它。跟其他人相比，他们甚至更加敏感一些，不过他们的过度敏感很可能是他们的惊讶所致……"尽管无谓的假设都被推倒了，可是人们还在替性对电原则的影响辩护。性欲化的

---

① ［译注］原文为拉丁语：Suhlata causa, tollitur effectus。

② 范·斯文登：《电与磁力的类似》，第二卷，第128页。

③ ［译注］西戈·德·拉封（Sigaud de la Fond, 1730—1810）：从1759年起担任巴黎路易大帝中学物理实验师，1760年接替诺莱神甫成为教授。1766年与马凯合作实验，发现氢气燃烧后产生水。

无意识推测阉人不能感受电击，其实不然。于是结论立刻颠倒过来：事实是他们比起别人*更加*敏感。西戈·德·拉封从心理上找原因，来解释这种增值的敏感性，结果无功而返——阉人容易受惊，别人提醒过他们，让电击一下没有任何危险，可他们就是不爱听，结果受惊了。此外，这是一场漂亮的实验，其气氛也不难想象。观察者们揣着无意识提示的问题，围在实验室四周。他们在这儿重新进行*电吻*[①]：两位“实验者”站在绝缘的方凳子上面，用嘴唇咬住电击链的两头。莱顿瓶放电带来刺激和火花，增加了吻的价值。反过来，这个吻也增加了电的价值。

电的能量并不那么肤浅。稳重的贝托龙神甫提出了许多技术性的建议。“两个人结婚十余年还未能生育，电重新为他们点燃了希望。他们了解到我提供的有效方法后，立刻对床作绝缘处理。一根绝缘的导电铁丝穿过他们寓所的隔墙，进入隔壁房间，那儿装着电机器……通电10至15天之后，女子怀孕了，然后生出一个孩子，如今很健康。这件事最近家喻户晓……里昂科学院的勒·加缪（Le Camus）先生认识一位沉溺于感官享受的年轻人，为了达到这个目的，入夜之后用电火花这种非常特殊的方式电击自己，他对自己的尝试非常满意。博纳富瓦（Bonnefoi）先

① 惠威尔（Whewell）：《感应科学史》（*History of the inductive sciences*），三卷本，伦敦，1857年，第三卷，第11页。

生提到，威腾堡（Wittemberg）大学教授博兹（Boze）先生结婚二十年没有孩子，于是和妻子一起接受电击，结果十分美满。马扎尔（Mazars）先生多次观察到电击战胜了雄性的缺陷。”[①] 当然，用电治疗性病的例子不胜枚举，这种疗法也不必事先经过临床数据的准确验证。电得到人们的偏爱。因为它神秘，所以性特征就益发强烈，它的神秘使之能在性方面见效。

雅拉贝尔（Jallabert）是一位频繁被人提及的实验家，他把实体论和性欲中心论的直觉结合起来。[②] 在他看来，人们之所以能从生物体上获得强烈的火星，是因为“它们充满着油性的、含硫的颗粒，因而是可燃的”。他指出“网膜和血、胆汁等大量含有这种颗粒……发酵蒸馏后的尿以及各种各样的活性物质提供非常活跃的磷元素……”于是雅拉贝尔轻巧地加上一条解释，“不同年龄、不同性格的人不会产生同样强度的火花”[③]，然后，他充分发掘“激情”隐喻这个词的全部力量，进一步推测说，这种电现象与“贞洁人士和纵情声色之徒的不同激情有关联”。

拉塞佩德认为，“电流和植物的关系如同爱情对有感知

---

① 贝托龙神甫：《论健康和病态的人体中的电荷》，第一卷，第 514 页。

② 雅拉贝尔（实验哲学和数学教授，伦敦、蒙彼利埃皇家学院，波罗涅科学研究院）：《电实验以及对电效果原因的某些推测》（*Expériences sur l'électricité avec quelques conjectures sur la cause de ses effets*），巴黎，1749 年，第 288 页。

③ 同上书，第 290 页。

力的生物那样；不过有一个区别，那就是就植物而言，电流只是它安静平和地生活的原因”[①]。这本电学著作末尾附加一页，说爱情是人类“不幸和痛苦的源泉”。然后再谈到那些“毫不妒忌、没有痛苦地生长和繁殖的”植物。电流对植物来说是如此健康、如此生气勃勃，“它们不怕暴风雨，没有被那种恐惧扰乱心境，在它们眼里，大自然电闪雷鸣不过是温柔的慈母前来满足它们的需求。假如高大的树有时候受到损伤，那也是为了低矮植物的最大利益着想，这种堪称献身的榜样，在我们人类之间实在罕见，它们似乎张开高高的树梢，听任雷电劈打，竭力使娇嫩的草木以及在它们绿荫庇护下生长的幼树免遭雷电袭击”。大量的篇幅“理性地”解释这种伟大的直觉和温柔的亲情。“电流通过何种秘密的动力，赋予植物上升和扩展的力量？植物的生殖少不了电流吗？”这个动力，就是树汁，那是承载着雷电的春雨。那么为何不用通电的水浇灌自己的花园呢？两棵爱丁堡香桃木，在1746年10月通电之后，枝头长满了花蕾，这是18世纪人们津津乐道的实验。

人们也许会把这样的“和谐”归到类似贝尔纳丹·德·圣-皮埃尔这类作家笔下。作为文学游戏，它们会得到人们的原谅。如果这种和谐出自一位怀有科学抱负的作家之笔，接受起来就比较困难了。它们使我们坚信这

① 拉塞佩德伯爵：《论天然电和人造电》，第二卷，第160页。

个想法，即泛灵论哲学的普遍原则比个别证据、一般观点比具体看法、在顶峰比在基础更容易被人接受。可是问题又来了，如何评价这种哲学呢？上哪儿寻找它成功的理由呢？哲学不因其对象物而变得缜密，它的缜密只来自作者与读者情感价值的相同。

## 10

我们现在尝试把我们的全部看法浓缩起来，试着对客观认识作精神分析，指出胚芽、精子、种子的概念聚集了巨大的价值，人们始终遵循泛灵论的思想，在严格的生命领域之外，把这个概念当作增值物质的同义词使用。

我们先来看看没有证据的无故增值，显然是先验的增值。

胚芽被赋予强度、集中、纯洁的属性。[①] 沙拉斯似乎理所当然、不加任何评论地说："种子是动物所能产生的最纯洁、最考究的部分，还有许多精神与它相伴。"

一个多世纪后，同样的增值卷入了一场真正广泛的实体论价值变化："人的种子不是由食物的精华构成的吗？食物经过消化和吸收之后传到全身的各个部位。然而，提供

① 沙拉斯：《蝰蛇新实验后续》（*Suite des nouvelles expériences sur la Vipère*），巴黎，1672 年，第 233 页。

这个种子的食物不是从散布在表层地区的普遍种子中提炼出来，然后投入大地的怀抱，在那里被煮熟、消化，并分配给各种混合物以维持生活的吗？因此一切矿物、植物和动物都包含这个种子，人类从中获得食物和药物，维持自己的生命，因此，人的种子来自普遍的种子。”[①] 在此，人们看到一种实体论色彩浓厚的泛生论，它突出人的生活，把人的种子变成普遍种子的精华。居伊·德·肖利亚克[②] 正好说过：种子“在构造令人赞叹的仪器中得到完善……变成最为宝贵的长生药”。如此的理论导致性异常，这种例子在哈夫洛克·霭理斯[③] 的作品中比比皆是。

因此，价值是如此深入到种子之中，以至于人们轻易地认为——正如 1742 年一位匿名作者所写的那样——“最小的种子最活跃、最多产，它们甚至孕育出最伟大的事物”[④]。我们在此看到了细小与宝贵的增值结合。

萌芽是最自然、最难改动的。必须尽可能自然地对待它。蓬斯莱神甫把他全部的农业理论都跟这个原初直觉结合起来：“我认为，在再生植物的过程中，大自然的心愿

---

① 鲁瓦·德容凯特：《用于医学物理原则以及促进人类福祉的自然法则》，第一卷，第 121 页。

② ［译注］居伊·德·肖利亚克（Guy de Chauliac, 1300—1368）：法国外科医生，曾经担任教皇的保健医生。

③ ［译注］哈夫洛克·霭理斯（Havelock Ellis, 1859—1939）：英国心理学家，研究过人类的性行为，提倡女权和性教育，著有《性心理学》。

④ 佚名：《物理新论》，第一卷，第 130 页。

是萌芽一旦形成就马上播种。拖延这个也许最为关键的操作（收割和仓储麦子），就是冒让萌芽受意外的疾病折磨的风险；就是消耗它们的乳状物质，萌芽可以说在那儿游动，那些物质理应当作它们的首要食物。”[①] 请看这种生机论哲学的农业推论。“由于萌芽从它形成伊始，就趋向于不断地发展，因此，人们不会过早地把它置于合适的子宫中……因此，播种的时间就不该离收获时间太久远。”在这种自然哲学看来，大地比谷仓更有价值。

萌芽的行动往往同更为内在的原则有关。种子是多种多样的，而原则是单一的。这种单一性由实体论直觉和泛灵论直觉联合起来实现。克洛赛·德·拉沃姆利因此写道：“凡略有知识的人都知道，某个东西真正的种子既不是种子，也不是精子，而是构成这个生物的基本物质，即按照某些精确的比例混合而成的细腻成分，某个东西因此获得某种形状，具有某种特性。其他阻拦这种精华本质的粗糙成分将它团团围住，不让它因为细腻而挥发。”[②] 内在化的神话可以看得一清二楚了。种子的精神似乎也成了一种真正的现实。尼古拉·德·洛克写道：“种子精神是基本形式的建筑师……挥发性盐是偶发性形式的建筑师；有的盐以气、

① 蓬斯莱神甫：《味觉与嗅觉的化学，或者轻松和廉价炮制甜酒和香水的原则》，第 5 页。

② 克洛赛·德·拉沃姆利：《最为奇异的故事之后，发现、解释古代哲学最为隐蔽的秘密》，第 84 页。

烟或者难以觉察的气味发散[①]；有的盐犹如各种以浓烈的干蒸汽或者湿蒸汽形状鼓胀的挥发物。”

于是人们明白了，萌芽——甚至爱情——比死亡更为强大。今天，人们针对体质的衰老性来谈论种子的永恒性，那些始终模糊的话题多么有魅力啊。罗比纳用一种可能会嘲笑其宗教信仰的形式来表达他的活力论：“我们只会在萌芽的状态中复活。”[②]

所有生长的东西都具有萌芽或是种子的本质。对于在1742年写作的作者来说，“树上的萌芽跟它们的种子没有多少差别”[③]。这有力地证明了萌芽只不过是动词“萌发”的主语。更广泛地说，萌芽是一个同生长唯实论相对应的名词。

可以这么说，生长是从内部被感受到的，而不是从它的现象和结构改变得到考察。因此，萌芽是一种力量而不是形式，是一种能力而不是结构，这构成前科学生物学的明显特征。推理丧失客观性，导致一些很令人费解的信仰，我们将举几个例子。

迪格比骑士声称能从被捣碎的动物身上提取出各种生命液。他蒸馏虾米；所剩的东西经过钙化、溶解、过滤，然后再从蒸馏产品中提取盐；重新蒸馏之后马上产出“如

---

① 德·洛克：《涉及混合物体系统的自然哲学初步》，第二卷，第48页。
② 罗比纳：《论自然》，第一卷，第57页。
③ 佚名：《物理新论》，第二卷，第145页。

小米粒一般大小的虾米”[①]。

德·瓦勒蒙神甫写过一本很有名的书，谈到一种生殖水。“在普通的水中间，有一种水被我称为植物发芽水、矿物凝结水、动物生殖水，少了它，任何东西都不能说：我存在。”

可是这种萌芽直觉变得具体了，声称能导致一些有益的实际应用。德·瓦勒蒙神甫用五桶水煮一斗麦子，然后用麦子喂家禽以免浪费，不过贵重的是煮麦子剩下的水。它能给所有的种子催芽，还能刺激所有植物的生长。“给每棵幼树浇上 1 品脱[②]这样的水，那堪称一顿美餐，会给幼树带来神奇的效果。而且不会伤害老树。葡萄园会因此兴高采烈，并在收获季节百倍地报答这种善举。”德·瓦勒蒙神甫坚信浓缩在他的水里面的萌发力，甚至建议直接把肥料、硝石、粪水掺入到这种播种水里面。

享受到这种发芽水效力的并非只有植物。“假如用这种繁殖液润湿它们吃的草料、浸泡它们吃的谷物，动物只会长得更壮实、更漂亮。”“根据经验，我知道在马吃的莜麦里加点儿这种水，人们从马那儿得到的好处简直不可想象。它没有越不过去的障碍，没有摆脱不了的困境……奶牛以丰沛得出奇的乳汁，弥补生殖水付出的代价。母鸡用下蛋

① 德·瓦勒蒙神甫：《自然趣事》，第 297 页。

② ［译注］品脱：法国旧时液体容量单位，1 品脱合 0.93 升。

来偿还。一切都成倍增长……一切都那么活泼，那么有朝气。”德·瓦勒蒙神甫补充道，“家禽饲养棚里喜气洋洋”，此话泄漏了他无意识信仰的实质。

这种直觉并不是孤立的。40年之后，即1747年，“前嘉布遣会修士、国王御医”卢梭神甫称，经过麦子烧酒浸泡的种子发芽的“势头更猛，因为这种烧酒包含酿酒用的种子的植物精华，浸泡这个种子之后，它增强种子的繁殖力，它的酶素加快被浸泡种子的运动，就像酵母使其他面团发酵那样”。但是他又补充说，酒精也不能放得太多，否则种子会“失去活力”。人们感到他做的实验是*负面*的：种子泡在过浓的酒精中，结果没有发芽。至于那些浸泡不见效果的*正面*实验，它们获得泛灵论增值的系数。卢梭神甫把他的直觉提升到主导原则之列，他接着说：“炼金术士根据这条规则谈论他们的浸泡，浸泡是为了复活或者抢救他们希望除掉的死人脑袋；他们采用大量泼水的方法，逐渐把他们失去的精神或者灵魂装进他们的头颅。”就这样，“烧酒本身包含一种多产原则，不管它与酿酒植物的形状差别有多大”。[①] 在所有这些例子中，*多产原则*没有丝毫隐喻的东西。它不是一种抽象的存在，而是一种*提取物*。从那时起，麦子种在田头，“被脱粒磨成粉，被搅和揉进面

① 卢梭神甫：《遵照御旨在卢浮宫炮制、经过验证的药方与秘密》（*Secrets et Remèdes éprouvés dont les préparations ont été fait au Louvre, de l'ordre du Roy*），巴黎，1747年，第69—70页。

团，或者泡在啤酒师的酿酒桶中”，都无所谓了！不管麦子被种了、被吃了还是被喝了，总是同样的多产原则在更新植物和人。哪儿道德败坏，哪儿就有德行（*Ubi virus ibi virtus*）。精液的力量至高无上，囊括和概括一切行动、一切力量的就是它。卢梭神甫说：“我始终相信，身体的道德存在于每个生物的精液基本原则中。”[①] 具体地说：“我说罂粟的种子能长出罂粟株，同样的种子也能产生它在医药中的药效。”人们感到这种直觉是多么具体，因此它是错误的，离现代化学的原则是多么遥远，在后者看来，更确切地说，提取鸦片是一种去个性化和去具体化的行为。此外，以化学物质为基础的合成制药已经完全证实了用抽象代替提取这种十分现代的做法。

威尔斯[②]的著作《巨人的地位》也建立在这种淳朴的直觉之上；人们透过连篇累牍的科学废话，一眼就能看到我们在消化的神话和普遍萌芽的神话中业已指出的过于简单的信念。不分阶段生长的“理论”是威尔斯的主导思想，早在德·瓦勒蒙神甫想入非非的实验中就出现过了。这就是小说家的科普工作只有依靠陈年老底子才能成功的铁证，而那些概念一成不变，根本证明不了它有价值。

---

① 卢梭神甫：《遵照御旨在卢浮宫炮制、经过验证的药方与秘密》，第 7 页。

② ［译注］威尔斯（Herbert George Wells，1866—1946）：英国作家。主要作品有科幻小说、社会问题小说以及历史著作。

## 11

对科学的无意识作完整的精神分析，理应研究一番多少直接同力比多有关的感情。尤其应当研究力比多作用于事物和动物的那种强力意志。统治人的意志也许是强力意志在巅峰状况的变异。这个变异也许是一种补偿。不管怎么说，在某些被认为危险的复现表象中，这种变异是相当明显的。我们只举一个例子，我们觉得它属于特殊精神分析的范围。这是一个骄傲受挫的个案，一种不加掩饰的强力，其实是潜在性无能的标志。我们将看到一个自食其果的高傲的魔术师。

目睹某些物体和某些生物会激发大量的感情因素，那些意志坚强的人以研究它们为荣，假如能意外地看到他们失态，那就有意思了。下面是卢梭神甫讲的一则趣事："凡·海尔蒙特说，假如把癞蛤蟆放在一个深容器中，深得它爬不出来，然后死死地盯着癞蛤蟆看，癞蛤蟆使尽力气想跳出容器逃跑，失败之后，它转过身子，死死地看着你们，不出片刻就直挺挺倒下去了。凡·海尔蒙特认为那是癞蛤蟆见人之后产生极度恐惧的念头所致。那种恐惧因为长时间全神贯注而激化亢奋起来，结果把癞蛤蟆噎死了。我做了四次，觉得凡·海尔蒙特说的是实话。我在埃及第三次做这个实验的时候，在场的一个土耳其人激动地惊呼，说我用目光杀死了他们目睹魔鬼创造的动物，我真是圣人……”[1]那才是不折不扣的魔术师！现在让我们来看看他的失败，这将使我们清醒地看到使用不当的*勇气*所产生的双重性。“为了在里昂最后如法炮制一次……非但癞蛤蟆没有死，我想我是险些把自己的命给搭上了。企图逃跑未遂之后，癞蛤蟆突然朝我转过身来，身体异乎寻常地膨胀起来，四肢撑地，它大口大口地喘气，纹丝不动，目不转睛地看着我，我看着它的眼睛明显地红起来，怒火中烧。我当时感到一阵眩晕，接着立刻昏厥过去，浑身直冒冷汗，大小便都失禁了。看到此番情景，别人一时间以为我死了。我当时身边只带着治毒蛇咬伤的解毒药和蝰蛇粉，别人让我吃了很多才把我弄醒。此后一周时间内，我浑身乏力，继续早晚按时服药。我知道这个可怕的动物能做哪些出格的事，但是我不能全都透露出去。”

我们觉得这篇文字很好地佐证了恐惧的*具体化*，无数前科学的文化都受到这种恐惧的骚扰。蝰蛇粉的增值，一部分是由被克服的恐惧构成的。战胜厌恶和危险足以提高对象物的价值。医药于是成为一种奖品，它能有力地帮助*心理压抑*，而这种多少有些物质化的压抑可以帮助无意识。人们就会相当乐意地走近这种学说，它认为应该愚蠢地照料蠢人，无意识需要通过大致唯物的、大致具体的方式得

---

① 卢梭神甫:《遵照御旨在卢浮宫炮制、经过验证的药方与秘密》，第 134 页。

到释放。

由此可见，如欲了解阻碍客观认识、阻碍从容认识的障碍，那就必须对人作整体的考察，考察他身上祖传的和无意识的沉重负荷，考察他全部茫然和偶然的青年时期。可惜啊！教师们并不致力于提供这种从容！因此，他们不引导学生们去认识物体。他们判断多于传授！面临纠正自己的思想、走出自我寻找客观真理的需要时，一个人会感到焦虑，他们却不为医治这种焦虑而有所作为。

# 第十一章

# 量化认识的障碍

## 1

因为直接的客观认识是定性的，所以必定是错误的。它带来一个有待纠正的错误。它不可避免地把主观印象强加在对象物身上，因此必须让客观认识摆脱这种负担，必须对它作精神分析。直接的认识从原则上说就是主观的，它把现实当作自己的财产，过早地得出论断，从而阻碍而不是促进客观认识。这是概括前面几章我们认为可以得出的哲学结论。倘若认为量化认识在原则上能够避免定性认识所具有的危险，那就错了。度量并非理所当然的客观，只消离开日常物品，人们就会采纳最离奇的几何限定、最荒诞的数量测定。由于科学的对象从某种方面来说始终是新的对象，人们立刻就能明白，最初的界定几乎必定是不妥的。一种新现象需要经过长期研究才能找到合适的参数。所以，追溯电测量的演变过程，人们可能会惊讶库仑的研究成果这么晚才问世。在那个世纪末，有人还提议使用活力仪，这种仪器以电作用为基础，这些电作用也许是明显的、直接的，可是它们很复杂，因此不适于客观地研究电学现象。一些表面看来十分客观、轮廓很清晰、几何精度显然非常高的构思，譬如说笛卡尔的物理学，却令人费解地缺少测量理论。读罢《哲学原理》，人们几乎可以说量值是空间的一种*性质*。即使遇到如罗奥（Rohault）这样思路清晰、学问严谨的教授，前科学性质的解释也似乎没有旗帜鲜明地加入数学学说。莫于（Mouy）先生在《笛卡尔物理学的发展》这本杰作中非常准确地指出了这一点："笛卡尔物理学是一门没有数学的数学物理。它是一门具体的几何学。"[①] 这种直接的几何主义，由于缺少推理性和解释性的代数学，找到了不成为严格意义上的数学主义的办法。

倘若人们的确希望说明人类的*尺度*对我们全部的价值判断所产生的影响，这些看法就会变得比较中肯了。我们没有必要重提这个被如此频繁提及的论证，即哥白尼的革命使人类面对世界的新尺度。在整个 17 世纪、18 世纪，随着显微镜的发现，在现象的另一个极端提出了同样的问题。在今天，尺度的断裂更为剧烈，但是提出的哲学问题始终依旧：迫使人类对普通的度量、对其*自身*的度量抽象化，迫使人类从度量与测量方法的相对关系上来思考度

① 保罗·莫于（Paul Mouy）：《笛卡尔物理学的发展，1646—1712》（*Le Développement de la Physique Cartésienne, 1646—1712*），巴黎：Vrin 出版社，1934 年，第 144 页。

量，总之要使呈现在最即刻的直觉面前的东西清晰地表达出来。

但是由于认识论障碍总是成双成对地出现的，即使在数量领域，人们也会看到太精确的数学主义与太模糊的数学主义争奇斗艳。我们将试图通过它们最基本的形式，用尽可能简单的例子来说明这两种障碍的特点。因为假如要我们确定通过数学提供这个现象的信息所遇到的全部困难，那就得写厚厚的一本书了。那将超出我们准备在本书描写的问题——即科学精神早期形成——的范畴。

## 2

在数量领域中过于追求精确，同在质量领域中极度追求秀丽是完全一样的。数目的精确常常是数字的放纵，而秀丽——照波德莱尔的说法——是“细节的放纵”。人们可以从中看到非科学精神最清晰的一个标志，哪怕此时这种精神正力图达到科学的客观性。事实上，科学精神的首要要求之一，就是测量的准确性应当时刻参照测量方法的敏感性，它自然应该考虑到测定对象的持久条件。精确地测定一个逐渐消失或者一个不确定的物体，使用粗糙的仪器精确地测量一个固定的或者明确界定的物体，这是两种首先被科学学科抛弃的徒劳的工作。

在乍看起来并不起眼的测量问题上，人们也能感到唯实论者与学者的思想存在分歧。唯实论者立刻把个别的物品捧在手上，因为他占有物品，就可以描述、测量它。他仔细测量完毕，直到最后一位小数，就像公证人清点财产时不放过一分钱那样。学者则相反，他*走近*原先界限不明确的物品。他先是*准备*测量它。他讨论研究的条件，确定测量工具的灵敏度和测量范围。归根结底，学者更多地描述他的*度量方法*，而不是他的*度量对象*。度量对象只不过代表度量方法个别的近似程度。学者更相信度量的*现实*而不是对象的*实在*。当人们改变近似程度的时候，对象物的性质可能发生改变。声称一下子就把度量确定完毕，实际上是信手抛弃对象物的各种*关系*。对象物与其他物体的关系越多，研究它就越有教益。但是关系一旦多起来，它们会受到各种相互干扰，近似数的推论调查立刻成为方法论的必然。这时候，作为推理的方法，客观性在度量之内得到肯定，而不是作为对象物的直接直觉，在度量之外得到肯定。度量需要思考，而不是为了思考而度量。倘若人们想把度量方法变成一门形而上学，那就要诉诸批判主义而不是现实主义。

不过我们来看看争先恐后扑向现实、在极端精确中显示自我的前科学精神。这些情况可以在日常教学实验中，在科学史上或者在某些新生科学的实践中观察到。

中学会考的物理试题是一座取之不尽的矿山，它源源不断地提供这种不可靠的精确度的例子。绝大多数的数字计算题都不考虑误差问题。只要一道除法题做得“不好”，觉得一个计算“不对”，考生就会惊慌失措。他一头扎进没完没了的除法之中，希望得出准确的答案。他之所以停下来，是因为他认为答案的价值是根据小数点的位数多少来衡量的。他没有想过，当答案的精度超过实验数据的精度时，那完全是在界定虚无缥缈的东西。计算得出的小数不属于对象物。一旦两种学科交叉，譬如数学与物理交叉的时候，学生们几乎就肯定不会“协调”两种精度了。因此，为了正确地讲授近似数，我常常提出一个简单问题：计算周长为 150 厘米的橡树的平均半径，精确到 1 厘米左右。班上大多数学生计算时用 $\pi=3.1416$ 这个刻板的值，这样的计算明显偏离可能达到的精度。我本着大致相同的思路，在别处点评博雷尔（Borel）一篇非常有见识的文章的时候，指出了精度失调的问题，人们在巴黎购买建筑地块，价格精确到生丁[①]，可是人们测量地块时的最大精度为平方分米，而平方分米的地价只影响到法郎的数值。这种做法不禁让人想到杜隆[②]开的玩笑，他常常这样评价某个实验师：他对第三位小数很有把握，只是在第一位小数上举棋不定。

无缘无故地过于精确是 18 世纪的通病。我们仅举几个

① ［译注］生丁：法国辅币名，1 生丁等于 0.01 法郎。

② ［译注］杜隆（Pierre Louis Dulong, 1785—1838）：法国物理学家、化学家。他提出了有关比热的杜隆–珀替定律。

事例说明。譬如布封居然得出结论说：“在 74 832 年以前，彗星的撞击使地球脱离了太阳；再过 93 291 年，地球会变得十分寒冷，以至于生命无法存在。”[①] 这种通过计算得到的超精确预言让人惊讶，尤其因为它依赖的物理学原理还相当模糊、相当个别。

在《百科全书》的“胆汁”条目中，人们可以读到哈尔作出的精确界定：肝结石造成的空气比它们的体积大 648 倍，尿结石的空气比它们的体积大 645 倍。我们习惯于仔细观察实验的误差，在这些由相当粗糙的技术提供的不同但是相近的数字中，我们看到的不是实体论的差别——就像哈尔所做的那样，而是实验同质性的证据。

对精确性的关注也使得某些人提一些无意义的问题。以下就是两则 18 世纪的例子。梅森（Mersenne）神甫问道：“我恳求你们告诉我，如果一个身高六尺的人周游地球，他不用脚而用脑袋行走，能多走多少路？”除了问题本身毫无价值之外，人们还看到梅森神甫的提问在几何方面显得无比荒谬，因为人们对地球半径的认识还很粗浅。18 世纪末，贝尔纳丹·圣-皮埃尔观察苍蝇飞翔。有些苍蝇“顶风向上飞去，其原理有点像纸风筝，它与风向构成一个角度往上升，我想是 22.5° 角”[②]。在此，22.5° 角显然

① 居维叶：《从古至今的自然科学史》，第三卷，第 169 页。

② 贝尔纳丹·圣-皮埃尔：《自然研究》(*Etudes de la Nature*)，第四版，四卷本，巴黎，1791 年，第一卷，第 4 页。

是 45° 角的一半。作家欲把视野几何化。在他看来，倾斜这个概念太含糊。此外，他也许认为倾斜通常就是 45° 角。由此可见，人们需要精确性，一整套幼稚的计算前来增援这种不妥当的需要。

寻找假的精度与寻找假的灵敏度是并行不悖的。夏特莱夫人提出下面这番观点作为学术思考："既然火能使所有的物体膨胀，既然没有火，物体就会收缩，那么白天的物体、房子和人理应比黑夜里更膨胀、体积更大、个子更高等，因此自然界的一切都永远在收缩和膨胀之间摆动，它维持了宇宙的运动和生命。"[①] 此外，人们看到前科学精神多么轻率地把普遍概念与琐碎的个别现象混为一谈。夏特莱夫人继续不分青红皂白地说："热量在赤道使物体膨胀，在北极使它们收缩，所以拉普兰人[②] 个子小，体格健壮，很显然，生长在极地的动植物到了赤道会死去，反之亦然，除非像彗星那样从远日点过渡到近日点。"

人们有时候计算那些本身不含计算的测定。譬如《百科全书》的"空气"条目提供了这些难以想象的细节："事实证明，把不到 3 000 人安排在 1 阿尔邦[③] 大小的土地上，他们 34 天的汗腺蒸发会形成高约 71 尺[④] 的气层，它没有被

---

① 夏特莱夫人：《论自然和火的蔓延》，第 68 页。

② ［译注］拉普兰人生活在斯堪的纳维亚半岛北部地区。

③ ［译注］阿尔邦：旧时的土地面积单位，1 阿尔邦相当于 20 至 50 公亩。

④ ［译注］法国古长度单位，相当于 325 毫米。

风吹散，因此很快会变得恶臭。”

最后，陷入这些不合时宜的精确度的，不仅有 18 世纪的作家或者我们时代的中学生们，还有大批尚未确定其概念范畴、忘记数字精度无论如何不应该超过测量工具的精度的科学。譬如地理课本目前塞满了没有规定其变率和精度范围的数据。供 13 岁孩子使用的四年级教科书就加入了如下的细节：芒东[①]市年平均气温为 16.3℃。于是出现了这样的悖论，平均气温精确到 0.1℃，而气象资料的实际使用只要温度的个位数就够了。和许多别的作者一样，这位作者还夸大人口密度概念的精度，其实只要留下适当的模糊，人口密度概念是清晰实用的。这本颇受非议的教科书写道，塞纳省[②]的人口密度为 9 192 人 / 平方千米。固定的数量用于一个浮动的概念，其数值的有效性甚至不到 1 小时，可是它将连同其他几个同类的数字一起，被作为“知识”向学生们“传授”，长达 10 年之久。这位作者还写过高中二年级地理书，书中有 3 480 个科学价值几乎相同的数目。学生在 1 小时的课堂上必须记住 100 多个数字，苦不堪言。可恶的教育法找到了堂而皇之的借口，这种教育方法违反常识，可是它发展的时候却没有遭到那些貌似科学的学科的任何批评。

---

① ［译注］芒东（Menton）：法国小城，紧邻尼斯，靠近意大利边境。

② ［译注］塞纳省（département de la Seine）：巴黎盆地的旧省，面积为 478 平方千米，1964 年被取消。

## 3

从更清晰以及几乎是物质的角度来说，人们可以从测量工具使用的技术来确定一门科学的不同发展阶段。每个刚刚过去的世纪都有自己的精度尺度、自己精确小数的范围以及自己的特别工具。我们不想回顾这段工具的历史，这我们在另一本书中已经谈过了。我们只想指出，确定测量的首要条件是一件很困难的事。譬如，马蒂娜（Martine）告诉我们说，早期的温度计造得很不精确："其中包括佛罗伦萨的温度计，它的最高温度是根据太阳在那个地区的最大热量确定的，可是也显得太含糊和不确定。"[①] 人们从这个简单的例子就能意识到直接使用温度计是很糟糕的。既然温度计必须把周围的温度告诉我们，那么我们首先要求温度计拿出它的刻度原则。本着类似的观点，哈雷[②] 建议将不受冬季和夏季温度影响的地下温度作为温度的固定点。这种对温度变化的不敏感性得到了温度计的确认。仪器测量的缺乏导致这种不敏感性不是直接客观的。马蒂娜指出，即使到了玻意耳时代，"温度计是如此易变和不确

---

① 马蒂娜：《论热量，对温度计制造与比较的新观察》（*Dissertation sur la chaleur avec les observations nouvelles sur la construction et la comparaison des thermomètres*），译著，巴黎，1751 年，第 6 页。

② ［译注］哈雷（Edmond Halley, 1656—1742）：英国天文学家、数学家。

定，因此平心而论，不能像测量时间、距离、重量等那样用它们来测定冷热”。

由于缺少技术手段，早期的温度计变得五花八门就不足为奇了。温度计的种类不久就超过了磅秤。这种多样性是业余性科学的典型特征。在如今的科学界，测量仪器的标准化几乎是立刻实现的。

我们时代的科学意志非常清醒和警觉，人们早年居然如此宽容错误令我们惊讶。我们觉得造一架客观的仪器是理所当然的事，可是我们不一定总是能意识到装配一架最简单的仪器需要那么多技术措施。譬如，从表面上看，有什么东西比托里拆利[①]安装气压计的实验更简单的吗？可是光填充管道就需要花很大的精力。在这方面，再小的错误、一个再小的残留气泡都会显著地影响气压表的高低。在内拉克[②]这座小城里，业余爱好者罗马斯（Romas）跟踪观察五十多架气压计的变化情况。与此同时，人们加大观察量以了解气压变化对于各种疾病的影响。就这样，气压计和测量的对象显然互不适应，双方都远不具备获得客观认识的良好条件。人们在早期的测量认识中可以遇到与普通的客观认识相同的障碍：人们不一定能测到一种现象最有规

① ［译注］托里拆利（Evangelista Torricelli, 1608—1647）：意大利物理学家、数学家，根据托里拆利实验发现的原理制成水银气压计，著有《运动论》《几何学研究》。

② ［译注］内拉克（Nérac）：法国西南部小城。

律的变数。随着测量工具的改进，它们的科学产出将得到较好的界定。认识的客观性与借助的测量工具成正比。

实验的敏感性学说是一个很现代的概念。实验之前，自然科学家应该确定所用仪器的灵敏度。这正是前科学的精神所不做的事情。夏特莱侯爵夫人与焦耳[①]在一个世纪之后完成的实验失之交臂，她没有看到实验的可能性。她说得很明白："假如运动产生火，被用力摇晃的冷水就会升温，可是这并不明显，即使水能升温，它也是升得很艰难的。"人的手不能明显感觉出的现象，其实一个普通的温度计就能使它显示出来。确定热功当量其实就是在研究这种困难的升温。假如我们考虑过实验室直觉与自然直觉的混淆，我们对于缺乏实验洞察力就不会那么惊讶。所以伏尔泰和夏特莱侯爵夫人一样，纳闷为什么呼啸的北风不产生热量。由此可见，前科学的精神没有明确的大与小的学说，它混淆大与小。前科学的精神最缺乏的，也许就是一门关于实验错误的学说。

## 4

从同样的角度出发，前科学精神滥用相互确定性。在

---

① ［译注］焦耳（James Prescott Joule, 1818—1889）：英国物理学家，为能量守恒和转换定律奠定基础。

它看来，某种现象的典型可变参数全都相互起作用，认为该现象的敏感性在所有变异中都是相同的。然而，即使可变参数是互相关联的，它们的敏感性也并不是相互的。应把每项研究变成一项特殊案例。现代物理学正是这样做的，它并不设定在前科学时期被看作不可争论的复因决定论。我们举几个特别惊人的例子来说明数量复因决定论。莱茨（Retz）发现人们并不拥有某种工具来估量人体内的电流量，便绕过障碍，求助于温度表。电和热的实体关系很快就找到了："电物质被看成是火一样的东西，它对生命体器官的影响必然会产生热。温度计贴在皮肤上，温度计的升降便表明人体内的电流量。"[①] 整篇论文就这样滑入歧途了，一些常常独具匠心的努力最终使作者得出这样的天真结论："在著名的布拉格撤退之际，当时的严寒使许多士兵失去电和生命，其他人由于军官们拼命地驱赶他们行走，因而产生电流才得以活命。"[②] 应当指出，电疗法和体温之间的关系是虚假的，至少以 18 世纪所具备的温度计量的敏感性来说是这样的。然而，许多实验家反复做过试验，他们记录了绝对是无足轻重的温度变化。他们以为在做一项身体实验，其实是在非常恶劣的条件下做情绪生理的实验。

① 莱茨（巴黎医生）:《人体电流概述》(*Fragments sur l'électricité du corps humain*)，阿姆斯特丹，1785 年，第 3 页。

② 同上书，第 25 页。

本着各种现象绝对关联的主导思想，前科学的精神厌恶封闭体系这种很当代的概念。封闭体系刚一提出，就有人抵触这种肆无忌惮，他们以一成不变的风格，肯定这个零散的系统与整体性的相互联系。

然而，一种很规范的近似法思想，谨慎仿照有效确定的做法，会建立起绝对摆脱轻微干扰的现象层次。这是唯一可以被称为科学的现象学。但是这种以测量工具为基础的现象学，被操作感知度不可逾越的门槛所阻断，无法抗衡根深蒂固、不容分说的实在论，这种实在论要保护现象及其所有特征的延续性和一致性。这种对普遍关联的天真信念是颇受天真的唯实论青睐的题材，它能把杂七杂八的事实集中起来，令人格外吃惊。我们来举一个十分出格的例子！卡拉提出了“造成各种天体运动的前因后果”的理论，根据这个理论，他从天文学家的角度不仅说明了——当然是毫无根据地——不同行星的季节，还指出动植物的特性，比如植物的颜色和寿命。水星的植物呈粗放的绿色，金星的植物“在一个极地为黄绿色，在另一个极地是金黄色的”。火星上的植物为浅绿色。在金星上，人的寿命超过在地球上。火星人的寿命“比地球人短三分之一”①。天文的性质牵动了所有东西，所有东西都运用天文尺度。卡拉不慌不忙地指出，土星富饶得令人难以置信，肯定有几十亿

① 卡拉:《物理新原则》，第二卷，第 93 页。

跟人类相似的生物，拥有一两千万人口的巨型城市。[①] 在这种总体的宇宙学中，人们看得出孟德斯鸠的气候论推广到了全宇宙。在这种极端夸张的形式面前，孟德斯鸠的理论显得苍白无力。不拿出证据或者以笼统、模糊的观点为幌子来断言不同性质现象之间的因果关系，没有什么比这种做法更反科学了。

这些无止境的相互作用，这些超越广袤空间和汇集极其庞杂的性能的相互作用，几个世纪以来一直在前科学的精神中作祟。它们在那儿取代了深刻的哲学概念，成为一切伪科学的借口。我们可以证明它成了天文学的基本思想。有一点天文史学家始终没有强调，那就是把*物质性*赋予*天文影响*。正如我们业已指出的那样，星辰不仅给我们送来形象和波谱，还送来物质，与其说是质量，不如说是数量。17 世纪的天文学已经清楚地知道，月光只是折射的太阳光。但是人们补充说，在折射过程中，一些月球物质渗入了被折射的光线，“就像一只从石灰墙反弹回来的球带着白色的痕迹”。因此，星辰的作用就是一种真实物质的量化行动。天文学是完全意义上的唯物主义。我们刚才指出的星体与其居民的依赖关系，只不过是这种建立在笼统的决定论基础上的总体唯物主义体系的一个具体例子而已。世纪更迭，人们依然如故，只不过修改了几件证据而已。作家卡拉在

---

① 卡拉:《物理新原则》，第二卷，第 99 页。

18 世纪末沿用基尔舍（Kircher）神甫的观点，后者在 150 年前曾经根据我们太阳系行星的大小，计算出每个行星上居民的可能身高。卡拉批评基尔舍神甫的观点，却又以自己的方式来证实同样的假设，成为对显而易见的荒谬进行理性化的又一个例子："对于住在密度最大的星球上的居民而言，我们所说的血是一种黑色稠密的液体，在他们的动脉中缓慢地流动，对密度最小的星球上的居民来说则是一种非常细腻的蓝色液体，像火苗一般在他们的血管中游动。"[①] 如此大胆断言的文字连篇累牍，一发不可收拾。因此最后结语中出现了给单一的宇宙观明确增值的惊叹，尽管统一性是借助*密度*这个简单概念来实现的，"世界的多样性给我们提供了多么广阔的沉思领域，假如人们愿意仔细观察它的各种关系的话！天体的密度大小不一，使居住在那儿的生命体的本质千变万化，构成一条巨大的链条，他们的不同演变预示生命之链会绵延不绝"[②]。

有科学头脑的读者也许会批评这个例子太露骨，滑稽得太浅薄。不过我们的辩解是：我们把这种言论用作一种测试，供一些有识之士作平心静气的思考，并不指望那些漠然、忧郁的脸上会露出一丝浅笑。他们从中看到哲学思想的一个题材，即天地之间一切都互相关联，一个同样的

① 卡拉：《物理新原则》，第二卷，第 161—162 页。

② 同上书，第 164 页。

法则支配着人与物。我们把卡拉的文章作为论文题目提出来，却从未看到有人尝试缩小这个基本错误。

然而，假如人们想从哲学精神转入科学精神，就必须同意缩小决定论的范畴。我们就必须强调，在科学文化中，*并非一切都是可能的*，只有可能性被证明的东西才能被认为是可能的。在此需要进行勇敢的、有时候甚至是冒险的抵抗，来反对细腻精神，这种精神不断地躲避证据而青睐假设，疏远可信的而看重可能的。

在此，人们也许抓住了最能区分科学精神与哲学精神的一个特征：我们指的是*忽略的权利*。科学精神明确地、清楚地阐明了这种忽略可忽略之物的权利，哲学精神则一再地不予认可。哲学精神指责科学精神陷入恶性循环，它的理由是可忽略的东西正是人们已经疏忽的东西。不过我们可以证明可忽略性原则的积极性和有效性。

为了证明这条原则是积极的，只要用非量化的形式表述它就行了。奥斯特瓦尔德提出的观点的价值就在于此："不管研究何种现象，总是存在很多因素，它们对这种现象的影响是测不出来的。"[①] 一颗炮弹的颜色不会影响其弹道性能。具体地观察科学精神是如何排除无用因素的，也许是一件有意义的事。我们都知道西莫[②] 的两种流体说，而这个

① 奥斯特瓦尔德：《能源》，E. Philippi 译自德文，巴黎：Alcan 出版社，1909 年，第 10 页。

② ［译注］西莫（Robert Symmer, 1707—1763）：苏格兰物理学家。

理论堪称长筒袜子理论，也许就鲜为人知了。我们来听一下普里斯特利的说法，看看西莫是如何受到电学家使命召唤的：“这位作者一个时期以来发现，当他晚上脱袜子时，袜子发出噼啪声……他并不怀疑这是电流所致。为了确定哪种情况下会产生这类电现象，他做了大量的观察，最终认为白色和黑色的结合产生了电，当他在同一条腿上穿白黑相间的丝袜时，这种现象尤为强烈。”① 染料的化学性质也许会起一定的作用，可是科学实验恰恰朝化学性质的方向进行探索，以便减小可忽略因素——诸如染色——造成的差别。这种缩小工作不容易做，这种困难恰好说明需要把现象学特性简化成为反作用。

但是忽略意志在当代的操作技术中确实很活跃。事实上，一台仪器既可以得到积极的描写也能得到消极的描写——假如可以这么说的话。人们根据它避免的干扰、它的隔离技术、它保证人们可以忽略某些定义明确的影响的可信度，总之根据它形成一个*封闭体系*来给它定义。现象被复杂的遮护板、管罩、稳定器封闭起来。这种拼装的*消极主义*——即当代的物理仪器——与有气无力地断言不确定的现象相互作用的可能性形成对立。

忽略性原则显然构成了微分学的基础。这条原则的确被证明是必需的。从那时候起，落后于时代的笛卡尔主

---

① 普里斯特利：《电的历史》，第二卷，第51页。

义者——比如卡斯代尔神甫——提出的批评只能令人吃惊。他发现牛顿频繁使用“我们可以忽略这个”的说法，对此他予以强烈的谴责。就这样，他在忽略性原则明显取胜的定量领域，重复那些在定性领域也不那么站得住脚的批评。

## 5

前科学精神不了解级差的现实，造成了类似的混乱。它对由小至大和由大至小都持同样的实验定论。它拒不接受量值的多样性，尽管单纯的比例观念很诱人，这种多样性却是审慎的经验主义所必须具有的。仅举几个例子，就足以说明人们多么轻率地游移于各种数量级之间。

18 世纪宇宙起源说的特征之一就是它的简洁（布封、德·马利维兹男爵的学说比较详细一些，但是他们的原则依然是肤浅的），有时候一幅画、一个字就够了。寥寥数行，稍微参照通常的实验，人们就能解释世界了——人们毫无顾忌地由小到大。因此德·特雷桑伯爵参照白答维泪滴的爆炸——也就是将一滴滚烫的玻璃珠浸入冷水——来解释“将行星物质与太阳质量分开”的爆炸。[①]

① 德·特雷桑伯爵:《论作为宇宙因素的电液体》，第二卷，第 464 页。

以下是一位科学院院士向同僚们推荐的一份研究计划，旨在判断笛卡尔的旋涡假设是否成立：“选择一处池塘，使池心的水发生旋转，池心的水将把旋转运动以不同的速度带给其余的池水，这样就能观察处在不同场所、离池塘中心距离不一的各种浮动体的运动，然后同宇宙间的行星运动作一些比较。”[①]

当显微镜迅速增加了人类对无限小的实验数量时，人们自然而然地使用未经任何证实、没有任何尺度的生物比例，去让人们设想这种无限的深度。直到 1785 年，德·布鲁诺还在引用沃尔夫所作的没有任何客观基础的推论：“大麦颗粒的空间可以容纳 2 700 万只有生命的动物，每只动物有 24 只脚……最小的沙粒可以充当 29 400 万个有机动物的居所，它们繁衍生息，有神经、血管以及把它们充满的液体，相对这些动物的身体而言，它们也许有着血液与我们体重相似的比例。”[②] 生命体是尺度非常典型、清晰的现实，它居然被某些前科学的精神毫无根据地极力贬低，确实让人吃惊。人们还应该注意到，内容神话在此能够在一个模糊的容器——它的体积能够翻番（一颗沙粒）——中确定具体的数字内容（29 400 万个生物）。人们还常常记得有些观察者更为大胆的断言，信誓旦旦地说自己发现了长

---

① 《科学院的历史》，第一卷，第 8 页。

② 德·布鲁诺：《关于磁流方向的研究》，第 176 页。

着人脸的纤毛虫。马耶[①]发现，透过显微镜可以看到，人的皮肤表面覆盖着一层“细鳞”，他认为这个发现为他的人类来自海洋的论点提供了佐证。才华横溢的观察者通过耐心的、不断重复的观察超越了最初的惊奇，除此之外，显微镜观察引发出许多最不可思议的判断。

我们还应当指出，在涉及两种无限[②]的各种沉思中，感情色调相当不同。望远镜和显微镜的介入可以说使得两种无限的范围成倍增加，无限小方面最难平静下来。这种科学的惊骇没能躲过米什莱[③]的眼睛，他在《昆虫记》中作了这个简短的对比：“最有意思的是观察两种变化对它们的作者所造成的截然不同的印象。伽利略[④]面对无垠的天空，那里的一切都显得那么和谐和计算精密，他的高兴更多于惊奇；他以最欢快的笔调向欧洲宣布此事。斯瓦姆默丹[⑤]似乎被显微镜底下的无限世界惊呆了。搏斗中互相吞噬的自然

---

① ［译注］马耶（Benoît de Maillet, 1656—1738）：法国外交家、地质学家。曾经担任驻埃及领事，主要著作有《埃及纪事》（1735）和《印度哲人与法国传教士论海洋缩小、地球形成、人类起源》（1748），他认为一切生物均源自海洋。

② ［译注］即无限大和无限小。

③ ［译注］米什莱（Jules Michelet, 1798—1874）：法国历史学家，认为历史就是人类反对宿命、争取自由的斗争史，主要著作有《法国史》《法国革命史》等。

④ ［译注］伽利略（Galillée, 1564—1642）：意大利数学家、天文学家和物理学家。

⑤ ［译注］斯瓦姆默丹（Jan Swammerdam, 1637—1680）：荷兰博物学家、古典显微镜研究学者，阐明多种昆虫生活史和解剖，首先发现红细胞（1658年），著有《昆虫通史》《大自然的圣经》等。

界犹如一道深渊，吓得他连连退缩。他感到迷惘，似乎害怕自己所有的想法，所有的信念都因此分崩离析。”[①]这些反应中也许有个人的心理作用，但它们仍然是证据，证明我们对那些突然与我们的尺度相差甚远的现象，进行相当奇怪的情感增值。前科学作者、如今的科普作者经常告诫我们要谦卑，这种教诲相当清楚地揭示出一种对离开通常数量级的抵触。

我们把我们对生活的认知纳入生物层次，对逾越这个层次的抵触，以及将人性引入低等生命形式的尝试，如今被完全克服了。对于生物客观性的成功回忆，也许能帮助我们克服原子客观性目前产生的抵触情绪。对惯常的直觉的依恋、在我们的尺度等级上获得的共同经验，阻碍着当代科学思想的发展，即使不在科学思想的创造者身上，至少在教学工作中是如此。关键只在于冲破习惯。科学精神必须把灵活与严谨结合起来。在接触新领域的时候，它必须重新作全面的构建，而不能处处强制推行惯常的尺度。正如赖兴巴赫[②]先生所说的那样：“不要忘记，事实上，几乎任何物理发现的客观新领域都会导致引入新的法则。”[③]不

---

① 米什莱：《昆虫记》，第 92 页。

② ［译注］赖兴巴赫（Hans Reichenbach, 1891—1953）：德国哲学家和教育家，维也纳小组主要代表和逻辑实证主义柏林学派创始人。

③ 赖兴巴赫：《科学哲学》（*La Philosophie scientifique*），巴黎：Hermann 出版社，1932 年，第 16 页。

过，完成这项义务毕竟越来越容易了，因为一个世纪以来，科学思想经历了许多变革。可是初次脱钩时的情况就截然不同。放弃常识性认知是一种艰难的牺牲。初次描写陌生世界时出现无数幼稚想法，对此我们不应该感到惊讶。

## 6

此外，指出日常形象非但没有帮助、反而阻碍了实验的数学化，也是相当容易的事。这些模糊粗糙的形象给出了几何学无法把握的图案。光线的折射于是立刻找到了“它的物质形象”，这种形象禁止“数学的主张”，从而长期阻碍了思想。一位匿名作者在 1768 年写出了这个快速的直觉：“往石膏或者石头上钉一根稍长些的钉子，铁钉几乎总会弯曲。”[①] 没有科学头脑的人也能“理解”这种科学实验。我教初级物理的时候常常发现，“物质形象”给慵懒的精神送上迅速而糟糕的满足。尽管做了具体的演示，人们依然回到原先的形象。因此，卡斯代尔神甫批评牛顿清晰的研究工作，前者想证明折射概念是人为的——牛顿以此解释棱镜折射光线的现象。于是，卡斯代尔神甫引用一些司空见惯的形象，其中包括一捆被人折弯的木棒。他说，每

① 佚名：《物理信札》(*Essai de Physique en forme de lettres*)，巴黎，1768 年，第 65 页

根木棒的弯曲率是相同的，然而捆起来之后导致弯曲率分化，上层的木棒弯曲得少一些。对折射的光束而言，情况也是如此……就在人们发现双重折射的时候，多本著作居然听任非常射线自由地浮动于明确服从正弦定律的正常射线之外，这也很令人惊讶。譬如，《百科全书》写道：“这两束射线，一束符合普通定律，在水晶中，空气入射角的正弦与反射角的正弦形成五比三的关系；另一束射线按照特殊定律折射。”[①] 不确定性与科学的确定性于是就和睦相处了。

有时候，更为模糊的形象也能令前科学精神感到满足，以至于人们不禁考虑使用*需要模糊*这种说法，在数量认知方面也掺入模糊。所以哈特索克用这个比喻来解释光折射现象：“光线遇到了与一位男子相同的情况，他刚穿过一群孩子，侧前方来了一群膀阔腰圆的男子汉，这位男人只能斜着身子挤出人群，肯定偏离原先的道路。”然后是附有插图的解释，只见一位男子用手肘推开人群向外*折射*。那可不是某些谈兴正浓的盎格鲁-萨克逊教授们有时候说漏嘴的那种偶然的悖论，而是构成解释的基础。

推理性的数学信息能对各种近似法进行分类，而如果拒绝这种信息，从中受益的就是一种*整体的形式*，是一种由模糊数学表达出来的定律，这种定律能满足思路混淆者

---

① 《百科全书》，“冰岛水晶”条目。

对精度的肤浅需求。索邦大学教授德莱拉（Delairas）于1787年写了一本厚厚的书，题目是“经过严密计算论证的、形成一门学说的新物理”。可是书里连最起码的方程式都找不到。这本书抨击一个世纪前获得成功的牛顿体系，断然否认其中几点，而不先考察它们之间的各种数学关系。反过来，该书作者却信任诸如以下的笼统形式：“每个质量在被称为*体系*的世界的某个地方占据中心位置，它不过是有机发展的化合物，这种有机发展循环往复，形成一套套各种各样的运动。这些循环往复的体内运动服从于来自加速机能的速度增量。”*模糊批判精确*，我们觉得这是很说明问题的。这位作者不断参照“大众都能理解的自然几何学”[①]，从而表明，即使不走王家大道，至少可以走民间途径来获得对现象的数学认知。

我们很惊异地看到，拒绝数目特征的“机制”最后总是以形容词来细述机械现象。蓬斯莱神甫写道：“运动本身可能受多少种修改，就存在多少种运动。运动有直线的、倾斜的、环绕的、向心的、离心的、往复摇摆的、振动的、振荡的、眩晕的，等等。”[②]

普吕什神甫的批评激发了同样对模糊性的需求和对直接修饰词的寻找。他认为，牛顿的万有引力定律“即引力

① 德莱拉：《经过严密计算论证的、形成一门学说的新物理》，第247页。

② 蓬斯莱神甫：《味觉与嗅觉的化学，或者轻松和廉价炮制甜酒和香水的原则》，第30页。

的大小与距离的平方成反比……是一切向四周发散之物的推进定律。那是气味散发的定律……”[1]人们不禁寻思，这种如此包容的笼统视野怎么会满足于随着活动范围而增加的力量。

马拉也同样对数学充满鄙视。他在尽情批驳牛顿的光学后写道：“滥用科学以及各种数学投机在此真相大白，因为，那么多巧妙的实验、细腻的观察、高深的计算、深入的研究，最终的结果是什么呢？难道就是创立一种错误的学说、一种简单的事实就能永远推翻的学说吗？为什么挥霍那么多才华、使用那么多奇怪的公式、提出那么多令人愤慨的假设，制造那么多奇观，到头来只是让人更清楚地感到作者的尴尬？”[2]站在精神分析的立场上，我们应该考虑一下：人们指责牛顿处境尴尬，该是牛顿读者的尴尬吧，因为他看不懂这部著作的数学难点。敌视数学是一种不祥之兆，尤其当这种敌视与企图直接理解科学现象的奢望沆瀣一气时。马拉甚至这么写道：牛顿“异想天开，写了一本物理的长篇小说，在滑稽的虚构中耗尽精力，因为大自然一直明摆在他的眼前”。

---

① 普吕什神甫：《天体史》(*Histoire du Ciel*)，新版，巴黎，1778年，第二卷，第290页。

② 马拉：《有关光线的科学论文或者新发现，涉及光学最重要的一些问题》(*Mémoires académiques ou nouvelles découvertes sur la lumière, relatives aux points les plus importants de l'optique*)，巴黎，1788年，第244页。

## 7

研究工作容易或者困难这种简单的主题，它的重要性远远超出人们的想象。它尤其不是一种次要特征。恰恰相反，从我们在本书中采取的精神分析的观点来看，思维的困难性是首要特征。这种困难性表现为真正的生理压力，使科学文化承载着感情因素。就是它促使马拉在他的温和时期，就在他公开主张同情和彬彬有礼的时候，指责牛顿异想天开，为可笑的虚构耗尽精力。反过来，同样的困难以其特有的双重性吸引着思维严谨的人士。最后，就相对容易这个主题而言，我们可以指出，客观认识在从前科学时期向科学时期的过渡时期经历了一种颠倒。

事实上，18 世纪的人们常常认为物理学比基础几何学简单。卡斯代尔神甫在他的物理学导言中写道："物理本身是简单的、自然的和容易的，我是说容易理解。我们知道它的术语，了解它的对象物。我们很自然地观察到、感觉到大部分事物，比如光、热、冷、风、空气、水、火、重量、动力、期限等。每一眼都是对自然的观察；我们的感官和手的每次动作都是一次实验。根据注意力集中与否，每个人或多或少都是个物理学家，能够作自然的推理。几何则不然，从它的对象、它的方式，直至它的用语都是抽象的和奥妙的。”[1]我多次把这篇文章作为论文题目发给哲学专业的学生，不点出作者的名字。得到的评论多半是赞扬的。人们认为它精彩地表达了实用主义的命题。哲学精神沉迷于初始的直觉，反对任何抽象，毫不犹豫地从这篇充斥前科学精神的旧文中提炼出一种积极和时兴的主题。

卡斯代尔神甫正是从本质单纯的角度审视并谴责牛顿的科学。他指出，牛顿颠倒了数学和物理学教学的难易次序，因为必须学会完整的计算才能理解天体运动和各种光学现象。他认为这种颠倒是有待纠正的谬误。他之所以写那本厚厚的书，就是为了把物理学恢复到他认为正确和适当的位置上来，恢复物理学易懂和直接的形象。

首先从实验的角度来看，必须维持简单。许多物理学家做不成——有人会相信吗？——牛顿的棱镜色散实验。有人说，那实验太复杂啦：“必须有棱镜，添置棱镜最容易办到。需要一间暗室，需要一些狭长的套间，尤其在专业学者中谁有这种条件？要这个要那个，需要一整套莫名其妙的东西。然后还要有时间，做一连串非常精细的操作，且不说还需要某种观察头脑。”卡斯代尔神甫的结论是：

① 卡斯代尔神甫：《真正的牛顿普通物理体系，结合笛卡尔物理体系进行阐述、分析，适合普通物理学家的理解水平》（*Le vrai système de Physique générale de Newton, exposé et analysé avec celui de Descartes; à la portée du commun des Physiciens*），巴黎，1743 年，第 6 页。

“要做这些光色散实验，必须是百万富翁才行。”[①]

此外，“棱镜的颜色只是幻想的、思辨的、理想的，它们处在精神和目光的尖端……牛顿先生只测量角度和线条，怎么能自吹自擂说已经获得了深刻和哲学的色彩认知呢……说到颜色，只有画家和染匠的颜色才是实用的和实体的。这些颜色可以被运用、被研究，用于各种组合以及真实的分析。牛顿毕生研究色彩，却从未去画家的画室或者染匠的作坊看一眼，从未看一眼鲜花的色彩、贝壳的色彩、大自然的色彩，这种事令人惊讶，不过很可能的确如此”[②]。由此可见,现实主义的直觉在此占主要地位。前科学的精神希望一种颜色就是*某种东西*的颜色，它企图加工着色的*物质*。对于前科学的精神来说，组合色彩就是组合带色彩的物质。卡斯代尔神甫在另一本著作中又提到了这个问题，他认为工匠人是物理学的大师。行业越物质化，就越从中受到教益。“染匠是真正的色彩工匠，但愿这句话不伤着任何人……色彩是染匠的唯一目标。在画家那儿，它只是一种工具。”[③] *光谱*这个词在我们头脑中唤不起任何不安的想法，当时还有着强烈的意义。“我一贯提防棱镜和它怪

① 卡斯代尔神甫:《真正的牛顿普通物理体系，结合笛卡尔物理体系进行阐述、分析，适合普通物理学家的理解水平》，第 488 页。

② 同上书，第 452 页。

③ 卡斯代尔神甫:《色彩光学，以简单观察为基础，主要面向绘画、染色，以及其他色彩艺术》，1740 年，第 38 页。

诞的光谱。我把它看成一种巫术，它像一面背叛大自然的镜子，以自己的光辉刺激想象力、为谬误效力，而不能实实在在地滋润精神，将隐秘的真理从深井中掏出来……我恐惧地看着它，如同导致一艘著名的船以及无数船只相继沉没的暗礁。"[①] 形象过分刺激、唯恐耗费百万购买棱镜，这一切都证明，情感因素充斥着我们这位与牛顿数学主义斗争的作者的无意识。

但是，阐述了前科学精神希望在*物理*实验范畴内解释*物理学*的意志之后，我们来看看前科学精神是如何反对数学信息的。卡斯代尔神甫对引力理论的反应尤为激烈。他认为，牛顿"过分冷漠地从事几何学研究。他吝啬形式，因为除了物质、密度、重量之外，他看不出物体之间有什么区别。因此，笛卡尔挥霍物质，而他吝啬物质，有过之而无不及。（他把）天体空间非物质化"。对于牛顿所作的物理数学信息的早期努力，人们先入为主地指责它*抽象化*。人们称赞作为数学家的牛顿，目的是为了更严厉地攻击牛顿的物理学理论："（牛顿）在第三部著作（《自然科学的数学原理》）中为一种物理体系提出的体系确实是完全数学化的。这使得他不容争辩地获得了物理—数学家的名称，问题在于一个真正的物理—数学体系是否可以被认为是物理

① 卡斯代尔神甫：《色彩光学，以简单观察为基础，主要面向绘画、染色，以及其他色彩艺术》，第 376 页。

体系。”[①]

这种批评自然不是孤立的。说得更准确一些，它是18世纪批评的主导旋律。那时确实存在一种把数学排斥到物理学之外的意志。不少作者认为，数学根本解释不了什么现象。德·马利维兹不加任何评论，平静地写道：“计算一种现象，这句话很不妥当，这是由那些善于计算而逊于解释的人们引入物理学的。”[②]这个观点涉及数学在物理学中的作用，只要稍微加重一下这个观点的措辞，就能找到当代不断重复的认识论理论，这条理论希望数学作表达但是不要解释。我反对这个理论，我个人认为，数学思维构成了物理解释的基础，抽象思维的条件从此与科学实验的条件不可分离。

此外，许多反对精确的数学信息的人仍在使用几何学的词汇，甚至用得毫无拘束，令人难以置信。譬如，卡拉认为彗星划出一道“螺旋抛物线”，他这样来解释自己的天文体系：“根据我的理论，所有天体的第一次抛射运动都是一道抛物线；这条抛物线变成螺旋形；这条螺旋线形成椭圆，椭圆形成圆圈；圆圈再变成椭圆，椭圆变成抛物线，抛物线成为双曲线。单曲线逐渐变成复合曲线，不仅仅解释了极轴的变化、转变和它们渐变的倾斜角、赤道的

---

① 卡斯代尔神甫：《真正的牛顿普通物理体系，结合笛卡尔物理体系进行阐述、分析，适合普通物理学家的理解水平》，第52页。

② 德·马利维兹男爵：《世界自然地理》，第五卷，第57页。

交角……”[1] 我们可以无休止地罗列这种几何大杂烩。但是这个例子足以证明整体几何图形的魅力，人们用不着给出说明这些图形的结构原理，也不用演示——原因就不必说了！——一条曲线到另一条曲线、椭圆向双曲线的转化。合理的数学观则相反，譬如在牛顿体系中实现的数学观念，它能考察不同的几何状态，并且为经验论活动留下某些空间——不过是有界定的空间。牛顿的体系提供了一个充满可能性的平面、一种连贯的数量多元论，不仅能设想椭圆的轨道，还能设想抛物线、双曲线的轨道。实现这些曲线的量化条件得到了很好的界定，它们构成一个平台，能够把电的吸引和排斥汇集在同一个总体概念中。

通过这个比较想象活动和理性活动的简单例子，人们会感到有必要对太吸引直觉的几何形式作代数解释，即间接和推论的解释。

此外，在历史上和教育领域中，人们很容易发现对单纯几何形式的无意识增值。因此，只要人们把自己局限在开普勒[2] 定律的一般表述之内，那就十有八九会被人误解。原因在于对前科学的精神而言，行星划出的椭圆形轨迹是在圆圈的基础上被考虑的，圆圈是纯粹的形式、自然的形

---

① 卡拉:《物理新原则》，第二卷，第 182 页。

② ［译注］开普勒（Johannes Kepler, 1571—1630）：德国天文学家和占星家，发现行星运动三大定律，探讨大气折射问题，为牛顿发现万有引力定律和近代光学奠定了基础。

式、增值的形式。前科学精神认为，椭圆是一个糟糕的圆圈，一个扁圆，或者用一位 18 世纪作者当时的话说——他的措辞清楚地反映出增值：椭圆是处在痊愈过程中的圆圈。在这种直觉看来，椭圆已经是一种紊乱，是真正事故造成的结果。这种观念在尼古拉·哈特索克的体系中尤为明显。在 1706 年发表的题为“物理猜测”的著作中，哈特索克将地球运行轨道的椭圆性与大地震荡——类似于 1692 年 9 月 18 日地震——联系起来。[①] 地震造成塌陷，增加了地球的密度，于是，地球朝太阳的方向下坠，因为它的分量比以前重了，它在坠落过程中失去速度，也许因为它陷入了内在的旋涡（？）。它在瞬间保持静止状态，然后又回升到坠落前的位置，不过，哈特索克的冗长阐述没能让人看清楚地球是如何以及为何重返其原先位置的。不管怎么说，既然地震灾难造成了先接近后疏远的局面，人们得到两条不同的半径，哈特索克认为这就足以解释轨道的椭圆性了。因此，哈特索克没有感到需要在这一方面提供证明。在他看来，椭圆性首先是一种事故。因此他将尽量提供这些事故的证据。他没有去更远的地方寻找所需的证据，而只研究地质层的结构。就这样，他开始描写在 232 尺深的钻井过程中遇到的不同地层，从黏土到沙土，从沙土到黏土，再从黏土到沙土……这么多的物质矛盾只能是由各种

① 哈特索克：《物理猜测》，第 25、26、27 页。

事故引起的。这些物质矛盾造成天上的事故。天上的缺陷是地球缺陷的结果。

这种天真的拓扑学的原始形象非常稀少，不断地被用作进行解释的工具。因为经常使用，它们获得了格外的光环，这种光环解释着受到我们指责的增值现象。因此，对一个没有科学头脑的人来说，凡是圆的东西都是圆圈。这种直觉性的增值导致实际的错误。譬如，伏尔泰平静地发表这种谬论："圆圈变成椭圆，既不增加也不减少自己的表面积。"[①] 他以为是曲线容纳的空间在测量这条曲线的实际情况，因为一条封闭线的目的就是把现实像财富那样包围起来。

找到更荒谬的直觉也并非不可能。泛灵论直觉——我们可以经常这么说——认为椭圆的都是蛋。有位作者相当清楚地解释了这种胡言乱语。德莱拉在 1787 年声称找到了一种繁殖综合学说。据他说，这种繁殖遵循单一的原则，特殊因素只能为这条原则的应用带来一些变化。因此，他建议研究"涉及最大量有机生物"的繁殖原则，"大自然在那儿大张旗鼓地展示它所遵循的步骤，似乎向我们掩盖了复合程度略低、体积比较小的生物"。他紧接着试图通过星球的形成来解释动物繁殖的问题。只要一丁点几何学就能如愿以偿了。星辰的天文流体不是呈椭圆形、蛋形的吗?

① 伏尔泰:《全集》，巴黎，1828 年，第四十一卷，第 334 页。

而“任何繁殖都是从通过与蛋完全脱离的蛋途径实现的，也就是通过椭圆形实现的”[①]。这就是证据的精华所在，这就是全部的证据。人们从它的幼稚、从单调得惊人的几何阐述中看到了泛灵论的繁殖。此外，一种建立在“深刻的”直觉和所谓与宇宙生命沟通的基础上的哲学观念，除了德莱拉的天文蛋，是否还有别的财富、别的本钱？总之，几何描绘凸显出可笑之处，只有债台高筑的无意识才会作出如此的泛灵论概括。

这种简单和完美的形式具有诱惑性，它会引起无数的错误解释，为了与之决裂，最好是阐明代数的产生过程。譬如，科学地传授行星的运动不能仅仅重复说，行星处在某个焦点，围绕太阳做椭圆运动。这种传授必须通过推理计算，将引力的代数实体与开普勒运动现象结合起来。当然，只传授结果要容易得多。但是传授科学结果从来就不是科学的传授。假如不把导致结果的精神活动的线索说清楚，学生们肯定会把这种结果与他们最熟识的形象组合起来。因为他们总得“理解”啊。只有理解了的东西才能被记住。学生以自己的方式进行理解。既然别人没有把理由告诉他，他就把自己的理由用在结果上。一位具有心理学

---

① 德莱拉（Delairas）：《经过严密计算论证的、形成一门学说的新物理》（*Physique nouvelle formant un corps de doctrine, et soumise à la démonstration rigoureuse du calcul*），巴黎，1787 年，《作者家，旧兵营路，路灯对面》（“Chez l’auteur, rue des vieilles Garnisons, en face du réverbère”），第 268 页。

素质的教师很容易看出，一种未经解释的直觉是如何在我们关心的问题上“成熟”的。因此——正如皮埃尔·雅内[1]所说的那样——过了几周，当课堂讲课的回忆给经过考虑的记忆让位时，太阳的位置挪动了：它不再处在椭圆的*焦点*，而是在椭圆的*中心*。事实上，在传授结果的时候，椭圆的焦点是什么？为什么是这个焦点，而不是另外一个？假如太阳使一个焦点*物化*，那为什么另一个空空如也？即使正确的结果保留在记忆中，那也常常是由一整套的错误构建而成的。首先，*焦点*这个词拯救了一切。*太阳是个焦点*，那太明显不过了！于是它给整个宇宙送去热和光。假如椭圆的“焦点”换成别的名称，换成一个中性的数学名称，那么对于中学毕业生来说，开普勒定律的准确叙述就成为一道比较难解的题目，形式错误就会激增。拉塞佩德伯爵的说法在几何学上含义模糊，而且需要浮夸辞藻，颇能说明问题：“太阳……无上光荣地占据我们彗星和行星公转的一个焦点。”[2] 但是在物理教学过程中，我遇到一些比这种单纯的语言理性化更为醉人的“理性化”。有一天，一个聪明的学生这样回应我说：太阳处在地球椭圆轨迹的焦点，因为如果它在地球轨迹的中心，那么一年就有两个夏季和冬季。这个反驳表明他根本不懂地轴斜对黄道平面的影响，

---

① ［译注］皮埃尔·雅内（Pierre Janet, 1859—1947）：法国心理学家、神经病学家。

② 拉塞佩德伯爵：《论天然电和人造电》，第二卷，第 244 页。

但它有心理学上的教育意义。它让我们看到一个有创造才能的思想正在折算形象化的总体认知，思维希望把它的全部认知与核心的原初形象联系起来。所有现象都必须得到主要认知的解释。这就是最省力的懒汉原则。

同一个客观认识会引发各种不同的“理性化”，假如物理教师作大量心理调查，这种理性化的种类之繁多会让他大吃一惊。课程结束后，不出数周就能看到客观文化被个性化了。一个过于明确的形象、一个太容易理解或者理解得太快的形象，在随后缓慢的个性化过程中，似乎会吸引一大堆假的理由。所以应当经常重复客观论点，以便制止主观性扩散。在这方面，我们的中学课程尤其疏忽了反复传授，我们认为这种反复传授是巩固客观文化所必需的。

当然，科学史蕴藏着丰富的经过推理的错误，可以提供许多例子说明这种出自计算——计算理应予以解释——的形象盛气凌人。人们根据引力与距离的平方成反比的公式，正确地计算、推导出行星轨迹呈椭圆性，在这个非常具体的问题上，卡斯代尔神甫极端唯实论的反驳令人惊讶，它们跟我们的教学观察不谋而合：“假如必须……确定两者谁居首位的话，不用说，从椭圆性推导出 $I/D^2$ 的比率比从 $I/D^2$ 推导椭圆性更为自然。椭圆性的知名度比这个比率高得多。我们直接观察天体运动就能看到它，它是一个可感的、纯粹的物理事实。而 $I/D^2$ 的比率属于几何学，属于一种高深的、微妙的，总之一句话是牛顿的几何学。”[①] 在卡斯代尔神甫看来，最后一句俏皮话是最尖锐的批评。可是这句俏皮话似乎很快冲着它的作者本身而去了。卡斯代尔神甫不愿意跟随牛顿进入引力的数学实现。可是他自己却陷入空泛而且模糊的解说之中，在科学界吃闭门羹："一切都发生在互相牵制中。"[②] 没有什么比卡斯代尔神甫的天体论更个性化了。因为他一错再错，找到了对牛顿体系概括的客观认识作主观思考的方法。

人们也可以把惯常的几何形象与更为笼统的形象类型联系起来，尝试直接去抵制前者的增值。当然，一个认识到椭圆是二次曲线的个例的数学头脑不太会成为个体形象的奴隶。电实验使我们面对排斥力，让我们看到了重要的双曲轨迹的实例，譬如卢瑟福[③] 关于粒子穿过金箔大角度射散的实验，这些实验促进了牛顿定律的健康普及。从这个角度来看，客观性的概括是对个体图像的摆脱。从基础教育开始，我们也应当大力推荐颠倒构建的秩序。只有能分别从经验形式中提取法则，然后依靠法则重构纯粹形式的时候，我们才能真正地把握牛顿天文学的问题。只有在这个时候，干扰的问题才有意义。这个看法很浅显，也没有

---

① 卡斯代尔神甫:《真正的牛顿普通物理体系，结合笛卡尔物理体系进行阐述、分析，适合普通物理学家的理解水平》，第 97—98 页。

② 同上书，第 405 页。

③ [译注] 卢瑟福（Ernest Rutherford, 1871—1937）: 英国物理学家，因对元素衰变的研究获 1908 年诺贝尔化学奖。

什么新意，只有当人们从心理角度把它视为在鼓励作大量的分析和相互综合的心理练习时，它才具有自己的全部价值。通过这些双向练习，人们将避免思想热衷于某种偏爱、然后很快被增值的方法；人们尤其会纠正使用直觉导致的智力停顿；人们将养成推理思维的习惯。即使在简单的形象领域，我们也经常作价值转换的有益尝试。因此，我们在教学中展开了以下的反命题。对于亚里士多德的科学来说，椭圆是一个发育不良的圆，一个扁的圆。牛顿的科学认为，圆是一个贫困的椭圆，是焦点被挤压到一处的椭圆。我当时成了椭圆的辩护律师：椭圆的中心是无用的，因为它有两个分开的焦点；对于圆来说，面积定律已是老生常谈，就椭圆而言，面积定律属于新发现。我渐渐设法让思想慢慢脱离它偏爱的形象的束缚。我努力使它喜欢抽象，把它引上抽象化的道路。总之，我认为智力领域科学教育的首要原则就是抽象思维这种苦行主义。唯有这种苦行主义能引导我们掌握实验认知，所以，我把严谨描述成对直觉的一种精神分析，把代数思维描写成对几何思维的精神分析，我没有什么犹豫。直至自然科学领域，我们的想象力都在起升华的作用。想象力是有用的，但它也会骗人，只要我们不知道升华什么和怎样升华。只有当我们对它的原则作了精神分析，它才有价值。直觉永远不应该是一种素材。它永远应该是一种图解。在本书最后一章，我们将尽可能宽泛地说明对客观认识作精神分析的必要性。

# 第十二章

# 科学的客观性与精神分析

## 1

我们抓住每个可能的机会，言简意赅地指出科学精神——在我们看来——是如何战胜各种认识论障碍的，以及科学精神如何在纠正错误的基础上构成整体。但是这些分散的评注也许远不能形成一套完整的客观态度学说，人们可能觉得在杂乱无章的谬误中摸到一个真理的头彩，不会给这个领域提供非常匀质、非常完满的真实，而这种真实带给科学家一种实实在在占有财富的欢乐。说真的，科学家越来越不那么垂涎这种总体欢乐了。人们常说他们日益专业化。哲学家是概论专家，他们自告奋勇去做综合。但实际上，科学家是从某个专业出发去希望和寻求综合的。他们不能把一个未经他们亲自客观化的思想视为客观思想。因此，假如想从事心理研究，而不是搞哲学，我们认为就必须始终回到我们在本书中采取的立场，即从心理学讲，没有对谬误的纠正就没有真理。客观态度的精神分析就是一部我们个人谬误的历史。

不过我们仍然力图归纳一下对象物知识学说的一般因素，以之作为本书的总结。

我们仍然用辩论的方式展开我们的阐述。我们认为，认识论必须接受下列公设：对象物不能被视作直接的“目标”，换言之，朝着对象物的进军起初不是客观的。因此，应当接受感性认识和科学认识之间的真正断裂。实际上，我们觉得我们在批评过程中已经指出，感性认识的一般倾向受到实用主义和直接唯实论的推动，只能造成错误的开始和错误的方向——尤其是直接赞同一个具体的对象物，把它看成一种财富，当作一种价值来使用，使得一个感性生物过于强烈地卷入其中时。那是*内心的满足*，而不是*理性的明证*。正如鲍德温[①]令人赞叹的精炼警句所说的那样：“构建对象物意义的控制因素是*刺激*而不是答案。”即使在表面看来是普遍的形式下，即使心满意足的生命物觉得终于看到了随意思维的时刻来临，他的*第一客观*仍然是以刺激的形式提出来的。这种感受对象物的需要，这种对对象物的欲望，这种无可名状的好奇，不管以何种名义，都不符合科学精神的状态。假如景物是一种浪漫的心境，一块黄金是一种吝啬的心境，一束光是一种狂喜的心境。对于

① ［译注］鲍德温（James Mark Baldwin, 1861—1934）：美国哲学家和理论心理学家，用达尔文进化论研究心理学，强调理论对心理学的重要性，著有《心理学手册》《发生逻辑学》等。

一个前科学的头脑而言，当你试图反驳它起初的唯实论，反驳它声称一出手就能把握对象的奢望，从而让它难堪的时候，它还始终在助长这种代表信念真正价值的刺激心理，绝不会系统地回到客观控制的心理上来。实际上，就像鲍德温隐约发现的那样，这种控制首先源自一种抵抗。一般来说，控制的意思是“检查、限制、调节构建的步骤”。可是在约束和谴责——这两个词令人奇怪地相当于难以移译的英国概念check——之前，我们将先介绍一下受挫的概念，这个英文词也包含这层意思。刺激受阻是因为遇到挫折。若无挫折，刺激将是一种纯粹的价值。刺激是一种陶醉，由于陶醉是一种巨大的主观成功，所以刺激是客观谬误中最无法纠正的。因此我们认为，感到自己永远不犯错误的人会始终犯错误。

人们会反驳说起初的激情很快被克服了，确切地说，是行动消除了尝试时犯下的过失。所以，科学认识能够以因行动而变得严密的感性认识为基础。但是我们不接受这个调和，因为对对象物的谴责没有消除刺激的原始杂质。价值依然依附在原初的对象物身上。感性认识是一种错误的妥协。

为了确保刺激不再是我们进行客观化的基础，为了确保客观控制是一种改革而不是回音，必须谈谈社会控制。于是，人们会指责我们陷入恶性循环，我们建议在他人行为的基础上建立客观性，或者说，为了立刻承认我们思维方式的自相矛盾，我们打算选择他人的眼睛——始终是他人的眼睛——以观察客观现象的形状——幸亏是抽象形状：告诉我你看到什么，我告诉你那是什么。唯有这种貌似荒诞的循环才能给我们一些安全感，我们起初的视野完全撇开了这种安全感。啊！也许我们清楚我们将失去什么东西！突然间，整个世界褪了色，我们的饭菜都没了味道，我们自然的心理冲动全被打断、被颠倒、被误解、被阻挠。我们多么希望完整地存在于我们的世界观中！可是需要克服的正是这种需要。来吧！散射的光束不是在光天化日之下，而是在阴影的边上向我们倾吐秘密。

此外还应该看到，整个客观性的学说最后总是把对对象物的认识置于他人的控制下。但是一般来说，人们会等待孤独的思想完成客观构建之后，从它的最终形式来评判它。因此，人们让思想孤独地工作，既不监督使用材料的一致性，也不过问工程估算的严密。我们则相反，我们预先提出疑虑，涉及事实和它们之间的关系，还涉及经验和逻辑。如果我们的命题显得人为和无用，那是因为人们没有意识到现代科学在社会化逻辑的框架内研究实验材料，这种框架是长期形成的，因此是已经受到控制的。而我们的目的是确定客观认识的基本条件，因此对我们来说，我们必须研究面对赤裸的自然，自发地、孤独地声称选定其对象物时的精神。我们认为通过回顾电科学蹒跚起步的过程，已经证明这个最初选定是错误的。只要观察一下实验新手，看他在无人指导的情况下确定某种实验所要付出的努力，也就会承认最初的严格的实验是一种“失败”的实验。任何精确的测量都是经过准备的测量。精确等级的增加等于测量仪器使用等级的增加，因此是社会化的增加。兰德里（Landry）常说：“将放在桌子上的物体挪动一厘米是一件简单的事；挪动一毫米就需要动用复杂的拮抗肌，造成比较大的疲劳。”正是这后一种精细测量需要约束刺激，人们本着推理的客观性——我们正试图归纳这种客观性的原则——屡经挫折才得到这种精度。可是把桌子上的物体挪动一毫米距离还不是一种科学操作。科学操作从随后的小数开始。为了把物体挪动 1/10 毫米，就需要仪器，也就是需要一个行业。假如人们终于进入了随后的小数，譬如说声称找到了干涉条纹的宽度，通过复杂的计算确定了某种辐射的波长，这时候，不仅需要仪器和各种行业，还需要一种理论，因此需要整个科学研究院。测量工具最终总是成为一种理论，应当明白，显微镜与其说是眼睛的延伸，不如说是精神的延伸。[①] 因此，推理的和社会的精确性暴露出了直觉和个人的不足之处。测定越精细，它就越间接。个体的科学是定性的科学。社会化的科学是量化的科学。宇宙和精神的二元性，从个人认知努力的层面

① 参见爱德华·勒·鲁瓦的《形而上学杂志》（*Revue de Métaphysique*），1935 年 4 月。

去考察，似乎是准备欠佳的现象与未经纠正的感觉的二元对立。同样的、根本的二元性，从科学认知努力的层面去考察，似乎是仪器和理论的二元性，这种二元性不是对立的，而是相互的。

## 2

我们再来谈谈推理纠正的过程，我们认为它是获得客观认识的基本过程。在此之前，我们想强调一下传授客观态度的几个社会性侧面，这种客观态度是当代科学特有的。既然没有对内在和初始的错误的意识就谈不上客观的方法，那么我们关于客观性的一课，就应该从真正地忏悔我们的智力错误开始。让我们坦白自己做过的蠢事吧，以便我们的兄弟从中看到自己的愚蠢，然后呼吁他也作同样的坦白和贡献。我们来翻译涉及精神范畴的、经过精神分析评论的诗句：

你们很少理解我
我也很少理解你们
只有当我们都陷于苦难
才会很快相互理解！[①]

① ［译注］原文为德语：Selten habt Ihr mich verstanden/Selten auch verstand ich Euch/Nur wenn wir in Kot unsfanden/So verstanden wir uns gleich!

让我们共同与普遍信念的骄傲、与个体信念的贪婪决裂吧。让我们各自准备接受智力的苦行主义，它熄灭所有的直觉，减缓一切预兆，防御智力的预感。我们全身心浸入精神生活中，轮到我们祈祷了：错误啊，你不是邪恶。昂立克[①]先生说得好："把错误简单地看成精神疲惫的疏忽所致，那只是把它等同于摆弄数字的会计。一旦涉及真正的智力活动，有待探索的领域远比这个宽广得多。"[②]人们此时才接触到积极的错误、正常的错误、有益的错误；在正常错误学说的引导下，正如昂立克先生所说的，人们将学会区分"值得寻找原因的错误以及本身并不错的错误，那是一些虚张声势者未经任何思维的努力就轻易断言结果，他们指望能走运，碰巧猜中；这后一种情况，与理解能力没有任何关系"。必须以客观性为主线，区分一系列普通和正常错误。假如能够稍微扩展这种精神分析的范畴，人们此时将充分体会到对认识进行精神分析的意义。这种前期的净化工作，单靠我们是难以完成的，做这项工作跟进行自我精神分析同样困难。我们只确定了三四个主要的客观认识的错误来源。我们看到实际与普遍的辩证关系反映在精神分析的吝啬和骄傲的主题之中。但光使思想起锚，离开这两个险恶的锚地是不够的。应当促使思想投入日益细

---

① ［译注］昂立克（Federigo Enriques, 1871—1946）：意大利数学家。

② 昂立克：《科学思维历史的意义》（*Signification de l'histoire de la pensée scientifque*），巴黎，法国哲学协会通信，1934 年，第 17 页。

致的抽象，排除日益迷人的错误。为了实现这种精细的教学法，必须拥有复杂的科学社会，拥有在心理和逻辑上双管齐下的科学社会。

事实上，这方面已经取得了显著进步。现代社会——至少在其领导人的声明中——信奉科学的教育价值，提高客观性的素质，而在教育不那么普及的时代，科学就做不到这一点。布尔哈夫指出过，化学之所以连原则都是长期错误的，就是因为它在很长时间内是一门孤立的学科。他在自己那本化学论著的开头谈这个看法，觉得很尴尬。他认为化学是一门难以传授的科学。[①]跟人们的想法相反，尽管是实体，化学的对象物在原初科学中仍然不容易引人注目。相反，当一门学科日益社会化，也就是变得容易传授的时候，它会获得自己的客观基础。

然而不应该夸大教育方面所付出的努力。实际上，正如冯·马纳科夫和姆尔格先生指出的那样，在学校里，新兴领域比陈旧的领域更培养人，同学比教师更重要。尤其在烦琐和不连贯的中等教育中，教师们在传授转瞬即逝的、打着贻害无穷的权威烙印的零乱知识。同学们则相反，他们使难以摧毁的本能牢牢扎根。因此，应当把处在集体中的学生推向集体理性的意识，换句话说，把他们推向社会客观性的本能，人们忽视它而优先发展相反的独创性本能，

---

① 布尔哈夫:《化学成分》，第 2 页。

全然不顾这种在文科学到的独创性具有以假乱真的特征。换言之，为了使客观科学完全达到教育目的，它的传授必须具有社会的积极性。建立僵硬的、没有互动的师生关系是对普通教育的绝大误解。我们认为科学态度教育法的根本原则应该如下：受教育者应当从事教育。学到的知识不进行传播，会形成缺乏活力、缺乏自我批评的思想。尤其在理科，这种教学法会把知识僵化为教条，而知识理应激励某种创造性行为。更有甚者，它忽视提供人们犯错误的心理体验。考虑到教学“分组”唯一站得住脚的理由，我想任命一些辅导员，让他们来上管教越来越松的系列课。作为奖励，班上第一名的学生有幸辅导第二名，第二名的学生有幸辅导第三名，这样继续下去，直到谬误变得完全不可收拾。这种课堂的终结对于心理学家来说并非毫无用处，它实现了非科学的种类、主观论者的种类，其停滞状态尤其富有教益。人们可以原谅自己这样不太人道地利用又笨又懒的学生，这种做法在许多数学班相当普遍，因为人们还记得，凡客观上无理的人都在主观上认为自己有理。在有文化修养的市民阶层中，吹嘘自己对数学一无所知是不失体面的。人们陶醉在自己的失败之中，只要这种失败足够清晰。总之，有些人拒绝接受科学认识，他们的存在有利于对理性信念作精神分析。人光有理是不够的，他必须有理反对某个人。不从社会角度运用他的理性信念，深刻的理性近乎一种怨恨；不在艰难的教育中消耗自己，这个信念将折磨灵魂，就像未被赏识的爱情那样。事实上，当我们把当代科学同18世纪的科学相比较时，正是未被赏识者的数目的减少，证实了当代科学有益于心理健康的特性。

这种循序渐进的教学法符合青少年的心理现实，我们在冯·马纳科夫和姆尔格先生略带提及的双边游戏理论中找到了最好的证据："当我们研究自卫本能的时候，我们强调了在儿童游戏中所观察到的出风头的需要。可是还应指出游戏过程中的另一个侧面。实际上，儿童并不设法始终压倒别人，演过将军的角色之后，他欣然接受小兵的角色。假如他不这么做的话，游戏的功能（为社会生活做准备）就扭曲了，这些情况的确出现在那些不合群的孩子身上。游戏规则多少是得到默认的，谁不遵守游戏规则，谁就会从孩子们组成的小团体中被清除出去。"① 如果实现了这种基本的游戏条件，实验学科和数学学科的教学法将受益匪浅。

我们之所以大胆地描绘了学校乌托邦的轻松场面，是因为相比较而言，我们觉得自己实际和明确地衡量了理性主义和经验主义态度的心理二元性。我们认为在活生生的教育问题上，总是有着一种细腻的哲学游戏：接受教育是心理上的经验主义；提供教育是心理上的理性主义。我听您说话，我是纯粹的耳朵；我对您说话，我是纯粹的精神。

---

① 冯·马纳科夫和姆尔格：《神经学和精神病理学研究的生物学导论》（*Introduction biologique à l'étude de la Neurologie et de la Psychopathologie*），第83页。

即使我们说同样的东西，您说的总是有点非理性；我说的总是有点理性。您总是有点错，而我总是有点理。传授的内容并不太重要。心理态度是由抵触和不理解、冲动和权威两方面组成的，当我们离开书本对人说话的时候，它就成为教学实际中的决定性因素。

然而，由于客观认识永远不会结束，由于新的对象物不断地给精神与物体的对话带来话题，任何科学教育，假如它有生命力的话，必然会被经验主义和理性主义的潮涨潮落所摇撼。实际上，科学认识的历史就是经验主义和理性主义不断交替的历史。这种交替不仅仅是事实，它成为心理活力的必然需要。因此，任何用唯实论或者唯名论禁锢文化的哲学，都构成阻碍科学思想演变的最可怕的障碍。

为了解释理性主义和经验主义之间无休止的论战，拉朗德先生最近在哲学大会上作了精彩的即兴发言，他提议系统地研究理性心满意足的时期以及它感到处境尴尬的时期。他指出，在科学发展过程中，曾经突然出现一些似乎吞噬经验主义的集大成的理论，譬如牛顿的力学和天文学、菲涅耳波动光学、麦克斯韦[①]的光学和电学。这时候，教授们欢呼胜利。然后灿烂的天空变得暗淡了：有些东西运转不良，天上的水星出现紊乱，光电现象瓦解波动理论，磁

① ［译注］麦克斯韦（James Clerk Maxwell, 1831—1879）：英国物理学家，创立电磁场理论（麦克斯韦方程），指出光的本质是电磁波，发明了色觉定量理论，最早制成彩色照片。

场不能量化。于是怀疑论者像小学生那样笑逐颜开。做了多次拉朗德先生建议的调查之后，我们可以具体地确定，当理性据理说明一个事实时，究竟应该如何理解理性的满足。我们也将在可靠的历史领域，通过一些具体案例，尽可能准确地看到断言命题向必然命题的过渡，以及断言命题例证必然命题。

然而，这种纯粹历史性的调查尽管向我们揭示了理性满足的逻辑意义，却不能把有理感觉的心理告诉我们，把它全部的复杂性、把它温和与权威交织的矛盾性告诉我们。如欲了解理性运用的全部感情因素，必须体验一种科学文化，必须传授它，必须面对他人的讽刺和不理解去捍卫它，最后必须在这种文化的支持下，向哲学家、内在感觉心理学家、实用主义者、唯实论者发起挑战！这时候，人们可以评价理性感觉的价值尺度：人胜过人，这是政治家们的权力意志乐此不疲的美妙成功！可是物胜过人，那就不是权力意志而是光辉的理性意志取胜的巨大成功，理性的意志（der wille zur Vemunft）。

但是事物永远不会整体地、一劳永逸地肯定精神。反而可以肯定地说，这种理性满足必须得到更新，才能给予一种真正的心理活力。出于一种奇怪的适应，衰老的必然命题对断然命题发生兴趣，理性事实不依赖理性仪器而存在。牛顿力学洋洋洒洒，人们只记得它在研究引力，其实，即使在牛顿那儿，引力也是一个隐喻而不是一个事实。他们忘记了，牛顿力学通过理性仪器，无可置疑地把地球上抛物运动的抛物线比作行星轨迹的椭圆。因此，必须防止理性真理的衰退，它们总是倾向于丧失自己判断的必然性，沦落到与精神习惯为伍的地步。巴尔扎克曾经说过，单身汉用习惯来代替感情。同样，教师们用课程来代替发现。智性的这种麻木渐渐地剥夺我们精神上的新鲜感，面对这种情况，传授贯穿科学史的各种发现是一种重要的弥补措施。为了教学生学会创造，有必要让他们感到自己也能作出这些发明。

还有必须骚扰理性、打乱客观认识的习惯，这也是常用的教学手段。这种做法肯定带有一丝虐待狂的味道，它相当清楚地显示出权力意志在理科教师心里作怪。调侃理性也是相互的，在日常生活中，我们喜欢捉弄他人。猜谜语就很说明问题，突然猜中谜底常常是弱者对强者、学生对老师的报复。给父亲出谜语，难道不正是在精神活动模棱两可的无辜中，满足俄狄浦斯情结吗？反过来，对数学教师像斯芬克司一般严肃和可怕的态度作精神分析，也不是一件难事。

最后，人们可以发现某些有文化修养的人士是真正的智力受虐狂。他们需要看到在最明确的科学答案后存在一种奥秘。他们难以接受具有公理性质的思维提供的清醒的答案。即使战胜、拥有了一种数学概念，他们仍然需要假设一种他们无法理解、把他们压倒的唯实论。在物理科学中，他们假设现实拥有一种本质的非理性主义，然而在实验现象中，在这些很好地受控制、很好地得到数学描述的现象中，这种非理性主义只不过是实验者笨拙举动的总和而已。可是精神不愿意平静地享受自我封闭的认识。它不考虑眼下的而是考虑明天的困难；它不考虑被此时作用中的仪器可靠地限定的现象，而去考虑自由的、不正规的、几乎刚被提及的现象！哲学家把这种尚无名称的现象变成难以指明的现象。说到数目科学或被用于证明，或用于迷惑人的时候——当然，在迷惑他人之前，必须把自己的眼睛先弄瞎了——布伦瑞克先生甚至在算术的基础部分都发现了这种二元性，它带着相反的增值色彩。[①]

但是，主要在科学的社会生活中表现出来的这些虐待狂或者受虐狂倾向，不足以说明孤独研究者的真正态度；它们只是研究者必须克服的最初障碍，以便获得严格的科学客观性。就当代科学演变的现状而言，研究者面临放弃自己理智性的需要，而且这种需要一再出现。没有这种明确的放弃，不去除直觉，不抛弃偏爱的形象，客观研究不久就会失去它的丰富性，还会失去发明创造的载体，失去归纳的冲动。为了体验和再体验客观的时刻，不断地处在

---

① 莱昂·布伦瑞克（Léon Brunschvicg, 1869—1944）：《毕达哥拉斯学说在思想演变中的作用》（*Le rôle du pythagorisme dans l'évolution des idées*），巴黎：Hermann 出版社，1937 年，第 6 页。

客观化的诞生状态，这需要付出非主观化的不懈努力。精神经过精神分析摆脱了主体和客体两种奴役，它摇摆于外向和内倾之间，感到无比快乐！一种客观的发现马上就是对主观的一种纠正。我从对象物那儿学到知识，它改变我。我要求对象物给我带来精神改变，作为主要的益处。对实用主义的精神分析一旦确实完成了，那么我想求知目的就是为求知，绝不是为了使用。事实上反之亦然，假如经过自己的努力，我能够获得心理改变——这在数学上只能被想象成一道难题，我以这种根本性的改变为后盾，回头去找对象物，责令实验和技术去说明和实现心理上已经完成的改变。客观世界也许经常抵触，它将总是抵触，数学效力必须再更新、灵活应变和自我纠正。但它是在丰富自己的同时自我纠正的。突然间，数学效力的效率使得现实在人类思想提供的轴线上结晶了：新的现象产生了。因为我们可以毫不犹豫地说那是人类创造的现象。电子在20世纪之前的人类世界就已经存在。但是在20世纪之前，电子不会唱歌。如今它在三极管里发出声音。现象学的这个成就是在数学和技术成熟的某个精确时刻取得的。操之过急肯定是徒劳的。倘若天文学企图实现半球音乐，它肯定会失败，那是一个贫乏的梦为一门贫乏的科学增值。电子的音乐则相反，它在一个交变场可以成为现实。这个沉默的物体给我们带来了电话，这个看不见的物体将给我们带来电视。人类就这样战胜了直接认识的矛盾。一旦本身摆脱了实体化神话，他就立刻强迫互相矛盾的性质接受同体论。有机化学精心制造的物质不再有非理性主义：因为这种非理性主义只会是一种杂质。一种可以被忍受的杂质。一旦被忍受，它就是无效的、无害的。由现代化学合成的物质在功能上完全是理性的。

## 3

也许，就在科学呼吁最有决定性的心理转变时，兴趣和本能却表现得异常稳定。传统的心理学家于是轻易地挫败了我们的冒险观点。他们拿出苦涩的智慧提醒我们说，光有一道方程式不足以改变人心，不能指望几小时令人赞叹的智力痴迷就能抑制本能、激发新的有机功能。面对这些抨击，我们坚持认为，科学思想——从某些灵魂在其中生活的独有形式而言——具有心理构造功能。正如于连·帕科特（Julien Pacotte）先生深刻指出的那样："在生物演变中，生物突然转向环境，以便在自己的身体之外组织环境，这是一个无与伦比的事件……技术在延伸生物。"[①]现在是抽象思维和数学思维在延伸技术，科学思维在革新现象学思维。当代科学越来越成为一种对思考的思考。为了展示这种复杂性的革命特征，人们可以重新捡起生物演

① 《综合杂志》（*Revue de Synthèse*），1933 年 10 月，第 129 页。

变的全部主题，单从内外关系的角度研究它们：我们将看到，随着演变的进展，正像柏格森先生精辟指出过的那样，直接的、局部的反应逐渐复杂起来，它向空间扩展，在时间上停滞。当它把自己的生命点——它由某个时刻和某个中心构成——与更长的时间和更大的空间连接时，生物就在进化完善。人类之所以成为人，就因为其客观行为不是直接的，也不是局部的。预见是科学预测的最初形式，不过说到底，在当代科学问世之前，主要是根据眼前来预见遥远，根据大致的感觉来预言精确的感觉，科学思维毕竟是在与感觉世界的接触中得到发展的。可是 20 世纪似乎出现了一种与感觉对立的科学思维，似乎应该建立一种与对象物对立的目标理论。在以前，思考抵制最初的反应，现代科学思维要求人们抵制最初的思考，因此大脑如何使用受到了质疑。从此，大脑不再绝对是适应科学思维的工具，这就等于说，大脑成了科学思维的障碍。大脑是动作和欲望的协调者，从这个意义上看，大脑成了一种障碍。应该对立于大脑来思考。

于是，对科学精神的精神分析获得了它的全部意义：和情感的历史一样，智性的历史必须得到如实的认可，被看作一种历史。必须自它们的情感源头开始勾勒导致科学概念的推理线索；必须监视贯穿推理线索的心理活力；必须停止使用所有的感性价值。最后，为了获得现象学构建的明确意识，陈旧的东西必须根据新的东西来思考，这是把数学物理当成理性主义来建立的根本条件。于是，在曾经、缓慢和踌躇的历史旁边，人们应该写一部可能、迅速和断然的历史。这部正规的历史几乎是准确的，但它受到造成一切谬误的民间科学——就像我们力图在本书阐述的那样——的实际推动，因此从社会角度看是错误的。天才的世系使它在客观真理温和的撩拨下成为真实。这根轻盈的线勾勒出人类思维的真正命运，它逐渐突出在生命线之上。跟随这条线，人们看到对生活的兴趣逐渐被对精神的兴趣所取代。为了评判价值，人们明显地看到出现了*精神用途*，在精神方面非常活跃，而*生活用途*是极为静态的。服务于生活的东西使生活停滞，服务于精神的东西使精神运动起来。因此，*兴趣*学说在生物领域和科学思维心理领域是根本不同的。联结两种兴趣，也就是用一种模糊的实用主义把生活兴趣和精神兴趣联结起来，就等于武断地联合两种对立面。因此，科学精神的精神分析应当努力区分两种对立面，拆散精神与生活兴趣的团结。特别当泛灵论障碍——每个世纪几乎都会狡诈地以多少有些更新的生物形式出现——被削弱的时候，我们可以期待真正具有推动力的科学思维。可是就像爱德华·勒鲁瓦先生如此高贵、如此冷静地说的那样，若想使科学思维的普遍胜利成为可能，就必须要*期待*这个胜利。必须具备强烈的社会意志，来避免多源说，勒鲁瓦先生没有排除出现这种学说的可能性。事实上，他害怕在解放的灵魂与负债累累的灵魂之间出现断裂。[1] 这种精神意志在某些高尚的灵魂那儿一目了然，它显然不是一种社会价值。夏尔·安德莱（Charles Andler）在 1928 年深刻地指出："罗马不比希腊更出色，它没能把科学变成民众教育的基础。"[2] 我们应该从这个观点中汲取教益；假如我们超越教学大纲，径直来到心理现实中，我们将看到科学教育必须全部进行改革；我们将意识到，现代社会似乎根本没有把科学纳入一般文化中去。人们抱歉地宣称，科学是一件艰难的事，而且各门学科在日益专门化。然而，一部作品越难，就越有教育意义；一门科学越专门，就越需要精神的集中，需要更大的推动科学的忘我精神。持续文化的原则也构成现代科学文化的基础。吉卜林[3] 朴实无华的建议尤其适合现代的研究者："假如你看到自己毕生的成果突然崩溃而能重新投入工作，假如你能忍受折磨、抗争、毫无怨言地死去，孩子，你就是堂堂正正的男子汉。"只有在科学事业中，人们能够热爱他所摧毁的东西，人们能够在否定历史的同时继续历史，人们能够反驳但是敬重自己的恩师。是的，学习将持续人的一生。一种局限于求学阶段的文化恰恰是对科学文化的否定，有

① 爱德华·勒·鲁瓦：《人类起源和智力演变》（*Les Origines humaines et l'évolution de l'intelligence*），巴黎：Boivin 出版社，1928 年，第 323 页。

② 《形而上学和道德杂志》，1928 年 4 月，第 281 页。

③ ［译注］吉卜林（Joseph Rudyard Kipling, 1865—1936）：英国小说家、诗人，作品表现大英帝国的扩张精神，1907 年获诺贝尔文学奖。

了永久的学校才会有科学，科学应该建立的就是这种学校。届时，社会的兴趣将发生决定性的逆转：社会将为学校而生，而不是学校为社会而建。